de Gruyter Lehrbuch
Wachter · Hausen, Chemie für Mediziner

Wachter · Hausen

Chemie für Mediziner

1975

Walter de Gruyter · Berlin · New York

Autoren:

Prof. Dr. Helmut Wachter

Dr. Arno Hausen

Institut für Medizinische Chemie
Universität Innsbruck, Österreich

Das Buch enthält 70 Abbildungen und 43 Tabellen

CIP-Kurztitelaufnahme der Deutschen Bibliothek

Wachter, Helmut

Chemie für Mediziner / Wachter-Hausen.
    (de-Gruyter-Lehrbuch)
    ISBN 3-11-004934-1
NE: Hausen, Arno:; SD

Satz: IBM-Composer Walter de Gruyter & Co., Berlin.
Druck: Karl Gerike, Berlin.
Bindearbeiten: Lüderitz & Bauer, Berlin.

Vorwort

Über die Ausbildung der Medizinstudenten in der Chemie fanden sich bisher an verschiedenen Universitäten unterschiedliche Auffassungen, die sich unter anderem auch in der inhaltlichen Verschiedenheit bestehender Lehrbücher ausdrückten. Zum Zwecke eines einheitlicheren und zweckmäßigeren Chemieunterrichtes für Medizinstudenten erarbeitete eine deutsche Sachverständigenkommission den Umfang des Lernstoffes der Chemie für Mediziner, und das Institut für medizinische Prüfungsfragen, Mainz, verlegte erstmals im September 1973 den deutschen „Gegenstandskatalog für die Fächer der ärztlichen Vorprüfung". Etwa zur gleichen Zeit erstellten wir den Entwurf eines österreichischen „Lernzielkataloges für medizinische Chemie", der sich inhaltlich vollständig mit dem deutschen Gegenstandskatalog deckt, und legten diesen Entwurf im Sommer 1973 dem Bundesministerium für Wissenschaft und Forschung zur weiteren Diskussion vor.

Das vorliegende Buch „Chemie für Mediziner" umfaßt das Wissensgebiet dieser Gegenstandskataloge, allerdings aus Gründen einer zusammenhängenden und leicht verständlichen Darstellung oft in etwas anderer Reihenfolge. Teilweise überschreitet das Buch geringfügig den Umfang des Wissensgebietes des deutschen Gegenstandskataloges, wenn eine erweiterte Ausführung für ein leichteres Verständnis notwendig erschien.

Um die Koordination zum deutschen Gegenstandskatalog zu erleichtern, haben wir ein Korrelationsregister aufgenommen, das die Punkte des Gegenstandskataloges mit der Seitennummer des Lehrbuches verbindet.

Das Buch selbst entstand nach einer Vorlesung, die wir in dieser Form erstmals im Wintersemester 1972/73 an der Universität Innsbruck gehalten haben.

Wir sehen die Aufgaben des Buches nicht darin, medizinische Anwendungsmöglichkeiten chemischer Substanzen zu beschreiben oder eine Einführung in die klinische Chemie zu geben, sondern wir wollen dem Leser soweit einen Einblick in die Chemie geben, daß er in der Lage ist, die Chemie als Grundlage für andere Fächer wie beispielsweise die Biochemie, Physiologie, Pharmakologie u.a. zu verstehen. Chemische Synthesen, Ableitungen und Berechnungen haben wir, um allzuviel Lernstoff zu vermeiden, auf ein unbedingt nötiges Mindestmaß beschränkt. Naturgemäß wird ein Anspruch auf umfassende Darstellung und exakte mathematische Ausführung des behandelten Stoffes nicht erhoben.

An dieser Stelle danken wir auch allen Studenten, die uns in dem an die Vorlesung angeschlossenen Seminar wertvolle Anregungen gegeben haben.

Zu besonderem Dank sind wir Herrn Dr. L. Call für die kritische Durchsicht des
Manuskriptes verpflichtet. Frl. K. Kováts danken wir für das gewissenhafte Schreiben des Manuskriptes und die Anfertigung des Sachregisters. Dem Verlag Walter
de Gruyter danken wir für die jederzeit gewährte Unterstützung und die sorg-
fältige Drucklegung.

Innsbruck, im Juli 1975   H. Wachter, A. Hausen

Inhaltsverzeichnis

Beilage: Falttafel „Periodensystem der Elemente"

Maßsysteme

Mit nur wenigen Ausnahmen benützen wir die Einheiten des Si-Systems (Système International d'Unités).

Die hier verwendeten Grundgrößen des SI-Systems sind:

Grundgröße	Grundeinheit	Zeichen
Länge	Meter	m
Masse	Kilogramm	kg
Zeit	Sekunde	s
Stromstärke	Ampère	A
Temperatur	Kelvin	K
Stoffmenge	Mol	mol

Teilweise ist auch auf die Celsiustemperatur Bezug genommen, die als Grad Celsius ($^\circ$C) angegeben ist.

Auch bei den abgeleiteten Einheiten bevorzugen wir möglichst die SI-Einheiten. Lediglich zur Druckangabe verwenden wir teilweise noch ältere Einheiten wie Atmosphäre (atm) und Torr (mm Hg), da diese noch im deutschen Gegenstandskatalog enthalten sind.

Abgeleitete Einheiten und Beziehung zu älteren Einheiten:

abgeleitete Größe	Einheit	Zeichen	Beziehung zu Grundeinheiten	Umrechnung in ältere Einheiten
Kraft	Newton	N	$m \cdot kg \cdot s^{-2}$	
Druck	Pascal	Pa	$m^{-1} \cdot kg \cdot s^{-2}$	1 Pa = 9,869 $\cdot$ 10^{-6} atm
				1 Pa = 0,0075 Torr
Arbeit, Energie, Wärmemenge	Joule	J	$m^2 \cdot kg \cdot s^{-2}$	1 J = 0,239 cal
				1 cal = 4,187 J
				1 eV = 1,6022 $\cdot$ 10^{-19} J

Wenn wir mit den erwähnten Größen zu kleine oder zu große Zahlenwerte erhalten, sind Vielfache oder Teile der Einheiten zweckmäßig, die mit den folgenden Vorsilben bzw. Abkürzungen bezeichnet werden können:

Faktor	Vorsilbe	Zeichen
10^{-9}	Nano-	n
10^{-6}	Mikro-	μ
10^{-3}	Milli-	m
10^{3}	Kilo-	k
10^{6}	Mega-	M

Tabelle der Abkürzungen und Symbole

Ar	aromatischer Rest
A	Arrheniuskonstante
atm	Atmosphäre
A_E	elektrophile Additionsreaktion
A	Fläche
A_N	nukleophile Additionsreaktion
A_R	radikalische Additionsreaktion
°C	Grad Celsius
cal	Kalorie
const.	konstant
c	Konzentration
c	Lichtgeschwindigkeit
D	Debye
d	Schichtdicke
E_a	Aktivierungsenergie
e^-	Elektron
E_E	elektrophile Eliminierungsreaktion
E	Energie
E	Extinktion
E_{kin}	kinetische Energie
ΔE_{Fp}	molare Gefrierpunktserniedrigung
ΔE_{Kp}	molare Siedepunktserhöhung
E°	Normalspannung
E_N	nukleophile Eliminierungsreaktion
E	Spannung
EMK	elektromotorische Kraft, Spannung
E_R	radikalische Eliminierungsreaktion
f	Aktivitätskoeffizient
F	Faradaysche Konstante
F_P	Gefrierpunkt
F	Kraft
G	freie Enthalpie
(g)	gasförmig

H	Enthalpie
h	Plancksches Wirkungsquantum
I	Lichtintensität
J	Joule
K_B	Basenkonstante
k	Boltzmannkonstante
K	Gleichgewichtskonstante
K_W	Ionenprodukt des Wassers
K	Kelvin
K_K	Komplexbildungskonstante
K_S	Säurekonstante
K_P	Siedepunkt
(*l*)	flüssig
l	Liter
ln	natürlicher Logarithmus
L	Löslichkeitsprodukt
log	Logarithmus
l	Nebenquantenzahl
l	Strecke
m	Masse
M	Massenzahl
m	Meter
mm Hg	
mol	
M	Molekulargewicht
M	Molekülmasse
MO	Molekülorbital
m	Orientierungsquantenzahl
n	Exponent der Konzentrationen im Zeitgesetz
n	Hauptquantenzahl
n	Laufzahl
N_L	Loschmidtsche Zahl
n	Molzahl
nm	Nanometer
n	Neutron
N	Teilchenzahl

OZ	Oxidationszahl
ox	oxidierte Form des Redoxpaares
p	Druck
p_L	Drehimpuls
p	Impuls
p_{osm}	osmotischer Druck
p	Proton
p_{O_2}	Sauerstoffpartialdruck
P	sterischer Faktor
q	Ladung
q	Wärmemenge
q_p	Wärmemenge bei konstantem Druck
q_V	Wärmemenge bei konstantem Volumen
r	Abstand, Radius
R	allgemeine Gaskonstante
R	organischer Rest
RG	Reaktionsgeschwindigkeit
red	reduzierte Form des Redoxpaares
R	Rydbergkonstante
S_E	elektrophile Substitutionsreaktion
S	Entropie
(s)	fest
S_N	nukleophile Substitutionsreaktion
S_R	radikalische Substitutionsreaktion
s	Sekunde
s	Spinquantenzahl
SI	Système International d'Unités
T	absolute Temperatur
t	Celsiustemperatur
$t_{1/2}$	Halbwertszeit
t	Zeit
U	innere Energie
val	
v	Geschwindigkeit
V	Volumen

w	Arbeit
W	thermodynamische Wahrscheinlichkeit
W	Watt
x	Strecke
Z	Ordnungszahl
z	Zahl der Elektronen
Z	Zahl der Zusammenstöße
$\bar{\nu}$	Antineutrino
ν	Frequenz
ϵ	molarer Extinktionskoeffizient
σ	Oberflächenspannung
α	Protolysengrad
λ	Wellenlänge
$\bar{\nu}$	Wellenzahl
λ	Zerfallskonstante

Korrelationsregister zum deutschen Gegenstandskatalog für die ärztliche Vorprüfung

Lernziel Nummer	Seite	Lernziel Nummer	Seite
144	196	180	288f.
145	197ff.	181	78
146	202	182	78ff.
147	202f.	183	78ff.
148	62f., 209	184	78
149	208f.	185	232f.
150	80f., 186f.	186	232f.
151	186f.	187	232f.
152	224f.	188	233
153	225	189	244f.
154	227f., 237	190	244f.
155	227f.	191	115
156	225, 276	192	251f.
157	276	193	149f., 291
158	277	194	247ff.
159	225ff., 233f.	195	247ff.
160	233	196	246f.
161	265	197	246f.
162	115ff.	198	275f.
163	115ff.	199	254
164	265	200	247, 290f.
165	268f.	201	290ff.
166	229ff.	202	77, 255ff.
167	235	203	255ff.
168	235	204	146, 154, 261
169	237ff.	205	256, 261
170	237ff.	206	263
171	237	207	263
172	240f.	208	263
173	240f.	209	253ff.
174	281	210	254
175	76, 281ff.	211	75, 240, 255,
176	77, 281ff.		273
177	282ff.	212	277ff.
178	281ff.	213	277ff.
179	287ff.	214	183–295

A. Grundlagen der allgemeinen Chemie

A. Grundlagen der allgemeinen Chemie

1. Einleitung

Chemische Kenntnisse und Arbeitsmethoden erhalten vor allem über die Biochemie, Physiologie und klinische Chemie eine ständig wachsende Bedeutung für die moderne Medizin. Das Verständnis der Biochemie erfordert eine gründliche Kenntnis der Chemie, wie sie in Vorlesungen und Büchern der Biochemie nicht gebracht werden kann. Beim Studium der Biochemie sollten elementare chemische Grundbegriffe und chemisches Denken bereits vorhanden sein.

Um einen leichten Zugang zu chemischem Denken zu ermöglichen, haben wir das Kapitel „Zustandsformen der Materie", das am meisten mit der Welt des Alltages verbunden ist, an den Anfang gestellt. Anschließend behandeln wir den Bau der Atome und der Moleküle, wobei auf das Entstehen von Bindungen besondere Aufmerksamkeit gerichtet wird. Einer kurzen Betrachtung der Thermodynamik schließt sich eine ausführlichere Behandlung von Säuren und Basen sowie von Redoxvorgängen an. Der allgemeine Teil endet mit dem chemischen Gleichgewicht und der Kinetik.

Im speziellen anorganischen Teil haben wir auf die beschreibende Chemie weitgehend verzichtet, da es uns sinnvoll erschien, nicht Einzelerscheinungen ausführlich darzustellen, sondern Gesetzmäßigkeiten zu erfassen.

Auch im organischen Teil wird das Ziel verfolgt, mit Hilfe von Reaktionsmechanismen und systematischer Besprechung der funktionellen Gruppen die Stoffchemie zu verlassen und den Merkstoff auf ein Minimum zu reduzieren.

Die klassische Unterteilung der Chemie haben wir mit den drei Hauptkapiteln beibehalten:

A. Grundlagen der allgemeinen Chemie
B. Spezielle anorganische Chemie
C. Spezielle organische Chemie

2. Zustandsformen der Materie

2.1 Phasen

Je nachdem, ob eine Substanz über den betrachteten Bereich gleichmäßig einheitliche chemische und physikalische Eigenschaften hat, oder ob beispielsweise ihr Aussehen, spezifisches Gewicht, ihre Härte usw. unterschiedlich sind, bezeichnet

man sie als homogen oder als heterogen. Eine homogene Substanz besteht aus
einer Phase, eine heterogene aus zwei oder mehr Phasen. Homogen bedeutet
nicht, daß nur eine Komponente vorhanden ist. So befinden sich in einer Lösung
von Kochsalz in Wasser zwei chemisch unterschiedliche Substanzen, die eine
homogene Phase bilden, da ihre Verteilung überall völlig gleichmäßig ist.
Andererseits bestehen chemisch einheitliche Stoffe wie Wasser und Wasserdampf
aus zwei Phasen. Ein solches Gemisch ist daher heterogen.

Ein Metallblock z.B. ist überall gleichmäßig hart, reflektiert Licht, leitet Strom
und Wärme, besteht also aus einer Phase. Geben wir Öl in ein Gefäß mit Wasser,
erhalten wir ein System mit zwei flüssigen Phasen. An der Grenze Öl-Wasser
ändern sich Lichtbrechung und spezifisches Gewicht deutlich. Auch chemisch
einheitliche Substanzen, z. B. Eis in Wasser schwimmend, können, wie bereits
erwähnt, aus mehreren Phasen bestehen. An der Phasengrenze ändert sich in
diesem Falle nicht die chemische Zusammensetzung, sondern es ändern sich nur
die physikalischen Eigenschaften. Eis, Wasser und Wasserdampf sind verschiedene
Aggregatzustände einer Substanz. Schmilzt Eis oder verdampft Wasser, so ändern
sich die physikalischen Eigenschaften sprunghaft, eine Phasenumwandlung unter
Änderung des Aggregatzustandes findet statt.

Bei homogenen Stoffen kann man Lösungen (bzw. homogene Mischungen) und
Reinsubstanzen unterscheiden. Im Gegensatz zu den Reinsubstanzen enthalten
Lösungen zwei oder mehr Bestandteile. Beispiele dafür sind in Wasser gelöster
Zucker, eine homogene Mischung von Alkohol und Wasser, Luft als Mischung
verschiedener Gase oder eine Legierung, die aus mehreren festen Komponenten
besteht.

Reine Substanzen haben im Gegensatz zu den meisten Lösungen einen konstanten Schmelzpunkt und Siedepunkt. Zur Charakterisierung von Reinsubstanzen
bedient man sich zweckmäßigerweise physikalischer Daten wie des Schmelzpunktes, Brechungsindexes, Spektrums oder chromatographischer Parameter.

2.2 Aggregatzustände

Ob ein bestimmter Stoff im festen, im flüssigen oder im gasförmigen Aggregatzustand vorliegt, hängt vom Druck und der Temperatur ab. Zu jedem der drei
Aggregatzustände gehören charakteristische Eigenschaften, die weitgehend
unabhängig von der chemischen Zusammensetzung sind.

Festkörper sind hart und schwer komprimierbar, sie haben also eine bestimmte
Gestalt und ein bestimmtes Volumen.

Gase erfüllen jeden beliebigen Raum und sind leicht komprimierbar. Da Gase in
jedem Verhältnis mischbar sind, existiert jeweils nur eine gasförmige Phase.

Flüssigkeiten fehlt zwar wie den Gasen eine feste Gestalt und Härte, aber sie sind ähnlich wie feste Körper schwer komprimierbar.

Die Grenze zwischen dem gasförmigen und dem flüssigen Zustand ist leicht zu ziehen. Zwischen Festkörpern und Flüssigkeiten gibt es Übergänge in Form der amorphen Stoffe. Solche amorphen Stoffe haben zwar meist eine größere Härte als Flüssigkeiten, aber auf Grund ihres molekularen Ordnungsgrades ähneln sie doch mehr den flüssigen als den festen Stoffen.

Die charakteristischen Merkmale des festen Aggregatzustandes finden wir nur bei den Kristallen gut ausgebildet.

Ein weiterer Aggregatzustand ist das Plasma. Als Plasma bezeichnet man Gase, Flüssigkeiten oder auch Festkörper, in denen freie Ladungsträger (Ionen, ungebundene Elektronen) in einer solchen Anzahl vorkommen, daß die physikalischen Eigenschaften des Mediums wesentlich verändert sind. Die Anzahl der positiven und negativen Ladungen pro Volumeneinheit muß dabei annähernd gleich groß sein (Quasineutralität).

2.3 Kristalline Festkörper

Kristalle unterscheiden sich von amorphen Körpern durch eine regelmäßige Form und durch anisotrope (richtungsabhängige) physikalische Eigenschaften. Das Verhalten von Gasen, Flüssigkeiten und amorphen Körpern hingegen ist richtungsunabhängig (isotrop).

Die Unterschiede in den makroskopischen Eigenschaften spiegeln den unterschiedlichen molekularen Aufbau wieder. In den Kristallen sind die Bausteine regelmäßig an bestimmten Plätzen, den Gitterpositionen, angeordnet. Jeder Baustein befindet sich nur auf einer bestimmten Gitterposition. Die Verbindungslinien gleicher Bausteine heißen Gittergeraden, die Schnittpunkte von Gittergeraden Gitterpunkte. Eine Netzebene besteht aus den Gittergeraden einer Ebene. Mehrere Netzebenen im Raum angeordnet bauen ein Raumgitter auf (Abb. 2.3.1).

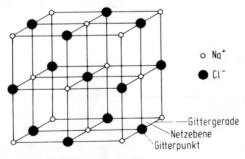

Abb. 2.3.1. Raumgitter eines NaCl-Kristalls.

Beispiele für nichtkristalline, amorphe Festkörper sind Glas und viele Kunststoffe. Amorphe Körper haben keine natürliche ebenen Begrenzungen. Im Inneren unterscheiden sie sich dadurch von den Kristallen, daß sich eine regelmäßige Ordnung der Bausteine nur über kleinere Bereiche erstreckt.

Die Bestandteile der festen Körper halten ihre Gitterpositionen ziemlich genau ein. Die Moleküle, Atome oder Ionen schwingen nur um ihre Gleichgewichtslage, führen aber keine fortschreitende (translatorische) oder Drehungs-(Rotations-) bewegung aus.

Tab. 2.3.1 Einteilung der Kristalle

Kristalltyp	Bausteine	Bindungsart	Beispiele	Eigenschaften
Ionenkristall	Ionen	Ionenbindung	NaCl, Salze	Hoher Smp. hart, spröd
Riesenmolekül	Atome	kovalente Bdg.	Diamant	Hoher Smp. sehr hart
Molekülkristall	Moleküle	van der Waalssche Bdg.	Jod Org. Krist.	Niedriger Smp. weich
Kristall mit H-Brückenbdg.	Moleküle	H-Brückenbdg.	Eis	Niedriger Smp. weich

Eine Einteilung der Kristalle kann entweder nach der geometrischen Anordnung der Bausteine in 7 Kristallsysteme erfolgen, oder man unterscheidet nach der Art der Gitterbausteine und den zwischen ihnen bestehenden Bindungsarten. Obwohl letztere Einteilung nicht immer ohne Grenzfälle durchzuführen ist, wollen wir sie doch vornehmen, da sie auf eine Beziehung zwischen dem inneren Bau und den äußeren Eigenschaften aufmerksam macht (Tab. 2.3.1). Die Bindungsarten selbst besprechen wir in Kap. 6.

2.4 Ionenkristalle

Die Bausteine in Ionenkristallen sind positiv bzw. negativ geladene Ionen, die durch die elektrostatischen (Coulombschen) Anziehungskräfte zusammengehalten werden. Da die elektrostatischen Kräfte nicht gerichtet sind, ist jedes Ion bestrebt, sich mit möglichst vielen Gegenionen zu umgeben. Die Ionen sind daher mit möglichst wenig Zwischenraum dicht gepackt. Die Koordinationszahl, d. h.

die Zahl der sich in nächster Umgebung befindenden Gegenionen, ist meist recht hoch (6 − 8).

Als Folge der starken Anziehungskräfte und der hohen Koordinationszahl haben Ionenkristalle hohe Schmelzpunkte und sind hart. Ein einfaches Beispiel eines Ionenkristalls ist der Natriumchloridkristall (Abb. 2.3.1). Im Natriumchlorid umgeben 6 Chloridionen jedes Natriumion und 6 Natriumionen jedes Chloridion. Für jedes Ion resultiert so die Koordinationszahl 6.

2.5 Riesenmoleküle

Im Gitter des Diamants ist jedes Kohlenstoffatom symmetrisch von vier weiteren Kohlenstoffatomen umgeben, die Koordinationszahl beträgt also nur vier. Die niedere Koordinationszahl zeigt, daß zwischen den Bausteinen gerichtete Kräfte wirksam sind, denn ungerichtete Kräfte ergeben eine viel dichtere Packung. Die zwischen den Kohlenstoffatomen wirkenden Kräfte werden als Atombindungen oder kovalente Bindungen bezeichnet. Da die kovalenten Bindungen sehr stark sind und alle C-Atome des Diamants so miteinander verbunden sind, ist der Diamant sehr hart und hat einen hohen Schmelzpunkt (Abb. 2.5.1).

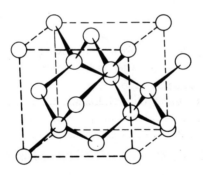

Abb. 2.5.1. Struktur des Diamants.

Ähnliche Strukturen treten stets auf, wenn viermal so viel Valenzelektronen vorhanden sind wie Atome, z. B. beim Siliziumcarbid SiC oder beim Aluminiumphosphid AlP.

2.6 Molekulare Kristalle

Zwischen Edelgasen sowie zwischen Molekülen können sich keine chemischen
Bindungen ausbilden. Der Zusammenhalt in Edelgas- und Molekülkristallen und
in deren flüssigem Zustand erfolgt durch van der Waalssche Kräfte, die viel
schwächer sind als die kovalenten Bindungen, oder die Anziehungskräfte zwischen Ionen. Die Moleküle sind meist ebenfalls nicht sehr dicht gepackt, allerdings nicht infolge gerichteter Anziehungskräfte, sondern als Folge ihrer nicht
kugelförmigen Gestalt.

Molekulare Kristalle sind deshalb weich und schmelzen tief. Zu den molekularen
Kristallen gehören die Nichtmetallverbindungen einschließlich der meisten organischen Verbindungen (Abb. 2.6.1).

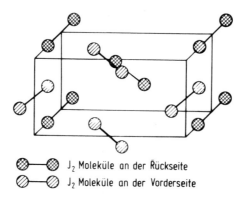

J_2 Moleküle an der Rückseite
J_2 Moleküle an der Vorderseite

Abb. 2.6.1. Struktur des Jod-Kristalls als Beispiel eines molekularen Kristalls.

2.7 Kristalle mit Wasserstoffbrückenbindung

Die Wasserstoffbrückenbindung ist eine gerichtete Bindung, aber viel schwächer
als die kovalente Bindung. Kristalle mit Wasserstoffbrückenbindung sind daher
relativ weich und voluminös. Diese Kristallbildung finden wir bei vielen Säuren,
Alkoholen und besonders beim Eis. Beim Eis ist jedes Sauerstoffatom jeweils
über ein Wasserstoffatom tetraedrisch von vier weiteren Sauerstoffatomen umgeben. Das Wasserstoffatom ist mit dem einen Sauerstoffatom durch eine kovalente, mit dem anderen durch eine Wasserstoffbrückenbindung verbunden (Abb.
2.7.1).

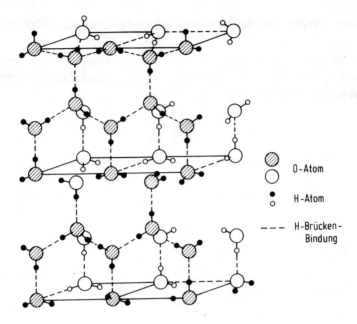

Abb. 2.7.1. Struktur des Eiskristalls.

2.8 Gase

Gase sind in ihrem physikalischen Verhalten einander sehr ähnlich: Sie breiten sich gleichmäßig in Gefäßen aus, sind leicht komprimierbar und vollständig miteinander mischbar.

Experimentell findet man bei Gasen außer der leichten Komprimierbarkeit, also einer starken Abhängigkeit des Volumens vom Druck, eine viel höhere Temperaturabhängigkeit des Volumens als bei den Festkörpern.

Die Kenntnis der Abhängigkeit des Volumens von Druck und Temperatur hat Bedeutung für die Gasmengenmessung. Da die Gase viel kleinere Dichten als Flüssigkeiten und Festkörper haben, ist die Gaswägung zur Mengenbestimmung wenig zweckmäßig. Statt dessen bestimmt man das Volumen und berechnet die Gasmenge mit den Gesetzen, die die Abhängigkeit des Volumens von Druck und Temperatur beschreiben. Aus diesem Grund beschäftigen wir uns etwas mit den Gasgesetzen.

2.9 Das Boyle-Mariottesche Gesetz und die Molzahl

Wie das Volumen einer bestimmten Gasmenge durch Ändern des Druckes beeinflußt wird, untersuchte schon 1662 Robert Boyle. Er fand, daß das Volumen verkehrt proportional dem Druck ist:

$$V \sim \frac{1}{p}$$

Andere Schreibweisen für diese indirekte Proportionalität sind:

$$V = \frac{const.}{p}$$

oder

$$p \cdot V = const.$$

oder auch, wenn ein ideales Gas, ausgehend vom Volumen V_1 und dem Druck p_1, auf ein Volumen V_2 und den Druck p_2 gebracht wird:

$$p_1 \cdot V_1 = p_2 \cdot V_2$$

Da bei dieser Druck- und Volumenänderung die Temperatur des Gases konstant gehalten wird, spricht man von einem isothermen Prozeß.

Die Schreibweise

$$(p \cdot V)_T = const.$$

symbolisiert den isothermen Vorgang.

Das Boyle-Mariottesche Gesetz läßt sich graphisch in einem p,V-Diagramm darstellen. Für jede Temperatur erhält man eine bestimmte Hyperbel (Abb. 2.9.1).

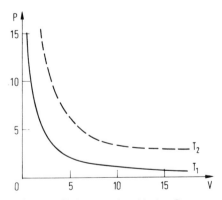

Abb. 2.9.1. Druckabhängigkeit des Volumens eines idealen Gases.

Das Produkt aus Druck und Volumen ist nur konstant, wenn neben der Temperatur auch die Molzahl n des Gases konstant gehalten wird.

Ein Mol ist diejenige Substanzmenge, die ebensoviele Moleküle, Atome oder Ionen enthält, wie in 0,012 kg des Isotops ^{12}C Kohlenstoffatome enthalten sind, d.s. $6{,}022 \cdot 10^{23}$.

Diese Zahl heißt Loschmidtsche Zahl oder auch Avogadrosche Zahl.

Nun können wir das Boyle-Mariottesche Gesetz endgültig formulieren:

$$(p \cdot V)_{T,n} = \text{const.}$$

2.10 Das Gesetz von Charles und Gay-Lussac und die absolute Temperaturskala

1787 berichtete Charles und 1802 Gay-Lussac über die Beziehung zwischen dem Volumen von Gasen und der Temperatur. Sie fanden, daß sich das Volumen eines idealen Gases um 1/273 des Volumens bei Null Grad Celsius ausdehnt, wenn es um ein Grad Celsius erwärmt wird.

Wenn das Volumen des Gases bei 0 °C V_0 ist, gilt:

$$V = V_0 \left(1 + \frac{t}{273}\right)$$

Eine graphische Darstellung der Temperaturabhängigkeit des Volumens in einem V,T-Diagramm ergibt für verschiedene Drücke Geraden, die sich alle in einem Punkt schneiden (Abb. 2.10.1). Führt man eine neue Temperaturskala ein, wobei man diesen Schnittpunkt gleich Null Grad setzt, jedoch die Intervalle der Celsiustemperaturskala beibehält, so vereinfacht sich das Gesetz von Gay-Lussac zu:

$$V = \frac{V_0 \cdot T}{T_0} = \text{const. } T$$

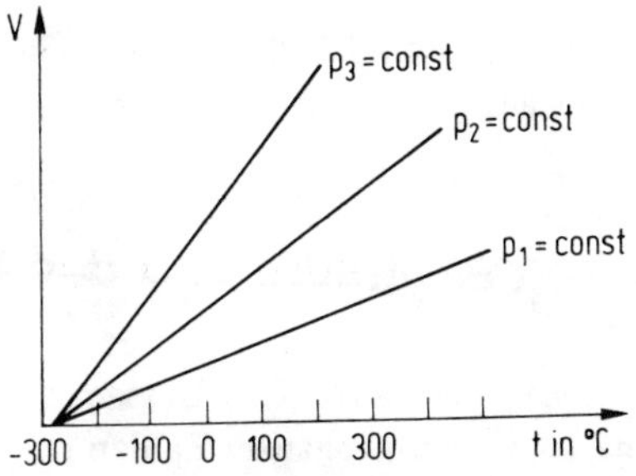

Abb. 2.10.1. Temperaturabhängigkeit des Volumens eines idealen Gases.

Die auf diese Weise eingeführte Temperaturskala nennt man absolute Temperaturskala. Die Einheit dieser Skala ist das Kelvin (K): Als Bezugspunkt ist der Tripelpunkt des Wassers mit 273,16 K festgelegt.

1 Kelvin ist somit 1/273,16 dieses Wertes. Am Tripelpunkt des Wassers befinden
sich Eis, flüssiges Wasser und Wasserdampf im Gleichgewicht. Die Temperatur des
Wassertripelpunktes liegt 0,01 °C über der Temperatur des schmelzenden Eises,
die den 0-Punkt der Celsiustemperaturskala festlegt. Zur Umrechnung von Celsiusgraden in Kelvin muß man also zu den Celsiusgraden 273,15 dazuzählen. Für die
meisten Berechnungen rundet man der Einfachheit wegen auf 273 ab (Abb.
2.10.2).

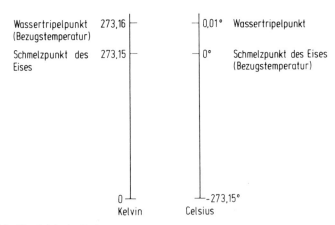

Abb. 2.10.2. Vergleich der Kelvin- und der Celsiusskala (nicht maßstabgetreu).

Es gelten also folgende Beziehungen zwischen den beiden Temperaturskalen:

$$t = T - T_0 = T - 273,15 \qquad\qquad t \quad \text{Grad Celsius}$$

bzw.

$$T = t + 273,15 \qquad\qquad\qquad T \quad \text{Kelvin}$$

Der absolute Nullpunkt (0 K) ist grundsätzlich experimentell nicht erreichbar.
Immerhin ist man heute bis auf $2 \cdot 10^{-5}$ K an ihn herangekommen.

2.11 Das Gesetz von Avogadro und das Molvolumen

Das Gesetz der Verbindungsvolumina von Gay-Lussac, nach welchem miteinander
reagierende Gasvolumina im Verhältnis ganzer Zahlen reagieren, veranlaßte Avogadro 1811, zur Deutung dieses Gesetzes eine Hypothese aufzustellen. Heute gilt

diese Hypothese als gesichert und wird als Gesetz bezeichnet: Gleiche Volumina verschiedener idealer Gase enthalten unter gleichen äußeren Bedingungen die gleiche Anzahl von Molekülen.

Aus diesem Gesetz folgt auch, daß jedes Mol eines idealen Gases bei gleicher Temperatur und bei gleichem Druck das gleiche Volumen einnimmt. Experimentell findet man, daß das Volumen eines Mols bei 0 °C und 1 atm 22,414 l beträgt.

Auf 0 °C und 1 atm Druck rechnet man gewöhnlich alle Gasvolumina um und nennt diesen Temperatur- und Druckzustand „Normalbedingungen".

2.12 Das ideale Gasgesetz

Das Gesetz von Boyle-Mariotte, das Gesetz von Gay-Lussac und das Gesetz von Avogadro kann man zu einer Gleichung kombinieren, dem idealen Gasgesetz:

$$p \cdot V = n \cdot R \cdot T$$

In dieser Gleichung ist p der Druck, V das Volumen, T die absolute Temperatur und n die Molzahl des Gases.

R ist eine Konstante, die wir finden, wenn wir die anderen vier Größen für einen bestimmten Zustand einsetzen, z.B. für ein Mol bei Normalbedingungen

$$n = 1 \text{ mol}, \quad p = 1 \text{ atm}, \quad V = 22,414 \, l, \quad T = 273,15 \text{ K},$$

dann erhalten wir

$$R = \frac{p \cdot V}{n \cdot T} = \frac{1 \cdot 22,414}{1 \cdot 273,15} = 0,082 \text{ Literatmosphären pro Mol und Grad}$$

R heißt die Gaskonstante und hat die Dimension einer Energie. Oft ist es notwendig, R in anderen Einheiten anzugeben, z. B. in SI-Einheiten. Dann ist R = 8,31 Joule pro Mol und Grad.

2.13 Ideale und reale Gase

Die Gasgesetze von Boyle-Mariotte und von Gay-Lussac und damit auch das ideale Gasgesetz gelten nur in bestimmten Druck- und Temperaturbereichen, wobei diese Bereiche von der Art des Gases abhängig sind. Gase, die diese Gesetze befolgen, nennt man ideale Gase. Gase, die (infolge ihres Eigenvolumens und der Anziehungskräfte, die zwischen Molekülen oder Atomen bestehen) größere Abweichungen von den besprochenen Gasgesetzen zeigen, heißen reale Gase.

Allgemein ist ein bestimmtes Gas umso „idealer", d.h. es befolgt die idealen Gasgesetze umso genauer, je höher seine Temperatur und je niedriger sein Druck ist.

2.14 Molekulargewichtsbestimmung von Gasen und verdampfbaren Substanzen

Da die Molzahl n durch

$$n = \frac{m}{M}$$

definiert ist, wobei m die Masse (in g) und M die Molekülmasse bedeuten, kann man durch experimentelle Bestimmung der Gasmasse und des Volumens bei bekannter Temperatur und bekanntem Druck mit dem idealen Gasgesetz die Molekülmasse von Gasen oder verdampfbaren Substanzen bestimmen.

$$p \cdot V = n \cdot R \cdot T$$

mit $n = \dfrac{m}{M}$ ergibt

$$p \cdot V = \frac{m}{M} \cdot R \cdot T$$

und

$$M = \frac{m \cdot R \cdot T}{V \cdot p}$$

2.15 Das Daltonsche Partialdruckgesetz

Da das ideale Gasgesetz für viele Gasarten gilt, ist anzunehmen, daß man es auch auf Gasmischungen anwenden kann.

Experimentell fand Dalton 1801, daß das Vermischen verschiedener Gase das Gesamtvolumen nicht verändert. Dalton nannte den Druck eines Bestandteiles einer Gasmischung, den dieser Teil ausüben würde, wenn er sich allein in dem Gefäß befände, den Partialdruck des Gases.

Mit dieser Definition lautet das Daltonsche Partialdruckgesetz:

Der Gesamtdruck einer Gasmischung ist gleich der Summe der Partialdrücke der einzelnen Gase.

2.16 Abhängigkeit der O_2-Aufnahme in der Lunge vom Sauerstoffpartialdruck

Der Übergang des Sauerstoffs aus der Lunge in das Blut erfolgt hauptsächlich durch Bindung des O_2 an Hämoglobin unter Bildung von Oxyhämoglobin.

Das Sauerstoffbindungsvermögen hängt außer vom CO_2-Partialdruck und dem pH-Wert des Blutes auch stark vom Sauerstoffpartialdruck ab (Abb. 2.16.1).

Die atmosphärische Luft enthält bei einem Gesamtdruck von 760 mm Hg 21 % O_2. Der Sauerstoffpartialdruck beträgt rund 160 mm Hg.

$$pO_2 = \frac{21 \cdot 760}{100} \approx 160 \text{ mm Hg}$$

Bei Sättigung mit Wasserdampf müssen, da der Wasserdampfpartialdruck bei 37 °C (Körpertemperatur) 47 mm Hg beträgt, diese 47 mm vom Gesamtdruck abgezogen werden. Es resultiert ein pO_2 von etwa 150 mm Hg.

In der Lunge ist allerdings der pO_2 noch etwas niedriger, da einerseits vom Blut Sauerstoff aus dem Gasgemisch sofort entnommen wird, andererseits bei der Ausatmung stets Luft mit geringerem Sauerstoffgehalt zurückbleibt (Residialvolumen).

Wie wir aus der Sauerstoffbindungskurve des Blutes (Abb. 2.16.1) ersehen, haben wir bei pO_2 = 100 mm Hg noch fast den Höchstwert der Sauerstoffsättigung. Bei einem Sauerstoffpartialdruck von 80 mm Hg, wie er einer Höhe von 5000 m entspricht, kann es jedoch bereits zu Mangelerscheinungen kommen.

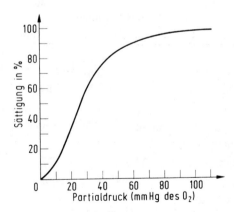

Abb. 2.16.1. Sauerstoff-Bindungskurve des Blutes.

2.17 Kinetische Gastheorie

In den vorhergehenden Kapiteln betrachteten wir das Verhalten der Gase rein empirisch, ohne zu fragen, warum sich die Gase so verhalten. Aus den empirischen Gesetzen kann man den Aufbau der Materie nicht erklären, hierzu müssen Modellvorstellungen herangezogen werden.

Modellvorstellungen sind in den Naturwissenschaften ein oft verwendetes Hilfsmittel für das Verständnis von Experimenten.

Die kinetische Gastheorie als Modell hat sich zur Erklärung des Verhaltens von Gasen sehr bewährt und ermöglicht mit einigen einfachen Annahmen, die Gasgesetze anschaulich zu machen oder auch theoretisch abzuleiten.

Nach der kinetischen Gastheorie besteht ein Gas aus einer sehr großen Anzahl von Molekülen. Die Moleküle sind soweit voneinander entfernt, daß sie keine Anziehungskräfte aufeinander ausüben können. Das Volumen des Gases ist so groß, daß das Volumen der Moleküle selbst nicht berücksichtigt zu werden braucht.

Die Gasmoleküle bewegen sich ständig sehr rasch. Zusammenstöße zwischen den Molekülen untereinander und zwischen Molekülen und der Gefäßwand sind völlig elastisch, d.h. bei den Zusammenstößen kann Energie nur übertragen werden. Der Gesamtbetrag der Energie bleibt erhalten.

Die durchschnittliche kinetische Energie

$$E_{kin.} = \frac{1}{2} m \cdot v^2$$

eines Gases nimmt mit der Temperatur zu und ist der absoluten Temperatur proportional. Am absoluten Nullpunkt befinden sich die Moleküle in Ruhe. Temperaturerhöhung ist gleichbedeutend mit einer Erhöhung der Geschwindigkeit der Moleküle.

Nach dieser Modellvorstellung läßt sich der Druck eines Gases durch die Impulsübertragung der aufprallenden Moleküle auf die Gefäßwände erklären.

Befinden sich mehr Moleküle in einem bestimmten Volumen, ist die Anzahl der aufprallenden Moleküle und somit auch der Druck größer. So findet das Gesetz von Boyle-Mariotte eine einfache Erklärung.

Erhöht man die Temperatur eines Gases, so erhöht sich die Geschwindigkeit der Moleküle. Infolge der höheren Geschwindigkeit prallen sie häufiger auf die Wände und übertragen auch bei jedem Aufprall mehr Impuls. Deshalb erhöht sich der Druck bzw. das Volumen des Gases bei Temperaturerhöhung, wenn das Volumen bzw. der Druck konstant gehalten wird.

Da die mittlere kinetische Energie bei allen Gasen bei gleicher Temperatur konstant ist, muß auch die Anzahl der Moleküle (n) gleich sein (Gesetz von Avogadro).

Denn:

$$E_{kin.1} = E_{kin.2}$$

Nach der kinetischen Gastheorie ist auch:

$$\frac{1}{2} m_1 \cdot v_1^2 = \frac{1}{2} m_2 \cdot v_2^2$$

Nun ist:

$$m_1 = n_1 \cdot M_1$$

und

$$m_2 = n_2 \cdot M_2$$

Durch Einsetzen erhalten wir:

$$\frac{1}{2} n_1 \cdot M_1 \cdot v_1^2 = \frac{1}{2} n_2 \cdot M_2 \cdot v_2^2$$

Nach der kinetischen Gastheorie ist auch:

$$M_1 \cdot v_1^2 = M_2 \cdot v_2^2$$

Daher ist

$$n_1 = n_2$$

2.18 Flüssigkeiten

Flüssigkeiten stehen in ihren Eigenschaften und in ihrem Existenzbereich, bezogen auf die Temperatur, zwischen den Festkörpern und den Gasen.

Beim Erwärmen fester Substanzen entstehen gewöhnlich zuerst Flüssigkeiten, die Kristalle schmelzen. Bei weiterer Wärmezufuhr geht die Flüssigkeit in die Gasphase über, sie verdampft.

Die Flüssigkeiten sind infolge ihrer fehlenden Härte mit den Gasen vergleichbar, sie können ebenso wie Gase jede beliebige Form annehmen.

In ihrer Druckabhängigkeit des Volumens gleichen sie eher den Festkörpern. Auch liegen die Dichten bei den meisten Flüssigkeiten in derselben Größenordnung wie bei den Festkörpern.

So wie die makroskopischen nehmen auch die molekularen Eigenschaften der Flüssigkeiten eine Mittelstellung zwischen Festkörpern und Gasen ein. Die Anziehungskräfte zwischen den Molekülen sind nicht so groß wie im Kristall, aber auch nicht vernachlässigbar klein wie bei den idealen Gasen. Die bindenden Kräfte sind trotzdem so stark, daß zwischen den Molekülen nicht viel Platz bleibt. Eine starke Volumensverminderung als Folge einer Druckerhöhung ist nicht möglich. Die zusammenhaltenden Kräfte können andererseits aber eine gegenseitige Verschiebung der Moleküle nicht verhindern, deshalb können Flüssigkeiten beliebige Formen annehmen.

Die Moleküle eines Kristalls können nur Schwingungsbewegungen um eine Gleichgewichtslage ausführen. Bei Gasen fliegen die Moleküle ohne gegenseitige Bindung rasch hin und her. Bei Flüssigkeiten müssen wir einen Zwischenzustand zwischen Kristallen und Gasen annehmen. Die Moleküle befinden sich zwar meist im Anziehungsbereich ihrer Nachbarn (wie bei Kristallen), haben aber auch die Möglichkeit einer translatorischen, d.h. einer fortschreitenden Bewegung (wie bei Gasen). Eine Ordnung fehlt nicht vollständig, sie beschränkt sich aber auf kleinere Bereiche. Man bezeichnet diesen Ordnungszustand als Nahordnung.

Da Flüssigkeiten und Gase bei Temperaturerhöhung, also durch Energiezufuhr, aus Kristallen entstehen, haben Flüssigkeiten und Gase einen höheren Energieinhalt als kristalline Körper. Die Kristalle sind also Gleichgewichtszustände geringster Energie. Wir können uns vorstellen, daß aus Flüssigkeiten durch ihr Streben nach dem geringsten Energieinhalt kristalline Körper entstehen.

Andere Stoffe liegen aber unter den gleichen äußeren Bedingungen als Flüssigkeiten oder als Gase vor. Das Bestreben nach geringer Energie kann also nicht das einzige Gleichgewichtskriterium sein. Bei Gasen finden wir auf Grund der heftigen Bewegung der Moleküle und der elastischen Zusammenstöße eine äußerst unregelmäßige Anordnung der einzelnen Bestandteile. Wir wollen annehmen, daß als Folge des Dranges nach Unordnung Kristalle schmelzen und Flüssigkeiten verdampfen.

Mit diesen beiden Annahmen resultiert ein Gleichgewicht zwischen den Aggregatzuständen aus zwei gleich großen Kräften: erstens dem Streben nach minimaler Energie und zweitens dem Streben nach maximaler Unordnung.

Diese Gesetzmäßigkeit, die uns hier zum ersten Male begegnet, müssen wir als eines der fundamentalsten Naturprinzipien betrachten. Ein System strebt nach dem Zustand niedrigster Energie, der mit der größten Ordnung verbunden ist, und gleichzeitig strebt es nach dem Zustand maximaler Unordnung, der erst mit dem höchsten Energieinhalt realisiert ist. Wir werden immer wieder die Gelegenheit haben zu beobachten, wie diese beiden Triebkräfte der Natur den Ablauf chemischer Reaktionen bestimmen.

Man könnte diesen Kampf zwischen Ordnung und Unordnung mit dem Streben des Menschen nach Sicherheit und Ordnung einerseits und seinem Drang nach

Freiheit und Ungebundenheit andererseits, der im Widerspruch zur konventionellen Ordnung steht, vergleichen.

2.19 Gläser

Beim Abkühlen von Flüssigkeiten entstehen nicht immer kristalline Festkörper. Die Moleküle müssen sich zu einem bestimmten Gitter ordnen können, damit ein Kristall entstehen kann. Erfolgt die Abkühlung sehr rasch oder ist die Viskosität der Flüssigkeit schon oberhalb des Schmelzpunktes sehr hoch, so bleibt der Ordnungsgrad der Flüssigkeit erhalten. Bei weiterem Abkühlen steigen die Anziehungskräfte zwischen den Molekülen und damit die Viskosität noch weiter an, die thermische Bewegung und damit die Fähigkeit der Flüssigkeit zu kristallisieren nimmt ab.

Solche hochviskosen Substanzen, die sich schon tief unter ihrem Schmelzpunkt befinden, bei denen aber der Ordnungszustand einer Flüssigkeit erhalten ist, nennt man Gläser. Gläser bestehen aus hochvernetzten Molekülen, bei denen eine kristalline Ordnung infolge ihrer komplexen Form nur sehr schwer zu erreichen ist. Glas hat keinen scharfen Schmelzpunkt. Bei mechanischer Spaltung des Glases werden keine ebenen Flächen erhalten.

2.20 Gummiartige Stoffe

Gummiartige Stoffe verändern unter Einwirkung einer Kraft ihre Form. Hört die Krafteinwirkung auf, so nehmen sie ihre ursprüngliche Form wieder an.

Gummi besteht aus langen Fadenmolekülen, die sich unter dem Einfluß der thermischen Bewegung umherschlängeln und unregelmäßige Knäuel bilden. Dehnt man ein Gummi, so streckt man die Kette, die Knäuel entwirren sich teilweise und orientieren sich in die Streckrichtung. Beim Dehnen bringt man also die Moleküle des Gummis in eine höhere Ordnung. Das Zusammenziehen des gespannten Gummis ist auf sein Streben nach größerer Unordnung zurückzuführen. Dieses Bestreben wächst nun mit steigender Temperatur infolge der stärkeren thermischen Bewegung. Ein Temperaturanstieg vergrößert also die Kraft, mit der sich ein gespanntes Gummi zusammenzieht. Ein belasteter Gummifaden (gedehntes Gummi) zieht sich also beim Erwärmen zusammen.

Im Gegensatz zum Zusammenziehen des Gummifadens ist das Zusammenziehen einer gespannten Stahlfeder auf ihr Bestreben nach ungestörter Ordnung zurückzuführen. Dehnt man eine Schraubenfeder, so werden die Bausteine des kristallinen Metalls etwas aus ihrer Ruhelage gebracht. Ebenso nehmen beim Erwärmen des Metalls die Schwingungsbewegungen der Kristallbausteine zu. In beiden Fällen wird die Ordnung des Kristalls etwas gestört. Erwärmung und Dehnung der Schraubenfeder wirken also in gleicher Richtung. Erwärmt man eine belastete Schraubenfeder, so dehnt sie sich noch weiter aus.

2.21 Phasenumwandlungen

Der Übergang aus der festen in die flüssige Phase heißt Schmelzen, der umgekehrte Vorgang Kristallisation.

Beim Erwärmen eines Kristalls — etwa von Eis — beobachtet man, daß der Kristall bei einer bestimmten Temperatur — dem Schmelzpunkt — zu schmelzen beginnt. Nur bei dieser Temperatur, die wenig druckabhängig ist, können Festkörper und Flüssigkeit nebeneinander bestehen. Führt man weiter Wärme zu, so schmilzt der Festkörper vollständig. Erst wenn die feste Phase umgewandelt ist, steigt bei weiterer Wärmezufuhr die Temperatur der Flüssigkeit an.

Kühlt man eine Flüssigkeit ab, so erreicht man eine Temperatur — die Kristallisationstemperatur —, bei der die Flüssigkeit zu kristallisieren beginnt. Diese Temperatur heißt auch Festpunkt oder Gefrierpunkt (Fp). Gefrierpunkt und Schmelzpunkt einer Substanz sind identisch.

Wir wollen Phasenumwandlungen aus molekularer Sicht betrachten: Unter Normalbedingungen führen die Bausteine eines Kristalls Schwingungen um eine Gleichgewichtslage aus. Mit steigender Temperatur werden diese Schwingungen immer stärker, bis letztlich die Teilchen ihre Gitterplätze verlassen: Die kristalline Ordnung bricht zusammen, der Kristall schmilzt.

Als Verdampfung bezeichnet man den Übergang aus der flüssigen in die Gasphase; der umgekehrte Vorgang heißt Kondensation.

In der Flüssigkeit befinden sich auch Moleküle, die so energiereich sind, daß sie die Anziehungskräfte der anderen Moleküle überwinden können. Je höher die Temperatur ist, desto schneller bewegen sich die Moleküle und desto größer wird der Anteil der Moleküle, die energiereich genug sind, um aus der Flüssigkeit in den Gasraum übertreten zu können. Befindet sich die Flüssigkeit in einem geschlossenen Gefäß, so wächst die Zahl der Moleküle im Gasraum. Mit der Anzahl der Gasmoleküle steigt auch die Wahrscheinlichkeit, daß Moleküle aus dem Gasraum wieder von der Flüssigkeit aufgenommen werden. Schließlich stellt sich ein Zustand ein, in dem Verdampfungs- und Kondensationsgeschwindigkeit gleich groß sind, also ein Gleichgewichtszustand. Dieser Gleichgewichtszustand ist nicht statischer, sondern dynamischer Natur. Zwei entgegengesetzte Vorgänge (Verdampfung und Kondensation) erfolgen in gleichem Ausmaße.

Der Druck eines Dampfes, der sich bei einer bestimmten Temperatur mit der Flüssigkeit im Gleichgewicht befindet, ist nur temperaturabhängig und heißt Dampfdruck.

Der Dampfdruck wächst mit steigender Temperatur. Erreicht der Dampfdruck den äußeren Druck, so verdampft die Flüssigkeit auch im Inneren, die Flüssigkeit siedet.

Auch direkte Übergänge von der festen Phase in die Gasphase und umgekehrt gibt es: Sie heißen Sublimation und Kondensation. Schließlich wäre noch zu bemerken, daß auch jeder Festkörper einen — allerdings oft sehr kleinen — Dampfdruck hat, der mit steigender Temperatur zunimmt.

3. Atombau

3.1 Atome

In den gewöhnlichen Aggregatzuständen besteht die Materie aus Atomen oder Molekülen. Moleküle sind Atomgruppen, die aus einer oder mehreren Atomsorten bestehen können.

Die Vorstellung, daß die Materie aus kleinsten, unteilbaren Bestandteilen aufgebaut ist, stammt schon von den Griechen des 6. bis 4. Jahrhunderts vor Christus. Doch bis zu John Dalton, dem zu Beginn des 19. Jahrhunderts experimentelle Untersuchungen und Gesetzmäßigkeiten zur Verfügung standen, blieb die Atomtheorie eine reine Hypothese. Heute ist nicht nur die Existenz von Atomen sicher bewiesen, sondern man kennt auch die Struktur der Atome und noch kleinere Teilchen, die Elementarteilchen, die am Aufbau der Atome beteiligt sind.

Die Atome sind außerordentlich klein, ihr Durchmesser beträgt etwa 0,2 — 0,5 nm. Je nach ihrer Masse unterscheidet man rund 300 natürlich vorkommende Atomsorten (Nuklide). Nuklide mit praktisch gleichen chemischen Eigenschaften (Isotope) bezeichnet man als Elemente.

Ein Atom besteht aus dem positiv geladenen Atomkern und der Hülle, die fast das gesamte Volumen des Atoms einnimmt. Die Hülle trägt gleich viel negative wie der Atomkern positive elektrische Ladung, so daß das Atom insgesamt elektrisch neutral ist.

Für den Zusammenhalt von Atomkern und Hülle sind elektromagnetische Kräfte maßgebend, also die Kräfte, die zwischen elektrischen Ladungen wirksam sind. Die Größe dieser Kräfte findet man nach dem Coulombschen Gesetz:

$$F = K \cdot \frac{q_1 \cdot q_2}{r^2} \qquad K = 8{,}99 \cdot 10^9 \ N \cdot m^2 \cdot C^{-2}$$

Es sind F die Kraft, die die beiden Ladungen aufeinander ausüben, q_1 und q_2 die Ladung der beiden Teilchen, K eine Naturkonstante und r der Abstand der beiden Ladungen. Ladungen gleichen Vorzeichens stoßen sich ab, ungleiche Ladungen ziehen sich an. Da die Kraft verkehrt proportional dem Quadrat des Ladungsabstandes ist,

$$F \sim \frac{1}{r^2},$$

wirkt zwischen gleich großen Ladungen in doppelter Entfernung nur eine ein Viertel so große Kraft. Die Kräfte nehmen also relativ rasch mit der Entfernung ab. Elektromagnetische Kräfte bewirken auch den Zusammenhalt zwischen den Atomen, d.h. sie liegen den chemischen Bindungen zugrunde.

3.2 Elementarteilchen

Elementarteilchen sind Teilchen, die kleiner als Atome sind. Obwohl sehr viele Elementarteilchen bekannt sind, wollen wir uns nur mit den wichtigsten beschäftigen: den Protonen, den Neutronen und den Elektronen. Diese drei Elementarteilchen sind mit einem Durchmesser von etwa 10^{-15} m in ihrer Größe sehr ähnlich, unterscheiden sich jedoch in ihrer Masse und Ladung (Tab. 3.2.1).

Tab. 3.2.1 Elementarteilchen

Elementarteilchen	relative Masse (atomare Einheiten)	absolute Masse (kg)	(atomare Ladungseinheiten)	Ladung (Coulomb)
Elektron, e^-	$5,485930 \cdot 10^{-4}$	$9,109558 \cdot 10^{-31}$	-1	$-1,602 \cdot 10^{-19}$
Proton, p	$1,007276$	$1,672614 \cdot 10^{-27}$	$+1$	$+1,602 \cdot 10^{-19}$
Neutron, n	$1,008665$	$1,674920 \cdot 10^{-27}$	0	0

Protonen und Neutronen sind Bestandteile des Atomkerns. Deshalb heißen sie Nukleonen (lat. nucleus = der Kern). Die Elektronen befinden sich in der Atomhülle. Neutronen sind außerhalb des Atomkerns instabil, sie wandeln sich in Protonen und Elektronen um:

$$n \rightarrow p + e^- + \overline{\nu} \text{ (Antineutrino)} + \text{Energie}$$

3.3 Kernbau

Ein Versuch von Ernest Rutherford im Jahre 1911 lieferte zum ersten Male
Erkenntnisse über die Größe des Atomkernes. Rutherford bestrahlte dünne
Goldfolien mit α-Strahlen und beobachtete die Ablenkung der Strahlung durch
die Goldatome.

Die α-Strahlung besteht aus Heliumatomkernen, die zwei positive Elementar-
ladungen tragen. Da die Heliumkerne sehr viel schwerer als die Elektronen sind,
werden sie von der Atomhülle nicht abgelenkt. Treffen die Heliumkerne jedoch
auf den positiv geladenen Atomkern, werden sie infolge der großen Coulombschen Abstoßungskräfte zurückgeworfen.

Rutherford fand, daß der größte Teil der α-Strahlen die dichtgepackten Goldatome ohne jede Ablenkung durchdringt. Das bedeutet, daß der größte Teil des
Volumens der Goldatome leer oder nur mit Elektronen gefüllt ist. Aus dem
Verhältnis der unbeeinflußten zu den abgelenkten Strahlen und dem Atomdurch-
messer von 10^{-10} m ergibt sich der Kerndurchmesser von etwa 10^{-15} m.

Eine Analyse der Ablenkungswinkel bei unterschiedlichen Atomen ermöglicht
Rückschlüsse auf die Größe der Abstoßungskräfte und damit auf die Kernladung.
Rutherford beobachtete einen direkten Zusammenhang zwischen der Ordnungs-
zahl und der Kernladung. Die Ordnungszahl gibt den Platz des Elementes in der
Reihung der Elemente nach steigender Kernladung im Periodensystem der
Elemente an.

Der Atomkern enthält die der Ordnungszahl entsprechende Anzahl Protonen, die
jeweils eine positive Elementarladung tragen. Fast alle Atomkerne enthalten zusätzlich zu Protonen noch ungeladene Neutronen. Die Summe der Protonenzahl und
der Neutronenzahl ist die Massenzahl. Atomkerne gleicher Protonenzahl, aber
unterschiedlicher Neutronenzahl bezeichnet man als Isotope, Atomarten gleicher
Massenzahl, aber unterschiedlicher Protonenzahl als Isobare. Zur Charakterisierung
eines Isotops schreibt man vor das Elementsymbol links oben die Massenzahl und
links unten die Ordnungszahl, z.B.:

$$_2^4 He$$

Diese Angabe bedeutet, daß das Heliumisotop aus 2 Protonen und aus 2 Neutronen
besteht. Die Symbolisierung $_{17}^{35}Cl$ bedeutet ein Chlorisotop mit 17 Protonen und
18 Neutronen. Ein Nuklid der Massenzahl M und der Ordnungszahl Z hat Z
Protonen und (M − Z) Neutronen.

Den Zusammenhalt des Atomkernes bewirken die sogenannten Kernkräfte, die
zwischen allen Kernbausteinen, also sowohl zwischen Protonen und Neutronen
als auch zwischen Protonen und Protonen oder auch zwischen Neutronen und

Neutronen, gleich wirksam sind. Diese Kernkräfte sind sehr viel stärker als die Coulombschen Kräfte oder die Gravitationsanziehung, und sie gehorchen auch nicht einem formal gleichen Gesetz. Unterschiedlich zu den Coulombschen Kräften und der Gravitationswechselwirkung ist auch die geringe Entfernung, in der die Kernkräfte wirken, nämlich nur in der Größenordnung von 10^{-15} m.

Da die Kernbausteine durch außerordentlich starke Kräfte gebunden sind, ist für ihre Trennung sehr viel Energie – die Kernbindungsenergie – aufzuwenden. Die gleiche Energie würde frei werden, wenn man einen Atomkern aus Protonen und Neutronen aufbauen würde. Um diese Kernbindungsenergie ist der Atomkern ärmer als die Summe der Energien der entsprechenden Kernbausteine. Nun sind nach Einstein Energie und Masse einander äquivalent, wobei die Beziehung gilt:

$$E = m \cdot c^2$$

E   Energie
m   Masse
c   Lichtgeschwindigkeit
c $2,99793 \cdot 10^8$ m · s^{-1}

Der Atomkern ist um das Massenäquivalent der Kernbindungsenergie leichter als die ihn aufbauenden Protonen und Neutronen. Die Differenz der Massensumme der Nukleonen und der tatsächlichen Masse des Isotops heißt Massendefekt und ist ein Maß für die Kernbindungsenergie und damit für die Stabilität des Isotops.

Anschaulicher für die graphische Darstellung ist der Massendefekt pro Nukleon, der Packungsanteil. Trägt man den Massendefekt pro Nukleon gegen die Massenzahl auf, erhält man eine Kurve, die etwa beim Eisen mit 56 Nukleonen ein Maximum hat (Abb. 3.3.1).

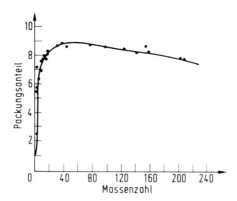

Abb. 3.3.1. Der Packungsanteil in Abhängigkeit von der Massenzahl des Isotops.

Bauen nur wenige Nukleonen einen Atomkern auf, so ist der Massendefekt pro Nukleon geringer, da der Anteil der Teilchen, die sich an der Oberfläche des Kernes befinden und deshalb nicht von allen Seiten an andere Nukleonen gebunden sein können, mit abnehmender Teilchenzahl rasch größer wird.

Atomkerne höherer Massenzahl enthalten mehr Protonen. Die Coulombschen Abstoßungskräfte innerhalb des Atomkernes nehmen mit der Protonenzahl zu. Obwohl die Kernbindungskräfte viel stärker sind als die elektrostatische Abstoßung, wirken sie nur auf eng benachbarte Nukleonen. Die Coulombschen Kräfte haben eine größere Reichweite und wirken auf alle Kernprotonen. Aus diesem Grunde nimmt der Massendefekt pro Nukleon und damit die Stabilität des Kernes bei größeren Massenzahlen wieder ab.

3.4 Kernumwandlungen

Die starken elektrischen Felder der Atomkerne erschweren Reaktionen zwischen den positiven Kernen sehr. Künstliche Kernreaktionen lassen sich durch Beschuß des Kernes entweder mit ungeladenen Neutronen oder mit positiven Teilchen so großer Geschwindigkeit, d.h. so hoher kinetischer Energie, daß sie die elektrostatische Abstoßung überwinden können, durchführen.

Ohne äußere Einwirkung laufen Kernumwandlungen bei natürlichen radioaktiven Isotopen ab. Die natürlichen radioaktiven Isotope haben meist eine hohe Massenzahl, sie befinden sich auf der fallenden Seite der Kurve in Abb. 3.3.1.

Die erste künstliche Kernumwandlung gelang Ernest Rutherford 1919 durch Einwirkung von Heliumkernen aus natürlicher radioaktiver α-Strahlung auf Stickstoff. Über einen instabilen Fluorkern entstanden ein Sauerstoffisotop und Wasserstoff nach der Kerngleichung:

$$^{14}_{7}\text{N} + ^{4}_{2}\text{He} \rightarrow ^{18}_{9}\text{F} \rightarrow ^{17}_{8}\text{O} + ^{1}_{1}\text{H}$$

Bei den Kernreaktionen bleibt die Summe der Massenzahlen und die Summe der Kernladungszahlen gleich, die Elementsymbole sind auf beiden Seiten unterschiedlich.

Heute kennt man sehr viele solcher Kernreaktionen, die meist mit leichten Atomkernen hoher kinetischer Energie durchgeführt werden. Größere Bedeutung haben Kernreaktionen, die durch Neutronen ausgelöst werden. 1939 entdeckten Otto Hahn und Fritz Straßmann die Kernspaltungsreaktion. Treffen langsame Neutronen auf das Uranisotop 235, so zerfällt der Kern in zwei nahezu gleich schwere Bruchstücke und mehrere Neutronen, die weitere ^{235}U-Kerne spalten können. Fängt man die Neutronen nicht weitgehend ab, erfolgt eine nukleare Kettenreaktion unter außerordentlich großer Energiefreisetzung (Atombombe). Im

Kernreaktor ist der Prozeß durch Neutronen einfangende Substanzen so gesteuert, daß ein lawinenartiges Anwachsen der Reaktion vermieden wird. Die überschüssigen Neutronen können Kernreaktionen mit in den Reaktor eingebrachten Isotopen eingehen, wodurch künstliche Isotope entstehen. Solche Isotope, die großteils radioaktiv sind, werden in Forschung und Medizin als Indikatoren und als Strahlungsquelle häufig verwendet.

Bei der Kernspaltung entsteht eine beachtliche Energie, weil die Nukleonen in den Spaltprodukten stärker gebunden sind als in den ganz schweren Kernen (Abb. 3.3.1).

Noch mehr Energie liefern Verschmelzungsreaktionen (Fusionen) sehr leichter Kerne. Solche Reaktionen verlaufen im Innern von Sternen. Die der hohen Temperatur (Größenordnung 10^9 °C) entsprechende kinetische Energie der leichten Kerne genügt zur Auslösung von Kernfusionen. Auf der Erde wurden Kernfusionen bisher nur mit Hilfe der hohen Temperaturen erreicht, die sich bei Kernspaltungen ausbilden. Das Problem der Kernfusionen zum Zwecke der Energiegewinnung ist gegenwärtig noch nicht gelöst, wird aber intensiv bearbeitet.

3.5 Radioaktivität

Viele Isotope wandeln sich unter Aussendung einer Strahlung spontan um, d.h. ohne äußere Einwirkung. Solche Isotope nennt man im Gegensatz zu den stabilen Isotopen, die sich auch in langen Zeiträumen nicht verändern, instabile oder radioaktive Isotope. Die natürlichen radioaktiven Isotope haben fast alle eine hohe Massenzahl, sie befinden sich auf der rechten, fallenden Seite der Kurve der Abb. 3.3.1. Künstliche radioaktive Isotope gewinnt man hauptsächlich in Kernreaktoren. Auch Isotope von nicht in der Natur vorkommenden Elementen mit höherer Ordnungszahl als Uran konnten erhalten werden (Transurane).

An natürlichen radioaktiven Isotopen beobachtet man drei Strahlungsarten, die sich in elektrischen und magnetischen Feldern unterschiedlich verhalten und α-, β- und γ-Strahlen genannt werden.

Die α-Strahlen sind zweifach positiv geladene Heliumkerne hoher Geschwindigkeit. Der zurückbleibende Atomkern ist um 4 Masseneinheiten leichter und steht im Periodensystem 2 Stellen links vom Ausgangselement.

Ein Beispiel eines α-Zerfalls ist:

$$^{226}_{88}\text{Ra} \rightarrow {}^{222}_{86}\text{Rn} + {}^{4}_{2}\text{He}$$

Bei der β-Strahlung verläßt ein schnelles Elektron den Kern, es entsteht ein Kern der gleichen Masse, jedoch einer um eine Einheit erhöhten Ladung. Im Augenblick der Kernreaktion wandelt sich ein Kernneutron in ein Proton und ein Elektron um, das sofort den Kern verläßt.

$$\mathop{}_{0}^{1}n \rightarrow \mathop{}_{1}^{1}H + \mathop{}_{-1}^{0}e$$

Die γ-Strahlung ist eine elektromagnetische Strahlung sehr kleiner Wellenlänge und daher hoher Energie: Masse und Ladung des Kernes ändern sich nicht.

Untersucht man die Zerfallsgeschwindigkeiten radioaktiver Substanzen, findet man für alle radioaktiven Substanzen, daß die Strahlung durch Temperatur-änderung nicht beeinflußt wird und nur von der Menge der vorhandenen radio-aktiven Atomkerne abhängig ist. Eine graphische Darstellung der zeitlichen Abnahme der Radioaktivität einer bestimmten Atomsorte ist typisch für eine Reaktion 1. Ordnung (Abb. 3.5.1).

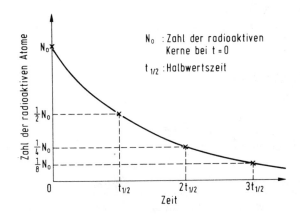

Abb. 3.5.1. Der radioaktive Zerfall.

Die Geschwindigkeit des radioaktiven Zerfalls $\left(-\dfrac{dN}{dt} \right)$ ist proportional der Anzahl der unzerfallenen Atome:

$$-\frac{dN}{dt} = \lambda \cdot N$$

λ Zerfallskonstante

Die Zerfallskonstante ist eine für jedes radioaktive Isotop charakteristische Konstante. Umformung ergibt:

$$-\frac{dN}{N} = \lambda \cdot dt$$

Durch Integration erhält man:

$$\int_{N_0}^{N} -\frac{dN}{N} = \int_{0}^{t} \lambda \cdot dt,$$

wobei N_0 die zur Zeit 0 und N die zur Zeit t vorhandenen radioaktiven Atome sind.

Daraus:

$$\ln \frac{N}{N_0} = -\lambda \cdot t$$

oder in exponentieller Form

$$N = N_0 \cdot e^{-\lambda \cdot t}$$

Löst man nach t auf:

$$t = \frac{1}{\lambda} \cdot \ln \frac{N_0}{N}$$

Setzt man für die Zeit, in der die Hälfte der radioaktiven Atome $\frac{N_0}{2}$ zerfallen ist, die Halbwertszeit $t_{1/2}$ ein, erhält man:

$$t_{1/2} = \frac{1}{\lambda} \cdot \ln \frac{N_0}{\frac{N_0}{2}} = \frac{1}{\lambda} \cdot \ln 2 = \frac{1}{\lambda} \cdot 0{,}693$$

Auch die Halbwertszeit ist für jede Zerfallsreaktion eine charakteristische Konstante.

Die Messung der radioaktiven Strahlung beruht auf ihrer ionisierenden Wirkung, auf der Schwärzung photographischer Schichten und darauf, daß die Energie der radioaktiven Strahlen von einigen Stoffen absorbiert und teilweise in Strahlungsenergie sichtbaren Lichtes umgewandelt wird.

Ionisationsdetektoren existieren in verschiedenen Typen. Ihre Wirkungsweise beruht darauf, daß hochenergetische radioaktive Strahlung aus Molekülen Elektronen herausschlägt. Längs des Weges der Strahlung entstehen Ionen, die entweder beim Anlegen einer Spannung einen Stromfluß ermöglichen (Geiger-Müller-Zählrohr) oder als Kondensationskeime in übersättigten Dämpfen wirken und durch Tropfenbildung die Bahn der radioaktiven Strahlung sichtbar machen (Nebelkammer).

Medizinisch wichtig ist die Schwärzung photographischer Platten bei der Autoradiographie. Die feste Probe wird einige Zeit in Kontakt mit einer lichtgeschützten photographischen Platte gebracht. Nach dem Entwickeln zeigen geschwärzte Stellen die Stärke und Lage der Radioaktivität der Probe an.

Die Szintillationszähler enthalten sog. Szintillatoren, d.s. Kristalle z.B. aus Zinksulfid, Natriumjodid oder Anthracen. Der Szintillator absorbiert die Energie der radioaktiven Strahlung und gibt sie als Lichtblitz wieder ab. Diese Lichtblitze wandelt man mit empfindlichen photoelektrischen Detektoren in elektrische Impulse um, die gezählt werden.

Radioaktivitätsmessungen haben auf Grund der verbreiteten Anwendung von natürlichen und künstlichen radioaktiven Substanzen medizinisch eine große Bedeutung. Strahlentherapeutisch wichtig sind Kobalt 60 und Gold 198.

Chemisch und diagnostisch interessant ist die „Tracer- oder Indikator-Methode", d.h. die Markierung von Verbindungen mit radioaktiven Isotopen. Da das allgemeine Verhalten der Elemente durch den Bau der Elektronenhülle bestimmt ist, verhalten sich alle Isotope eines Elementes in chemischen Reaktionen und biologischen Umsetzungen gleich. Über ihre Strahlung läßt sich der Weg der radioaktiven Substanzen leicht verfolgen.

4. Wechselwirkung zwischen Licht und Materie

4.1 Elektromagnetische Strahlung

Einen großen Teil unserer Kenntnisse des Aufbaues der Materie verdanken wir Untersuchungen der Wechselwirkung elektromagnetischer Strahlung mit Materie.

Zur Beschreibung der Eigenschaften der elektromagnetischen Strahlung existierten schon im 17. Jahrhundert zwei Modellvorstellungen. Auf Huygens geht die Auffassung des Lichtes als wechselnder elektrischer und magnetischer Felder zurück. Newton sah im Licht winzige Teilchen, die von der Lichtquelle ausgeworfen werden. Zu Beginn des 20. Jahrhunderts erkannte Einstein, daß sich elektromagnetische Strahlung nur durch Kombination beider Modellvorstellungen beschreiben läßt. Beugungs- und Interferenzerscheinungen können gut mit der Wellentheorie des Lichtes gedeutet werden. Zur Erklärung der Energieverteilung der Strahlung heißer Körper oder des lichtelektrischen Effektes bedient man sich zweckmäßiger des Korpuskularmodelles.

Die elektromagnetische Strahlung breitet sich mit Lichtgeschwindigkeit aus. Röntgenstrahlen, Licht, Radiowellen z.B. sind elektromagnetische Wellen, die sich in ihrer Frequenz bzw. Wellenlänge unterscheiden. Die Frequenz gibt die Anzahl der Schwingungen an, die einen bestimmten Punkt in einer Sekunde durchlaufen. Die Wellenlänge ist der Abstand zwischen zwei benachbarten Wellenbergen, die Amplitude die maximale Abweichung von der Mittellage.

Der Zusammenhang zwischen Frequenz, Wellenlänge und Ausbreitungs-
geschwindigkeit der elektromagnetischen Strahlung ist durch die Gleichung

$$c = \nu \cdot \lambda$$

c   Lichtgeschwindigkeit

ν Frequenz, Einheit Hertz (Hz) oder s^{-1}

λ Wellenlänge, Angabe in m, nm

gegeben.

Üblich ist auch die Angabe der Frequenz als Wellenzahl $\bar{\nu}$, der Anzahl der
Schwingungen pro cm.

$$\bar{\nu} = \frac{1}{\lambda} = \frac{\nu}{c}$$

Die Größenordnung der Wellenlänge, der Frequenz und der Wellenzahl einiger
Strahlungsbereiche enthält die Tab. 4.1.1.

In der Abb. 4.1.1 kann man die ungefähren Bereiche der unterschiedlichen
elektromagnetischen Strahlungen gut erkennen.

Tab. 4.1.1   Die Größenordnung der Wellenlänge, der Frequenz und der Wellenzahl
elektromagnetischer Strahlen

Strahlung	Wellenlänge m	Frequenz s^{-1}	Wellenzahl cm^{-1}
Röntgen	$1 \cdot 10^{-10}$	$3 \cdot 10^{18}$	
UV	$2 \cdot 10^{-7}$	$1,5 \cdot 10^{15}$	$5 \cdot 10^4$
Sichtbares Licht	$5 \cdot 10^{-7}$	$0,6 \cdot 10^{15}$	$2 \cdot 10^4$
IR	$1 \cdot 10^{-5}$	$3 \cdot 10^{13}$	$1 \cdot 10^3$
Radiowellen	$3 \cdot 10^3$	$1 \cdot 10^5$	

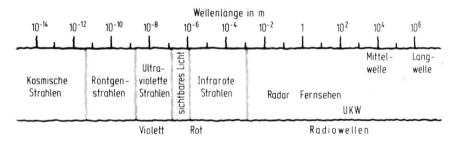

Abb. 4.1.1.   Bereich der elektromagnetischen Strahlungen.

Die Deutung der Energieverteilung der Strahlung heißer Körper gelang Max
Planck 1900. Ein heißer Körper sendet Licht aus, das sich über einen größeren
Frequenzbereich erstreckt. Trägt man für verschiedene Temperaturen die
Intensität der Strahlung gegen die Wellenlänge auf, so erhält man die Kurven
der Abb. 4.1.2.

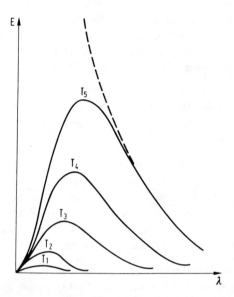

Abb. 4.1.2. Abhängigkeit der Intensität der Strahlung heißer Körper von der Wellenlänge
bei verschiedenen Temperaturen.

Das Maximum der Kurve verschiebt sich mit steigender Temperatur zu kleineren
Wellenlängen hin. Nach der Wellentheorie sollten die schwingungsfähigen Atome
oder Moleküle der Oberfläche des heißen Körpers Schwingungen verschiedenster
Frequenz aussenden können. Alle Schwingungen sollten gleichmäßig angeregt
werden, wodurch bei kleinerer Wellenlänge immer höhere Energiebeträge ausge-
strahlt würden. Die Energieabhängigkeit von der Wellenlänge sollte also gemäß
der strichlierten Kurve in Abb. 4.1.2 verlaufen. Diesen Kurvenverlauf findet man
aber nur bei großen Wellenlängen.

Max Planck konnte den raschen Abfall der Strahlungsintensität bei kleineren
Wellenlängen mit der Quantentheorie erklären. Nach dieser Theorie kann die
Strahlungsenergie nur in ganzen Einheiten, den Quanten, aufgenommen oder
abgegeben werden. Die Energie eines Quantes ist direkt abhängig von seiner
Frequenz:

$$E = h \cdot \nu$$
$$h \quad 6{,}6 \cdot 10^{-34} \text{ Js}$$

Die Konstante h ist das Plancksche Wirkungsquantum.
Quanten höherer Frequenz (kürzerer Wellenlänge) haben größere Energie als
Quanten niederer Frequenz (größerer Wellenlänge). Die Quantentheorie stellt
eine Art Atomtheorie der Energie dar, allerdings ist die Größe der Energie von
der Frequenz der Strahlung abhängig.

Bei der Deutung der Energieverteilung des heißen Strahlers durch die Quantentheorie ergibt sich, sofern die Energie der schwingenden Moleküle größer ist als
die Energie der Quanten entsprechender Frequenz, ein Abfall der Strahlungsenergie bei größeren Wellenlängen.

Sind die Strahlungsquanten größer als der Energieinhalt der Moleküle, kann
natürlich bei dieser Wellenlänge keine Strahlung abgegeben werden. So erklärt
sich der Abfall der Strahlungsenergie nach der Seite kürzerer Wellenlänge
zwanglos.

Mit der Quantentheorie konnte Einstein 1905 den lichtelektrischen Effekt
erklären. Fällt Licht auf gewisse Metalloberflächen, so lösen sich aus ihr Elektronen heraus. Die kinetische Energie der emittierten Elektronen hängt nicht von
der Beleuchtungsstärke, sondern ausschließlich von der Frequenz des eingestrahlten Lichtes ab. Licht unterhalb einer bestimmten Frequenz schlägt keine Elektronen heraus. Mit der Betrachtung des Lichtes als reine Wellenerscheinung gelang
eine plausible Deutung des lichtelektrischen Effektes nicht.

Nach Einstein können die Lichtquanten, die Photonen, nur als ganze Energiebeträge aufgenommen oder abgegeben werden. Trifft ein Photon auf ein Metall,
so überträgt es seine gesamte Energie auf ein Elektron. Ein bestimmter Energiebetrag, die Abtrennarbeit, ist zur Lösung des Elektrons aus dem Metall notwendig,
der Überschuß verbleibt dem Elektron in Form kinetischer Energie. Ist der
Energieinhalt des Photons geringer als die Abtrennarbeit, unterbleibt die Los-
lösung des Elektrons. Da die Energie eines einzelnen Photons proportional der
Frequenz der Strahlung ist, ändert sich die kinetische Energie der ausgelösten
Elektronen mit der Frequenz der Strahlung, vorausgesetzt, daß die Energie der
Strahlung größer ist als die Abtrennarbeit des Elektrons. Erhöhung der Strahlungsintensität vergrößert die Zahl der emittierten Elektronen, nicht aber deren kineti-
sche Energie.

So können die Energieverteilung des heißen Strahlers und der lichtelektrische
Effekt physikalisch nur verstanden werden, wenn man das Licht als einen
diskontinuierlichen Strahl von Energiequanten, den Photonen, auffaßt.

Die Phänomene der Beugung und der Interferenz hingegen können nur mit dem
Wellencharakter des Lichtes gut gedeutet werden. Die Auffassung der Natur der
elektromagnetischen Strahlung sowohl als Wellenvorgang als auch als Teilchen-
strom führt zur Bezeichnung „Dualismus des Lichtes".

4.2 Spektren

Führt man Atomen oder Molekülen im Gaszustand Energie zu, etwa durch Erhitzen oder durch elektrische Anregung, so senden sie Licht bestimmter Frequenzen aus, die für das Gas charakteristisch sind. Man erhält ein Linienspektrum.

Zur Zerlegung des Lichtes in seine spektralen Bestandteile, d.h. in seine Komponenten unterschiedlicher Frequenzen, kann man ein Prisma benützen. Da der Brechungswinkel von der Frequenz des Lichtes abhängig ist, erfolgt die Ablenkung durch ein Prisma aus Glas oder Quarz für verschiedene Frequenzen unterschiedlich. Weißes Licht enthält alle Wellenlängen des sichtbaren Lichtes. Deshalb erhält man bei seinem Durchtritt durch ein Prisma ein kontinuierliches Spektrum aus allen Farben (rot, orange, gelb, grün, blau und violett) (Abb. 4.2.1).

Abb. 4.2.1. Zerlegung weissen Lichtes durch ein Prisma.

Die Aufzeichnung des von strahlenden Atomen oder Molekülen ausgesandten Lichtes in Abhängigkeit von der Wellenlänge heißt Emissionsspektrum. Die Emissionsspektren von Elementen können zu ihrem Nachweis verwendet werden.

Ebenso erhält man ein charakteristisches Spektrum, das Absorptionsspektrum, wenn man weißes Licht durch Gase sendet und es anschließend spektral zerlegt. Im Absorptionsspektrum sieht man schwarze Linien an genau denselben Stellen, wo im Emissionsspektrum helle Linien liegen.

Sehr viele Elementspektren waren schon bekannt, als Balmer 1885 rein empirisch eine gesetzmäßige Beziehung für die Frequenzen einiger Linien des Wasserstoffatoms fand:

$$\overline{\nu} = R_H \left(\frac{1}{2^2} - \frac{1}{n_j{}^2} \right)$$

Die Konstante R_H, die Rydbergkonstante, hat den Wert 109677,581 cm^{-1}. Setzt man für n_j ganze Zahlen ab 3 ein, also 3, 4, 5 . . ., so erhält man die Spektrallinien der nach Balmer benannten Serie des Wasserstoffatoms.

Etwas später zeigte Rydberg, daß alle beobachteten Wasserstoffspektrallinien einer allgemeinen Gleichung folgen:

$$\overline{\nu} = R_H \left(\frac{1}{n_i{}^2} - \frac{1}{n_j{}^2} \right)$$

Man nennt n_i den konstanten Term, n_j den Laufterm.

Um die Spektrallinien einer Serie zu erhalten, setzt man für den Laufterm ganze Zahlen ein, wobei man mit der um 1 größeren Zahl als dem konstanten Term beginnt.

Der konstante Term variiert nur bei verschiedenen Serien und kann ganzzahlige Werte größer als 1 annehmen. Die Serien des Wasserstoffatomspektrums sind in Abb. 4.2.2 und Tab. 4.2.1 zusammengefaßt.

Tab. 4.2.1 Serien des Wasserstoffatom-Spektrums

	n_i	n_j	die Hauptlinien liegen im
Lyman-Serie	1	2, 3, ...	ultravioletten Bereich
Balmer-Serie	2	3, 4, ...	sichtbaren Bereich
Paschen-Serie	3	4, 5, ...	infraroten Bereich
Brackett-Serie	4	5, 6, ...	infraroten Bereich
Pfund-Serie	5	6, 7, ...	infraroten Bereich

Man sah also, daß die Energie bei Emission oder Absorption von Licht nur in bestimmten Quanten abgegeben oder aufgenommen wird. Eine Erklärung der experimentellen Befunde auf Grund eines Atommodelles fehlte damals noch.

4.3 Photometrische Verfahren

Ultraviolettes und sichtbares Licht kann in Atomen und Molekülen Elektronen aus energetisch tieferen in höhere Zustände heben. Die Energie zur Elektronenanregung wird der Energie des Lichtes entnommen, wodurch sich die Intensität des Lichtes vermindert. Elektromagnetische Strahlung geringerer Energie, infrarotes Licht, bewirkt die Anregung von Molekülschwingungen und -rotationen. In allen Fällen gilt:

$$\Delta E = h \cdot \nu$$

ΔE Energiedifferenz zwischen Grundzustand und angeregtem Zustand
h   Plancksches Wirkungsquantum
ν Frequenz der elektromagnetischen Schwingung

Die Verminderung der Intensität des eingestrahlten Lichtes beim Durchtritt durch eine Substanz in gasförmigem oder gelöstem Zustand heißt Absorption des Lichtes. Für die Absorption von Licht einer bestimmten Wellenlänge gilt oft das Lambert-Beersche Absorptionsgesetz über einen größeren Konzentrationsbereich der gelösten oder gasförmigen Substanz.

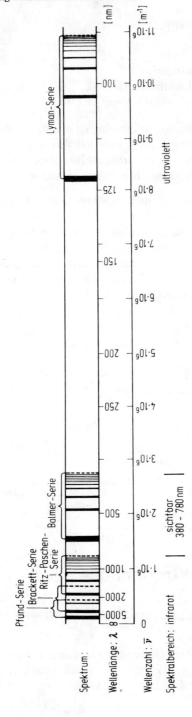

Abb. 4.2.2. Serien des Wasserstoffatomspektrums.

$$E = \log \frac{I_0}{I} = \epsilon \cdot c \cdot d$$

E   Extinktion der Probe
I_0 einfallende Lichtintensität
I   durchtretende Lichtintensität
ϵ molarer Extinktionskoeffizient

Die Angabe der Konzentration c erfolgt gewöhnlich in mol l^{-1}, die Länge des
Lichtweges d in der Substanz in cm. $\epsilon = 1$ bedeutet also, daß eine Substanz in
der Konzentration 1 mol l^{-1} und einer durchstrahlten Strecke von 1 cm die
Lichtintensität auf 1/10 des ursprünglichen Wertes vermindert.

Extinktionsmessungen führt man im Spektralphotometer durch, das als wichtigste
Bauelemente eine Lichtquelle, einen Monochromator, Küvetten für die Probe und
Vergleichsprobe und einen Empfänger enthält. Die Lichtquelle (thermische Strah-
ler, Gasentladungslampen) sendet weitgehend kontinuierliches Licht aus. Ein
Monochromator (ein Prisma oder Gitter mit anschließendem Spalt) sondern einen
schmalen Wellenlängenbereich aus, der durch die Proben- bzw. die Vergleichsküvette
auf den Empfänger (Detektor) gelangt (Abb. 4.3.1).

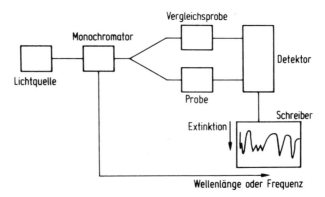

Abb. 4.3.1. Bauschema eines Spektralphotometers.

5. Struktur der Elektronenhülle

5.1 Erklärung des Wasserstoffspektrums nach Bohr

Die Erscheinung, daß das Wasserstoffatom nur Licht ganz bestimmter Frequenzen
ausstrahlt, war mit dem Rutherfordschen Atommodell nicht vereinbar. Nach diesem Modell umläuft das leichte Elektron den Atomkern auf einer Kreisbahn, ähn-

lich wie die Planeten die Sonne (auf elliptischen Bahnen) umkreisen. Ein auf einer Kreisbahn umlaufendes Elektron sollte als beschleunigte Ladung Energie in Form von Licht aussenden und sich infolge des Energieverlustes immer mehr dem Kern nähern. Die Umlauffrequenz des Elektrons und damit die Frequenz des emittierten Lichtes müßte ständig wachsen, also ein kontinuierliches Spektrum ausgesandt werden. Beides ist nicht zu beobachten, denn das Wasserstoffatom sendet ein Linienspektrum aus und ändert seine Größe nicht.

Gemäß dem Atommodell Bohrs kann das Elektron innerhalb des Wasserstoffatoms nur auf bestimmten Kreisbahnen rotieren, d.h. in ganz bestimmten Energiezuständen existieren, die Bohr stationäre Zustände nannte. Für diese Zustände setzte er die Bedingung, daß der Bahndrehimpuls (p_L) nur ein ganzzahliges Vielfaches des Elementardrehimpulses $\dfrac{h}{2\,\pi}$ sei.

Es gilt also

$$p_L = n \cdot \frac{h}{2\,\pi}$$

$$n = 1, 2, 3 \ldots$$

Die Laufzahl n bezeichnet man als die Hauptquantenzahl.

Der Zustand mit dem niedrigsten Energieinhalt ist der Grundzustand, die Zustände höherer Energie sind die angeregten Zustände. Elektronen in stationären Zuständen senden keine Strahlung aus. Strahlungsabsorption oder Strahlungsemission, allgemein Energieaufnahme oder Energieabgabe, erfolgt bei Elektronenübergängen zwischen stationären Zuständen.

Für die ausgetauschte Energie gilt die Planck-Einsteinsche Beziehung:

$$E_1 - E_2 = h \cdot \nu$$

Mit Hilfe seiner Annahmen berechnete Bohr die Radien der Elektronenbahnen zu

$$r_n = n^2 \cdot 0{,}053 \text{ nm}$$

und die Energie der stationären Zustände zu

$$E_n = -13{,}605 \cdot \frac{1}{n^2} \text{ eV}$$

oder

$$E_n = -1313{,}0 \cdot \frac{1}{n^2} \text{ kJ/mol}$$

Zeichnet man alle stationären Energiezustände des Wasserstoffatoms als horizontale Linien in ein Diagramm ein, so erhält man ein Termschema oder Energiestufenschema (Abb. 5.1.1).

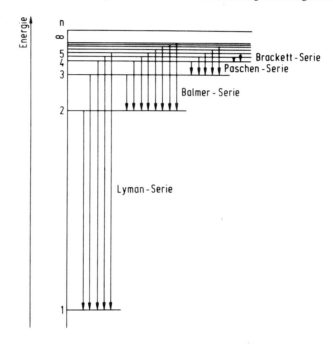

Abb. 5.1.1. Termschema des Wasserstoffatoms.

Die unterste Linie symbolisiert das Energieniveau des Grundzustandes (n = 1), die folgenden die Niveaus der angeregten Zustände, die oberste entspricht dem Zustand, in welchem das Elektron vollständig aus dem Anziehungsbereich des Atomkernes entfernt ist.

Die Energieniveaus liegen mit steigender Hauptquantenzahl immer dichter beieinander $\left(\sim \dfrac{1}{n^2} \right)$.

Gewöhnlich befindet sich das Elektron des Wasserstoffatoms im Grundzustand. Nimmt das Elektron Energie auf, so springt es in einen angeregten Zustand. In dem höheren Energiezustand verweilt das Elektron nur kurze Zeit, es fällt unter Aussenden von Energie in Form eines Photons auf einen niedrigeren Zustand wieder zurück.

Die Photonenenergie entspricht der Energiedifferenz zwischen den beiden Energiezuständen. Im Termschema (Abb. 5.1.1) sind die Elektronenübergänge durch senkrechte Verbindungsstriche der Energieniveaus symbolisiert.

Alle Übergänge, die auf dem Grundzustand (n = 1) enden, führen zu den Linien der Lyman-Serie. Die Linien der Balmer-Serie sind durch Elektronensprünge verursacht, die auf dem ersten angeregten Zustand (n = 2) enden. Entsprechendes gilt für die Linien der Paschen-, der Brackett- und Pfund-Serie, die sich im infraroten Bereich anschließen.

Die aus den Elektronenübergängen der stationären Zustände nach Bohr berechneten Frequenzen stimmen gut mit den empirischen Werten überein. Man kann also das Wasserstoffspektrum mit dem Bohrschen Atommodell sehr gut, auch quantitativ, deuten. Als man jedoch versuchte, Spektren von Atomen mit mehreren Elektronen zu berechnen, hatte man mit dem Bohrschen Atommodell keinen Erfolg mehr. Neuere theoretische Ergebnisse führten schließlich zu einer anderen Auffassung der Elektronenanordnung im Atom. Der interessierte Leser findet diese Vorstellungen im anschließenden Kapitel behandelt.

5.2 Unschärferelation

Eines der wichtigsten Gesetze für den Bau der Elektronenhülle und damit für die chemische Bindung ist die Unschärfebeziehung von Heisenberg (1927). Nach diesem Prinzip können der Ort x und der Impuls p eines Teilchens höchstens auf Δx und Δp genau bekannt sein ($\Delta x > 0$, $\Delta p > 0$), wobei gilt:

$$\Delta x \cdot \Delta p \geqslant \frac{h}{2\pi}$$

$\quad$ h $\quad$ Plancksches Wirkungsquantum

Das Produkt der Ungenauigkeit (Unschärfe) des Ortes und der des Impulses ist größer, bestenfalls gleich $\frac{h}{2\pi}$.

Je genauer man den Ort des Teilchens bestimmen will, desto weniger kann man seinen Impuls kennen und umgekehrt. Die Heisenbergsche Unschärferelation gilt nicht nur für Elementarteilchen, nur ist sie bei größeren Partikeln bedeutungslos, da die Plancksche Konstante sehr klein ist.

Die Unschärfebeziehung setzt eine Grenze, die nicht etwa durch schlechte Geräte oder Messungen bedingt ist, sondern dadurch, daß jede Beobachtung eine Störung des Aufenthaltsortes oder des Impulses verursacht.

Als Folge der Unschärferelation sind genaue Aussagen über die Bewegungen der Elektronen in Atomen prinzipiell nicht möglich. Das Bohrsche Atommodell kann also nicht richtig sein, da sich genaue Angaben der Bahn einerseits und der Geschwindigkeit und damit des Impulses eines Elektrons andererseits nicht gleichzeitig erhalten lassen.

Wollten wir in einem Atom den Ort des Elektrons auf 10^{-11} m genau wissen, könnte seine Geschwindigkeit höchstens auf 10^7 m/s genau sein. Sollte umge-

kehrt der Impuls genauer bestimmt sein, muß die Ortsangabe entsprechend
ungenau erfolgen. Dies bedeutet eine Delokalisierung des Elektrons, die dessen
Auffassung als Materiewelle nahelegt.

5.3 Wellencharakter des Elektrons

De Broglie hatte 1924 den Gedanken, bewegten Elektronen Welleneigenschaften
zuzuschreiben. Zwei Motive führten ihn zu dieser Annahme: Analog den Photonen, die sowohl als Wellen als auch als Partikel angesehen werden müssen, könnten Elektronen und Protonen ebenfalls Wellennatur aufweisen. Dazu ergeben sich
bei der mathematischen Behandlung stehender Wellen ganze Zahlen, ähnlich wie
sie Bohr in Form der Quantenzahlen willkürlich einführte.

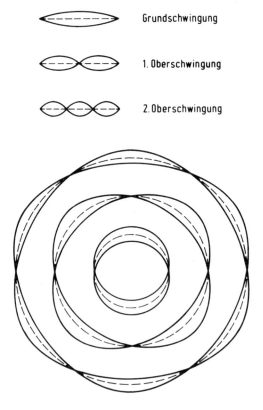

Abb. 5.3.1. Grund- und Oberschwingungen einer Saite. Stehende Elektronenschwingungen
         auf stationären Bahnen.

De Broglie berechnete die Wellenlänge λ bewegter Partikel zu

$$\lambda = \frac{h}{m \cdot v}$$

Hierin ist h das Plancksche Wirkungsquantum, m die Masse und v die Geschwindigkeit des Teilchens.

Der Wellencharakter bewegter Elektronen und Protonen konnte durch Beugungs- und Interferenz-Versuche experimentell bewiesen werden.

Berechnet man die Wellenlängen der Elektronen im Wasserstoffatom nach der de Broglie-Gleichung, so erhält man Werte, die gerade so in die Bohrschen Kreisbahnen passen, daß eine stehende Elektronenwelle resultieren würde. Die Betrachtung des Elektrons als Welle liefert die stationären Elektronenbahnen, ohne daß man sie a priori einführen muß.

Auf den Bohrschen Bahnen würde sich eine Elektronenwelle durch Interferenz verstärken, auf dazwischen liegenden dagegen auslöschen. Auf diese Art erhaltene Elektronenwellen ähneln den stehenden Wellen einer gespannten Saite mit Knoten und Bäuchen (Abb. 5.3.1).

Das Modell stehender Elektronenschwingungen auf Kreisbahnen ergab noch kein endgültiges Ergebnis. Erst die wellenmechanische Auffassung der Elektronenschwingung als stehende, dreidimensionale Welle von Schrödinger (1926) lieferte eine brauchbare Deutung der Elektronenverteilung, die auch mit den spektroskopischen Befunden übereinstimmt.

5.4 Wellenmechanische Elektronenmodelle

Wollte man die Elektronenschwingung mathematisch erfassen, so müßte man den Ort und die Geschwindigkeit des Elektrons zu bestimmten Zeitpunkten genau kennen. Beides zugleich ist nach der Heisenbergschen Unschärferelation nicht exakt möglich, sondern nur mit einer Wahrscheinlichkeit. Entweder kann man die Wahrscheinlichkeit angeben, die Elektronen einer größeren Atomzahl bei gedachten Momentaufnahmen in einem bestimmten Raum anzutreffen, oder man betrachtet ein Elektron eines Atoms über eine längere Zeitspanne. Die Elektronenschwingungen wären sozusagen Wahrscheinlichkeitswellen. Die Wahrscheinlichkeitsamplitudenfunktion gibt die Wahrscheinlichkeit an, ein Elektron in einem Volumenelement als Korpuskel zu finden.

Die Elektronenschwingung betrachtet man als stehende, dreidimensionale Welle. An Orten, an denen die Elektronenwelle die größte Amplitude hat, ist die Wahrscheinlichkeitsdichte am größten, auf den Knotenflächen gleich Null. Der Raum, in dem die Aufenthaltswahrscheinlichkeit des Elektrons groß ist, wird Orbital genannt. Je nach Schwingungszustand haben die Orbitale unterschiedliche Formen, die große Ähnlichkeit mit den dreidimensionalen Schwingungszuständen einer Kugel haben.

Bei einer an beiden Enden eingespannten Saite bilden sich nur stehende Wellen bestimmter Frequenzen aus, die Grund- und Oberschwingungen. Das Verhältnis der Frequenzen der Oberschwingungen zu der Frequenz der Grundschwingung ist durch die Eigenwerte bestimmt, die mit der Zahl der Knotenpunkte in Beziehung stehen: Die Zahl der Knotenpunkte für die n. Oberschwingung ist $n - 1$. Bei eindimensionalen Schwingungen wie der schwingenden Saite ist der Schwingungszustand bereits durch einen Eigenwert charakterisiert. Bei Membranen oder Platten, bei denen sich zweidimensionale Schwingungen ausbilden können, treten an Stelle der Knotenpunkte Knotenlinien und bei räumlichen Körpern Knotenflächen. Zur Beschreibung der Eigenschwingungen benötigen Membrane 2, räumliche Körper 3 Eigenwerte.

Die räumliche Verteilung der Elektronendichte um den Atomkern ist ebenso durch 3 Eigenwerte charakterisiert, denen drei Quantenzahlen – Hauptquantenzahl (n), Nebenquantenzahl (*l*), Orientierungsquantenzahl (m) – entsprechen. Hinzu kommt noch eine vierte Quantenzahl (s), die den Elektronenspin berücksichtigt. Durch diese vier Quantenzahlen ist ein Elektron innerhalb eines Atoms eindeutig gekennzeichnet.

Die mathematische Behandlung der Elektronenstruktur des Wasserstoffatoms erfolgte 1925 durch Schrödinger mit der Wellengleichung. Lösungen der Wellengleichung ergeben die Wellenfunktionen, die die räumliche Verteilung der Elektronendichte beschreiben und durch die drei Quantenzahlen n, *l* und m bestimmt sind. Wir behandeln die Schrödinger-Gleichung nicht, sondern wollen nur die Wellenfunktionen, die auch Atomeigenfunktionen oder Orbitale heißen, und die Quantenzahlen, die diese Orbitale festlegen, besprechen.

5.5 Elektronenzustände des Wasserstoffatoms, Quantenzahlen

Die Hauptquantenzahl n ist ein Maß für den Kernabstand und damit für die Energie eines Elektrons in einem Orbital. Die Hauptquantenzahl gibt die Gesamtzahl der vorhandenen Knotenflächen an, einschließlich einer im Unendlichen liegenden. Knotenflächen sind Flächen, auf denen die Wahrscheinlichkeit, das Elektron anzutreffen, gleich Null ist.

Die Hauptquantenzahl ist immer ganzzahlig und positiv, d.h. sie kann 1, 2, 3 . . . n sein.

Die Nebenquantenzahl *l* gibt die Zahl der geneigten Knotenflächen an, das sind Knotenflächen, die durch den Atomkern gehen. Da stets eine Knotenfläche im Unendlichen vorhanden ist, ist die Gesamtzahl der Knotenflächen um mindestens

eins größer als die Zahl der geneigten Knotenflächen. Deshalb kann die Nebenquantenzahl alle ganzen Werte von 0 bis $n - 1$ annehmen.

Ist $l = 0$, fehlen geneigte Knotenflächen völlig, die Elektronenverteilung ist kugel-
symmetrisch.

Ist $l = 1$, so ist eine geneigte Knotenfläche vorhanden, d.h. es besteht axialsym-
metrische Elektronenverteilung. Dreht man das Atom um die auf der Knotenfläche senkrecht stehende und durch den Atommittelpunkt gehende Achse, so
bleibt die Elektronenverteilung unverändert.

Die Orientierungsquantenzahl m gibt an, wie Orbitale gleicher Haupt- und Nebenquantenzahl im Raum orientiert sind. Sie heißt auch Magnetquantenzahl, da die
Energie der Orbitale in einem äußeren Magnetfeld auch von der Orientierung der
Orbitale zu dem Magnetfeld abhängt. Die Magnetquantenzahl kann alle Werte von
$-l$ bis $+l$ annehmen. Ist z.B. $l = 2$, kann m -2, -1, 0, $+1$ und $+2$ sein.

Im allgemeinen gibt man nicht alle Quantenzahlen getrennt an, sondern nur die
Hauptquantenzahl. Zur Kennzeichnung der Nebenquantenzahl verwendet man
für $l = 0, 1, 2, 3$ die Symbole s, p, d, f, wobei ein Index noch die räumliche
Orientierung zu einem Koordinatensystem angibt (Abb. 5.5.1), dessen Ursprung
im Atommittelpunkt liegt.

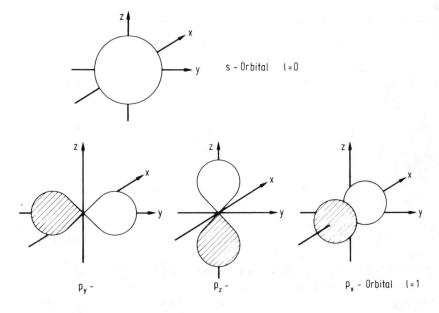

Abb. 5.5.1. Perspektivische Darstellung von Elektronenzuständen der Nebenquantenzahlen
0 und 1.

Da die Magnetquantenzahl die Werte aller ganzen Zahlen zwischen $-l$ und $+l$ annehmen kann, beträgt die Anzahl der möglichen Orbitale unterschiedlicher Magnetquantenzahl bei einer bestimmten Nebenquantenzahl $2l + 1$ (Tab. 5.5.1).

Tab. 5.5.1 Anzahl der möglichen Orbitale unterschiedlicher Magnetquantenzahl bei einer bestimmten Nebenquantenzahl

Neben-quantenzahl	Magnet-quantenzahl	Orbitale gleicher Nebenquantenzahl
0	0	1
1	$-1, 0, +1,$	3
2	$-2, -1, 0, +1, +2,$	5
3	$-3, -2, -1, 0, +1, +2, +3,$	7

Die Hauptquantenzahl n legt die möglichen Werte der Nebenquantenzahl l fest. Da die Nebenquantenzahl die Werte aller ganzen Zahlen von 0 bis n − 1 annehmen kann, gibt es jeweils n^2 Orbitale gleicher Hauptquantenzahl (Tab. 5.5.2).

Tab. 5.5.2 Zahl der Orbitale gleicher Hauptquantenzahl

Haupt-quantenzahl	Neben-quantenzahl	magnetische Quantenzahl	Orbitale gleicher Hauptquantenzahl
1	0	0	1
2	0	0	
	1	+1	4
		0	
		−1	
3	0	0	9
	1	+1	
		0	
		−1	
	2	+2	
		+1	
		0	
		−1	
		−2	

Zu jedem Wert der Hauptquantenzahl existiert ein s-Orbital, ab n = 2 gibt es drei p-Orbitale und ab n = 3 fünf d-Orbitale. Orbitale gleicher Hauptquantenzahl bezeichnet man als Schale, Orbitale gleicher Nebenquantenzahl als Unterschale. In der Reihenfolge zunehmender Hauptquantenzahl heißen die Schalen K-, L-, M-, N-, O-, P- und Q-Schale, die Unterschalen mit zunehmender Nebenquantenzahl s-, p-, d-, f-Unterschale. Die Schale mit den Elektronen der größten Hauptquantenzahl, die „äußerste" Schale, heißt auch Valenzschale, weil ihre Elektronen, die „Valenzelektronen", das chemische Verhalten der Elemente bestimmen.

Es ist zweckmäßig, die Elektronenverteilung in Abhängigkeit von den besprochenen Quantenzahlen bildlich darzustellen.

Eine Betrachtungsweise, die die wellenmechanische Auffassung des Elektrons als
Wahrscheinlichkeitswelle betont, zeigt Abb. 5.5.2 in Form eines Querschnittes
durch den Atommittelpunkt.

In diesen Bildern symbolisiert die Schwärzung die Wahrscheinlichkeit, das Elektron an den entsprechenden Stellen anzutreffen. Diese Art der Darstellung läßt
recht gut die sphärischen Knotenflächen (im zweidimensionalen Querschnitt als
Kreislinien) und die radiale Wahrscheinlichkeitsverteilung erkennen.

In den perspektivischen Darstellungen (Abb. 5.5.1) ist die Winkelabhängigkeit
der Elektronenverteilung besonders hervorgehoben. s-Orbitale erscheinen als

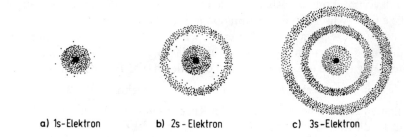

a) 1s-Elektron   b) 2s-Elektron   c) 3s-Elektron

Abb. 5.5.2. Querschnitt der Wahrscheinlichkeitsverteilungen von Elektronenzuständen der
Hauptquantenzahlen 1, 2 und 3.

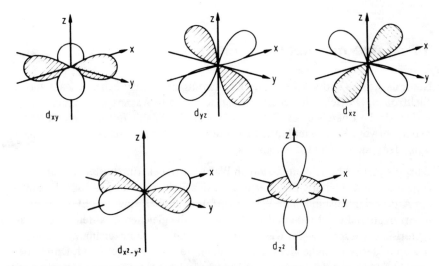

d_{xy} d_{yz} d_{xz}

$d_{x^2-y^2}$ d_{z^2}

Abb. 5.5.3. Perspektivische Darstellung von Elektronenzuständen der Nebenquantenzahl 2.

Kugeloberflächen, da innere sphärische Knotenflächen nicht sichtbar sind. Die drei p-Orbitale haben eine geneigte Knotenfläche, die durch den Atommittelpunkt geht. Die hantelförmigen Gebilde liegen in der Richtung der x-, y- oder z-Achse. Sie werden deshalb als p_x-, p_y- oder p_z-Orbitale bezeichnet. Innerhalb der Kugel- oder Hanteloberflächen befindet sich das Elektron mit einer definierten Wahrscheinlichkeit. Die fünf d-Orbitale (Abb. 5.5.3) mit zwei geneigten Knotenflächen wollen wir hier nicht näher besprechen.

5.6 Elektronenspin

Zusätzlich zu den Schwingungen, die mit der Schrödinger-Gleichung mathematisch beschrieben werden, fanden Uhlenbeck und Goudsmitt bei der Deutung der Emissionsspektren der Alkalimetalle für die Elektronen noch eine Rotation um die eigene Achse. Aus dieser Rotation resultiert ein Eigendrehimpuls oder Spin, der mit der Spinquantenzahl s erfaßt wird. Die Rotation des Elektrons verleiht ihm die Eigenschaften eines kleinen Magneten. Dieser Magnet kann sich in einem Magnetfeld nur auf zwei Arten orientieren (parallel oder antiparallel), d.h. die Spinquantenzahl s kann nur die Werte $\pm \frac{1}{2}$ annehmen. Die Werte der Spinquantenzahl symbolisiert man in der Kurzschreibweise durch Pfeile (↑ und ↓), die nach den Symbolen der anderen Quantenzahlen geschrieben werden.

Z. B.

	Orbitale:	1 s	2 s
Li		↓ ↑	↑

5.7 Atome mit mehreren Elektronen

Neutrale Atome enthalten eine der Kernladungszahl entsprechende Zahl von Elektronen. Die Schrödinger-Gleichung ist nur beim Wasserstoffatom exakt lösbar, da die Energie eines Elektrons in einer Atomhülle mit mehreren Elektronen außer vom Kernpotentialfeld auch noch von der elektrostatischen Abstoßung der anderen Elektronen abhängt.

Da prinzipielle Ähnlichkeiten zu dem Wasserstoffspektrum bestehen, kann man annehmen, daß auch die Energiezustände der Elektronen in der Hülle der anderen Atome den Zuständen im Wasserstoffatom ähnlich sind. Die Elektronen besetzen ähnliche Orbitale und können durch die gleichen Quantenzahlen charakterisiert werden. Wie im Wasserstoffatom sind zur Kennzeichnung der Elektronen in der Atomhülle vier Quantenzahlen nötig und ausreichend. Durch die vier Quantenzahlen ist das Elektron innerhalb des Atoms genauso festgelegt wie ein makroskopischer Vorgang durch drei Raumkoordinaten und eine Zeit-koordinate.

Bei Wasserstoff besetzt das Elektron im Grundzustand das Orbital mit der Haupt-quantenzahl n = 1, also das Orbital mit dem geringsten Energieinhalt. Ebenso befinden sich die Elektronen in Atomen mit mehreren Elektronen auf Orbitalen mit möglichst niedrigem Energiezustand. Im Gegensatz zum Wasserstoffatom ist der Energiezustand nicht nur von der Hauptquantenzahl, sondern auch von der Nebenquantenzahl abhängig, wenn mehrere Elektronen in der Atomhülle vor-handen sind. Bei gleicher Hauptquantenzahl sind s-Orbitale energetisch niedriger als p-Orbitale, diese niedriger als d-Orbitale usw.

Diese Aufspaltung der Energieniveaus kann sogar dazu führen, daß 4s-Orbitale energetisch tiefer liegen als 3d-Orbitale, und 5s-Orbitale energieärmer sind als 4d- und 4f-Orbitale. Die Reihenfolge der Energieniveaus ist zudem abhängig von der Kernladungszahl.

Für viele Elemente gilt folgende Reihung der Orbitalenergieniveaus:

1s, 2s, 2p, 3s, 3p, 4s, 3d, 4p, 5s, 4d, 5p, 6s, 4f, 5d, 6p, 7s, 5f

5.8 Elektronenkonfiguration von Mehrelektronenatomen

Zur Erklärung der Elektronenkonfiguration, d.h. der Besetzung der Orbitale durch Elektronen in Atomen im Grundzustand, sind neben dem Energiekriterium noch weitere drei Regeln erforderlich.

Nach Pauli (1926) können in der Atomhülle Elektronen nicht in allen vier Quantenzahlen übereinstimmen. Jedes Elektron muß sich von allen anderen min-destens durch eine Quantenzahl unterscheiden.

Von Hund stammen zwei Regeln, die für die Elektronenbesetzung von Orbitalen ab der Nebenquantenzahl $l = 1$ Bedeutung haben. Die 1. Hundsche Regel sagt: Kann sich ein neu hinzukommendes Elektron vom vorhergehenden entweder durch die Orientierungsquantenzahl oder durch die Spinquantenzahl unterschei-den, so erfolgt die Besetzung so, daß die Orientierungsquantenzahl der Elektronen unterschiedlich ist.

Anders ausgedrückt: Sind noch unbesetzte Orbitale gleicher Haupt- und Neben-quantenzahl vorhanden, so werden diese durch je ein Elektron besetzt, bevor eine Doppelbesetzung eines bereits einfach besetzten Orbitals erfolgt.

2. Hundsche Regel: Elektronen, die sich nur in der Orientierungsquantenzahl unterscheiden, haben gleiche Spinquantenzahl.

Mit diesen Regeln können wir das Aufbauprinzip der Elemente durch formales schrittweises Zugeben von Protonen und Elektronen zum Wasserstoffatom be-sprechen.

Das Wasserstoffatom hat im Grundzustand die Elektronenkonfiguration 1s, d.h. die Hauptquantenzahl n = 1, die Nebenquantenzahl l = 0, die Orientierungsquantenzahl m = 0 und für die Spinquantenzahl kann man willkürlich

$+\dfrac{1}{2}$ oder $-\dfrac{1}{2}$ setzen.

Bei dem im Periodensystem folgenden Element, dem Helium, besetzt das zweite Elektron ebenfalls den Zustand tiefster Energie, ein 1s-Orbital. Zur Angabe der Konfiguration schreibt man die Elektronenanzahl des Orbitals in Form eines hochgestellten Indexes, also $1s^2$ (gesprochen: eins s zwei).

Im 1s-Orbital können sich ohne Verletzung des Pauliprinzips zwei Elektronen befinden, die sich durch die Spinquantenzahl unterscheiden. Da sich die magnetischen Momente der beiden Elektronen kompensieren, resultiert insgesamt kein magnetisches Moment. Man sagt in diesem Fall, die Spins der Elektronen sind gepaart, oder man spricht von Elektronenpaaren. Die Valenzschale ist bei Helium mit zwei Elektronen vollständig besetzt.

Bei Lithium muß das nächste Elektron, der Regel folgend, in das energetisch tiefste unbesetzte Orbital, das 2s-Orbital, eingebaut werden. Die Elektronenkonfiguration des atomaren Lithiums ist daher $1s^2\,2s$.

Bei Beryllium besetzt das vierte Elektron ebenfalls das 2s-Orbital. Die Elektronenkonfiguration im Grundzustand ist $1s^2\,2s^2$. Auch die beiden 2s-Elektronen haben entgegengesetzten Spin.

Das nächste Elektron kommt bei Bor in ein 2p-Orbital. Atomares Bor hat die Konfiguration $1s^2\,2s^2\,2p$.

Bei Kohlenstoff sind zum ersten Male die Hundschen Regeln anzuwenden: Das neu hinzugekommene Elektron besetzt ein anderes 2p-Orbital als das vorherige, hat aber den gleichen Spin. Die beiden p-Elektronen bilden also kein Paar. Für den Grundzustand des atomaren Kohlenstoffs finden wir die Konfiguration $1s^2\,2s^2\,2p_x\,2p_y$.

Ebenso befinden sich bei atomarem Stickstoff mit der Konfiguration $1s^2\,2s^2\,2p_x\,2p_y\,2p_z$ die drei p-Elektronen in Orbitalen unterschiedlicher Orientierungsquantenzahl mit gleichem Spin.

Bei Sauerstoff gibt es vier Elektronen in drei p-Orbitalen. In einem dieser p-Orbitale müssen daher wegen des Pauliprinzips zwei Elektronen entgegengesetzten Spins untergebracht werden. Für den Grundzustand des atomaren Sauerstoffs finden wir daher die Elektronenkonfiguration $1s^2\,2s^2\,2p_x^2\,2p_y\,2p_z$ und für Fluor und Neon:

F: $1s^2\;2s^2\;2p_x^2\;2p_y^2\;2p_z$

Ne: $1s^2\;2s^2\;2p_x^2\;2p_y^2\;2p_z^2$

Bei Neon sind alle Orbitale mit der Hauptquantenzahl 1 und 2 vollständig besetzt. Das neu hinzukommende Elektron besetzt beim nächsten Element im Perioden- system, dem Natrium, das energetisch niedrigste Orbital mit der Hauptquantenzahl 3, das 3s-Orbital. Symbolisiert man die Elektronenkonfiguration des Neons mit [Ne], so hat Natrium die Konfiguration [Ne]3s. Die Auffüllung der nächsten Orbitale mit 7 Elektronen erfolgt genau wie bei den vorher besprochenen Elementen. Die Elektronenkonfiguration des Argons ist: $[Ne]3s^2 \; 3p_x^2 \; 3p_y^2 \; 3p_z^2$.

Wir haben also die in der Tab. 5.8.1 gezeigte Elektronenkonfiguration der Atome Li bis Ne im Grundzustand, wenn wir die Elektronenkonfiguration des Heliums mit [He] bezeichnen.

Für die Atome Na bis Ar haben wir die in Tab. 5.8.2 gezeigte Elektronen- konfiguration.

Tab. 5.8.1 Elektronenkonfiguration der Elemente der ersten Achterperiode

Element		Orbitale			
		$2s$	$2p_x$	$2p_y$	$2p_z$
Li	[He]	↑			
Be	[He]	↑↓			
B	[He]	↑↓	↑		
C	[He]	↑↓	↑	↑	
N	[He]	↑↓	↑	↑	↑
O	[He]	↑↓	↑↓	↑	↑
F	[He]	↑↓	↑↓	↑↓	↑
Ne	[He]	↑↓	↑↓	↑↓	↑↓

Tab. 5.8.2 Elektronenkonfiguration der Elemente der zweiten Achterperiode

Element		Orbitale			
		$3s$	$3p_x$	$3p_y$	$3p_z$
Na	[Ne]	↑			
Mg	[Ne]	↑↓			
Al	[Ne]	↑↓	↑		
Si	[Ne]	↑↓	↑	↑	
P	[Ne]	↑↓	↑	↑	↑
S	[Ne]	↑↓	↑↓	↑	↑
Cl	[Ne]	↑↓	↑↓	↑↓	↑
Ar	[Ne]	↑↓	↑↓	↑↓	↑↓

Die auf das Argon folgenden Elemente Kalium und Calcium haben die Konfigura- tion [Ar]4s und $[Ar] \, 4s^2$, obwohl unbesetzte 3d-Orbitale vorhanden sind. In den Elementen Scandium bis Zink werden die fünf 3d-Orbitale mit $1 - 10$ Elektronen besetzt. Die Konfiguration des Zinks ist demnach [Ar] $3d^{10}\ 4s^2$. Von Gallium bis Krypton besetzen die hinzukommenden Elektronen die 4p-Orbitale.

Auf Grund der Reihung der Orbitalenergieniveaus kann man die Elektronenkonfiguration der weiteren Elemente aufstellen. Infolge des geringen Energieunterschiedes zwischen 4f- und 5d-Niveaus ergeben sich allerdings einige Unregelmäßigkeiten.

5.9 Periodensystem der Elemente

Ordnet man die Elemente nach steigender Protonenzahl und beginnt jedesmal, wenn ein Elektron gemäß dem Aufbauprinzip eine neue Schale größerer Hauptquantenzahl besetzt, eine neue Reihe – und zwar so, daß Elemente gleicher Elektronenkonfiguration der Valenzschale untereinander zu stehen kommen –, dann erhält man das Periodensystem (siehe Buchbeilage). Die Protonenzahl ist identisch mit der Ordnungszahl. Die waagrechten Elementreihen des Periodensystems bezeichnet man als Perioden, die senkrechten als Gruppen.

Nach ihrer Elektronenkonfiguration werden vier Elementtypen unterschieden: Edelgase, Hauptgruppenelemente, Übergangselemente und innere Übergangselemente.

Die Edelgase befinden sich am rechten Ende jeder Periode in der Gruppe VIII a, sie haben die sehr stabile Konfiguration $ns^2\ np^6$. Helium hat als einziges Edelgas die Konfiguration $1s^2$, die als maximal besetzte Valenzschale ebenfalls besonders stabil ist.

Die Hauptgruppenelemente (auch als sp-Elemente bezeichnet) haben eine nur teilweise besetzte Valenzschale, in den anderen Schalen befinden sich vollständig besetzte s- und p-Niveaus sowie entweder leere oder ganz gefüllte d- und f-Niveaus. Die Valenzelektronen der Hauptgruppenelemente können so nur s- und p-Elektronen sein. Die Hauptgruppenelemente stehen in den Gruppen I a bis VII a.

Bei den Übergangselementen, die auch d-Elemente genannt werden, sind die d-Orbitale der zweitäußersten Schale nur teilweise besetzt. Die s-Elektronen der äußersten und die d-Elektronen der zweitäußersten Schale können Valenzelektronen sein. Die Übergangselemente stehen in den b-Gruppen.

Die inneren Übergangselemente (f-Elemente) haben teilweise besetzte f-Orbitale in der drittäußersten Schale. Die f-Elemente reagieren chemisch sehr ähnlich, da sie sich nur in der drittäußersten Schale unterscheiden. Im Periodensystem müßten sie in der Gruppe III b stehen, werden aber gewöhnlich gesondert angeführt. Die f-Elemente der 6. Periode heißen Lanthanide, die der 7. Periode Actinide, da sie auf das Lanthan bzw. das Actinium folgen.

Die Elemente Technetium, Promethium und die auf Uran Folgenden (Transurane) finden sich nicht in der Natur, sondern wurden — meist in kleinen Mengen — künstlich hergestellt.

6. Chemische Bindung

6.1 Ionenbindung

Wie wir im Abschn. 2.4 gesehen haben, halten elektrostatische Anziehungskräfte die Bausteine der Ionenkristalle zusammen. Da die Anziehung eines Ions durch ein anderes entgegengesetzter Ladung nur vom Abstand und der Größe der Ladung beider Ionen abhängt, aber nicht gerichtet ist, ist der Ausdruck Ionen-„Bindung" oder heteropolare „Bindung" nicht optimal, obwohl er weitgehend verwendet wird.

Ionen entstehen aus Atomen durch Elektronenübergang. Bei der Bildung eines positiven Ions muß das Elektron des höchsten Energieniveaus des Grundzustandes gegen die Anziehung des positiven Atomkernes aus der Elektronenhülle entfernt werden. Die hierzu nötige Energie heißt Ionisierungsenergie und ist stets positiv zu rechnen, da sie vom System (den betrachteten Atomen) aufgenommen wird. Die Ionisierungsenergie ist die Energiedifferenz zwischen dem Zustand des energetisch höchsten Elektrons und dem Energiezustand, in dem das Elektron nicht mehr vom Kern angezogen wird, d.h. sich im Zustand $n = \infty$ befindet. Deshalb ist die Ionisierungsenergie um so kleiner, je höher das Energieniveau des höchsten Elektrons ist.

Um den Energiezustand eines Elektrons in einem Mehrelektronenatom zu beurteilen, verwendet man sehr zweckmäßig den Begriff der Abschirmung: Auf das Außenelektron wirkt infolge der Rumpfelektronen — der Elektronen, die sich zwischen Außenelektron und dem Atomkern befinden — nur ein Teil der positiven Kernladung, die „effektive" Kernladung. Weil die Rumpfelektronen einen Teil der Kernladung abschirmen, ist nur der restliche Teil wirksam. Die Differenz aus Kernladung und effektiver Kernladung heißt die Abschirmungskonstante.

Zur Abschätzung der Abschirmungskonstanten gibt es drei Regeln, die qualitativ aus dem Bau der Elektronenhülle verständlich sind:

1. Ein Elektron in einem Orbital kleinerer Hauptquantenzahl schirmt eine Ladungseinheit ab.
2. Ein Elektron gleicher Hauptquantenzahl schirmt etwa eine halbe Ladungseinheit ab.

3. Elektronen höherer Hauptquantenzahl haben keine abschirmende Wirkung auf Elektronen niedrigerer Hauptquantenzahl.

Auf Grund dieser Regeln sollte die Ionisierungsenergie klein sein, wenn sich nur ein einziges Elektron in der Valenzschale befindet, da die Kernladung bis auf eine Einheit abgeschirmt wird. Dies ist bei den Alkalimetallen tatsächlich der Fall. Die effektive Kernladung der im Periodensystem auf die Alkalimetalle folgenden Elemente nimmt bis zu den Edelgasen zu, da die mit der Ordnungszahl um eine Ladungseinheit steigende Kernladung jeweils nur etwa zur Hälfte abgeschirmt wird. Die Elemente mit vollständig besetzten s- und p-Orbitalen haben deshalb die höchsten Ionisierungsenergien. Von den Alkalimetallen zu den Edelgasen hin sollten die Ionisierungsenergien mit der effektiven Kernladung gleichmäßig ansteigen. Experimentell findet man einen solchen Anstieg (Abb. 6.1.1)

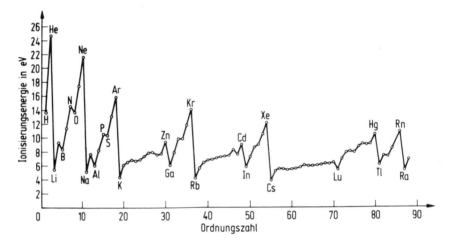

Abb. 6.1.1. Ionisierungsenergie als Funktion der Ordnungszahl der Elemente.

in der ersten Achterperiode mit Ausnahme eines geringen Abfalls vom Beryllium zum Bor und vom Stickstoff zum Sauerstoff und in der zweiten Achterperiode vom Magnesium zum Aluminium und vom Phosphor zum Schwefel. Diese Maxima können durch höhere Symmetrie und größere Stabilität vollbesetzter s- und halbbesetzter p-Orbitale erklärt werden. Höhere Ionisierungsenergien als bei benachbarten Elementen finden sich, wenn ein Elektron aus einer gefüllten s-Schale oder einer halb oder ganz besetzten p-Schale entfernt werden muß.

Innerhalb einer Gruppe nehmen die Ionisierungsenergien mit steigender Atommasse ab, da die Valenzelektronen der größeren Atome weiter vom Atomkern entfernt und daher weniger stark gebunden sind.

Bildet sich aus einem neutralen Atom durch Aufnahme eines Elektrons ein negatives Ion, so kann in einigen Fällen Energie frei werden, die als Elektronenaffinität bezeichnet wird. Die Ionisierungsenergien und die Elektronenaffinitäten
werden gewöhnlich in Elektronenvolt (eV), manchmal auch in Kilojoule (kJ),
angegeben (Tab. 6.1.1).

Tab. 6.1.1 Elektronenaffinität der Nichtmetalle beim absoluten Nullpunkt in eV

H	0,755						
He	−0,22	Ne	−0,30	Ar	−0,37	Kr	−0,42
B	0,2 − 0,3						
C	1,27	Si	1,4	Ge	1,4		
N	−0,2	P	0,78	As	0,6 − 0,7	Sb	0,6
O	1,47	S	2,1	Se	2,1 − 2,2	Te	2,0 − 2,1
F	3,45	Cl	3,61	Br	3,36	J	3,06

Enthält ein Atom teilweise besetzte p-Orbitale, die durch die Elektronenanlage-
rung vollständig gefüllt werden, so resultiert ein np^6-Zustand hoher Symmetrie.
Hoher Symmetrie entspricht niedere Energie. Bei der Elektronenaufnahme
erfolgt in solchen Fällen Energieabgabe, d.h. die Elektronenaffinität ist negativ.

Die Elektronenaffinität ist zahlenmäßig gleich der Ionisierungsenergie des negativen Ions. Nun enthält ein einfach negatives Ion der Ordnungszahl Z gleich viele
Elektronen wie ein Atom der Ordnungszahl Z + 1. Beide haben deshalb einen
ähnlichen Bau der Elektronenhülle. Da die Abschirmung vom Bau der Elektronenhülle abhängt, verläuft der Gang der Elektronenaffinität der Elemente der Ordnungszahl Z analog dem der Ionisierungsenergie der Elemente der Ordnungszahl
Z + 1. Die kleinsten Elektronenaffinitäten haben die Elemente, die im Periodensystem vor den Alkalimetallen stehen, das sind die Edelgase. Von den Edelgasen
nehmen die Elektronenaffinitäten über die Alkalimetalle, Erdalkalimetalle usw.
zu den Halogenen hin zu.

Innerhalb einer Gruppe fallen die Elektronenaffinitäten mit zunehmender Atommasse. Die Elektronenaffinität ist im allgemeinen um so größer, je kleiner der
Atomradius ist, da die Reichweite des Kernpotentialfeldes mit größerem Abstand
abnimmt.

Die Ionisierungsenergie und die Elektronenaffinität stehen in Beziehung zum
metallischen bzw. nichtmetallischen Charakter der Elemente. Metalle enthalten
locker gebundene Elektronen, die sich leicht bewegen können. Elemente mit
niedriger Ionisierungsenergie, die dazu neigen, Kationen zu bilden, sind charakteristische Metalle. Im Periodensystem finden wir die Metalle auf der linken Seite
und unten. Nichtmetalle sind Elemente großer Elektronenaffinität mit der Bereitschaft, in Verbindungen negative Ionen zu bilden. Sie stehen auf der rechten
Seite und oben im Periodensystem. Diagonal von links oben nach rechts unten
verläuft eine Linie der amphoteren Elemente, das sind solche mit sowohl metallischen als auch nichtmetallischen Eigenschaften.

6.2 Einfache kovalente Bindung

Ein Deutungsversuch der kovalenten Bindung ging von der besonderen Stabilität der Edelgaskonfiguration $ns^2 np^6$ aus. Nach Lewis (1916) entstehen kovalente Bindungen durch gemeinsame Elektronenpaare, die sich bevorzugt zwischen den verbundenen Atomen aufhalten. Da jedes Atom für eine kovalente Bindung über ein gemeinsames Elektronenpaar ein einfach besetztes Atomorbital haben muß, kann man mit der Lewis-Theorie die Anzahl der Bindungen, die ein Element ausbilden kann, in den meisten Fällen vorhersagen.

Die Elektronen symbolisiert man durch Punkte und erhält so die Lewis-Schreibweise von Verbindungen,

z.B.:

$$H : H \text{ und } : \overset{..}{\underset{..}{Cl}} : \overset{..}{\underset{..}{Cl}} :$$

Die beteiligten Atome erreichen dadurch, daß das Bindungselektronenpaar beiden Atomen angehört, Edelgasschalen. Gewöhnlich kennzeichnet man eine kovalente Bindung durch einen Bindungsstrich. Auch nichtbindende Elektronenpaare können durch einen Strich symbolisiert werden, also beispielsweise

$$H - H \text{ und } \overline{Cl} - \overline{Cl} \text{ oder } | \overline{Cl} - \overline{Cl} |$$

Die Anzahl der kovalenten Bindungen eines Atoms in einer Verbindung bezeichnet man als seine Bindigkeit.

Die Theorie von Lewis gibt jedoch keine echte Erklärung der kovalenten Bindung, da sie nicht befriedigend begründen kann, warum sich zwei Elektronen trotz ihrer gegenseitigen elektrostatischen Abstoßung auf engem Raum zwischen zwei Atomen aufhalten.

Diese Deutung gelang erst der Wellenmechanik mit der Auffassung des Elektrons als Materiewelle. Wellen sind interferenzfähig. Durch Interferenz von Elektronenwellen entstehen kovalente Bindungen. Genauer wollen wir uns das beim Wasserstoff als einem einfachen Molekül ansehen.

Nähern sich zwei Wasserstoffatome, so überlagern sich die beiden 1s-Orbitale zu zwei neuen stehenden Wellen, die Molekülorbitale (MO) heißen.

Man erhält die Molekülorbitale, indem man die Atome einander nähert und die Aufenthaltswahrscheinlichkeit der Elektronen in den Atomorbitalen einerseits addiert, andererseits subtrahiert (Linearkombination von Atomorbitalen, LCAO-Verfahren). Durch die Addition der Atomorbitale resultiert das bindende, durch die Subtraktion das antibindende Molekülorbital (Abb. 6.2.1).

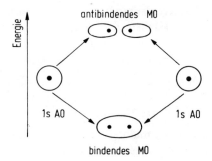

Abb. 6.2.1. Bildung von Molekülorbitalen durch Kombination zweier 1s-Atomorbitale
zweier Wasserstoffatome.

Im bindenden Molekülorbital ist die Aufenthaltswahrscheinlichkeit der Elektronen zwischen den beiden Atomkernen vergrößert. Die erhöhte negative Ladung kompensiert nicht nur die elektrostatische Abstoßung der positiven Atomkerne, sondern zieht beide an. Da das Kernpotentialfeld zwischen den Kernen sehr stark ist, sind die Elektronen im bindenden Molekülorbital fester gebunden und haben deshalb eine niedrigere Energie als in zwei Wasserstoffatomen in großem Abstand. Man muß also Energie aufwenden, um das Wasserstoffmolekül in zwei Wasserstoffatome zu überführen. Diese sogenannte Bindungsenergie wird frei, wenn sich zwei Wasserstoffatome über eine kovalente Bindung zu einem Molekül vereinigen. Die Energien kovalenter Bindungen liegen im allgemeinen zwischen 250 kJ/mol und 460 kJ/mol (etwa $3 - 5$ eV).

Im antibindenden Molekülorbital ist die Elektronendichte zwischen den Atomkernen verringert, es befindet sich dort sogar eine Knotenfläche. Elektronen im antibindenden Molekülorbital haben eine höhere Energie als in den Atomorbitalen.

Die Elektronen besetzen genau wie bei den Atomorbitalen zuerst die Molekülorbitale geringster Energie. Jedes Molekülorbital vermag nach dem Pauli-Prinzip zwei Elektronen verschiedenen Spins aufzunehmen.

Im Wasserstoffmolekül besetzen beide Elektronen das energieärmere, bindende Molekülorbital. Das antibindende Orbital ist im Grundzustand unbesetzt.

Wollte man zwei Heliumatome zu einem Molekül vereinigen, könnten nur zwei der vier Elektronen in das bindende MO eingebaut werden, zwei Elektronen müßten das antibindende MO besetzen. Der Energiegewinn ginge durch die Energie, die aufzuwenden ist, um die Elektronen in das antibindende MO zu bringen, wieder verloren. Insgesamt resultiert deshalb zwischen den beiden Heliumatomen keine Bindung.

Eine kovalente Bindung, wie sie im H_2-Molekül vorliegt, erhalten wir, wenn sich zwei mit einem Elektron besetzte Atomorbitale überlagern. Jedes Atom muß für

das Zustandekommen einer kovalenten Bindung ein einfach besetztes Atomorbital zur Verfügung stellen können. Zwischen doppelt besetzten Atomorbitalen
kommt keine bindende Wirkung zustande, da sich der Einfluß von je zwei Elektronen in bindenden und antibindenden Molekülorbitalen gegenseitig aufhebt.

So finden wir beim Li_2-Molekül des gasförmigen Lithiums eine kovalente Bindung,
die auf der Besetzung des bindenden Molekülorbitals mit den beiden 2s-Elektronen
beruht, ohne daß das antibindende MO beansprucht werden muß.

Beteiligen sich p-Orbitale an der Bildung von Molekülorbitalen, so kann eine wirksame Überlappung mit Atomorbitalen anderer Atome nur erfolgen, wenn sich
diese auf der Symmetrieachse des p-Orbitals befinden (Abb. 6.2.2).

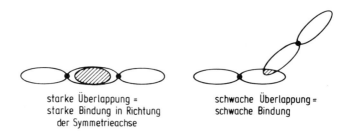

starke Überlappung =   schwache Überlappung =
starke Bindung in Richtung   schwache Bindung
der Symmetrieachse

Abb. 6.2.2. Möglichkeiten der Überlappung von p-Orbitalen.

Da die Symmetrieachsen der drei p-Orbitale aufeinander senkrecht stehen, sollten
die Bindungswinkel 90° betragen, wenn p-Orbitale beteiligt sind. Diesen Winkel
findet man angenähert bei manchen Molekülen; bei vielen anderen, besonders
solchen mit starken kovalenten Bindungen, treten große Abweichungen von 90°
auf.

Zu diesen Bindungen müssen wir noch einige weitere Überlegungen vornehmen.

6.3 Hybridisierung

Da Kohlenstoff die Konfiguration [He] $2s^2 2p_x 2p_y$ hat, sollte er zwei kovalente
Bindungen ausbilden können. In Wirklichkeit geht Kohlenstoff fast immer
vier kovalente Bindungen ein.

Wenn wir uns vorstellen, daß ein Elektron aus dem 2s-Orbital in das noch leere
$2p_z$-Orbital gebracht wird, kommen wir tatsächlich zu vier halbbesetzten Orbitalen, die vier kovalente Bindungen ermöglichen.

Da die Energiedifferenz zwischen dem 2s- und dem 2p-Zustand nicht sehr groß
ist, kann die Anhebungsenergie (auch als Promotionsenergie bezeichnet) durch

die bei der Ausbildung zweier zusätzlicher kovalenter Bindungen frei werdende Bindungsenergie leicht kompensiert werden. Die vier kovalenten Bindungen wären allerdings nicht gleichwertig, da unterschiedliche Orbitale (2s und 2p) benützt werden. Experimentell findet man z.B. bei Methan ($\dot{C}H_4$) oder bei Tetrachlorkohlenstoff (CCl_4) für alle 4 Bindungen jeweils gleiche Bindungslängen, gleiche Bindungsenergien und gleiche Winkel von $109°28'$ zwischen den Kernverbindungslinien.

Pauling (1931) erklärte die vier gleichwertigen Bindungen des Kohlenstoffs durch das Mischen, die „Hybridisierung", der unterschiedlichen Orbitale zu neuen Orbitalen andersartiger Form und Anordnung. Bei Kohlenstoff entstehen so aus einem s- und drei p-Orbitalen vier sp^3-Hybridorbitale. Jedes einzelne sp^3-Hybridorbital besteht so aus einem Viertel Anteil s- und drei Viertel Teilen p-Orbital. Die sp^3-Hybridorbitale umhüllen Achsen, die nach den Ecken eines regelmäßigen Tetraeders gerichtet sind, und haben Ähnlichkeit mit den p-Orbitalen; allerdings ist eine Hantelseite gegenüber der anderen stark vergrößert (Abb. 6.3.1).

Abb. 6.3.1. Perspektivische Darstellung eines sp^3-Hybrid-Atomorbitals.

Aus diesem Grunde können Hybridorbitale mit anderen Orbitalen, die auf ihrer Symmetrieachse liegen, besonders gut überlappen. Kovalente Bindungen unter Beteiligung von Hybridorbitalen sind deshalb stärker als solche, die aus einfachen Atomorbitalen entstehen.

Alle vier sp^3-Hybridorbitale sind energetisch völlig gleich. Die Bildung von Hybridorbitalen ist nur möglich, wenn sich die ursprünglichen Atomorbitale nicht allzusehr in ihrer Energie unterscheiden. Zur Hybridisierung neigen daher nur Orbitale gleicher Hauptquantenzahl.

Kohlenstoff kann im hybridisierten Zustand vier kovalente Bindungen eingehen. Zu betonen wäre noch, daß der hybridisierte Zustand (ebenso wie der promovierte) experimentell nicht realisierbar ist, sondern daß es sich dabei nur um hypothetische Vorstellungen handelt, die zum Verständnis beitragen sollen (Abb. 6.3.2).

sp^3-Hybridorbitale finden wir nicht nur bei den meisten Kohlenstoffverbindungen, sondern auch bei vielen Verbindungen des Stickstoffs und des Sauerstoffs.

Bei Ammoniak (NH_3) beträgt der Bindungswinkel $107°$. Er liegt also näher beim Tetraederwinkel der sp^3-Hybridorbitale als beim Winkel von $90°$ der p-Orbitale.

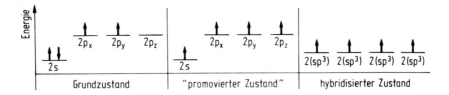

Abb. 6.3.2. Energieschema des C-Atoms im Verlaufe der Hybridisierung.

Man nimmt daher an, daß der Stickstoff mit drei sp^3-Hybridorbitalen kovalente Bindungen mit den H-Atomen eingeht und das vierte sp^3-Hybridorbital mit einem Elektronenpaar besetzt ist. Die drei bindenden Hybridorbitale unterscheiden sich von dem vierten nichtbindenden dadurch, daß sie sich mit jeweils einem 1s-Orbital eines Wasserstoffatoms überlagern. Die positive Ladung des Kernes zieht die Elektronenwolken zusammen, wodurch sie ein kleineres Volumen beanspruchen als ein Hybridorbital mit einem freien (nichtbindenden, unanteiligen) Elektronenpaar. Ein freies Elektronenpaar hat also einen etwas größeren Raumbedarf als ein Bindungselektronenpaar. Der Winkel zwischen den gebundenen Wasserstoffatomen verkleinert sich dadurch auf 107°.

In Wasser (H_2O) sind zwei nichtbindende Elektronenpaare vorhanden. Da auch diese beiden Elektronenpaare einen größeren Raumbedarf haben als die bindenden, weicht der gefundene Bindungswinkel von 104,5° noch etwas mehr vom Tetraederwinkel ab. Bei Wasser und bei vielen anderen Sauerstoffverbindungen weisen die experimentellen Bindungswinkel auf eine sp^3-Hybridisierung des Sauerstoffs hin (Abb. 6.3.3).

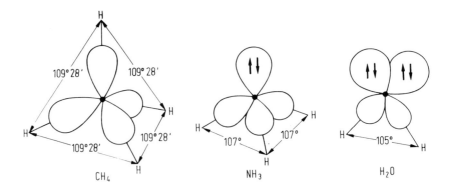

Abb. 6.3.3. Die kovalenten Bindungen und die freien Elektronenpaare in Molekülmodellen des CH_4, NH_3 und H_2O.

Bor sollte mit seiner Konfiguration [He] $2s^2 2p$ im Grundzustand nur eine kovalente Bindung eingehen. Tatsächlich sind die meisten Borverbindungen vom Typ BX_3. Alle vier Atome liegen in einer Ebene, auch sind alle drei Bindungen energetisch gleich. Man muß daher auch bei den Borverbindungen annehmen, daß ein 2s-Elektron in ein 2p-Orbital gehoben wird und sich der s- und die zwei p-Zustände zu drei neuen Orbitalen vermischen.

Die so entstandenen sp^2-Hybridorbitale sind rotationssymmetrisch zu Achsen, die untereinander Winkel von $120°$ bilden. Durch die Hybridisierung eines s- und zweier p-Orbitale entstehen hantelförmige Wahrscheinlichkeitsverteilungen, wobei ein Teilraum auf Kosten des anderen vergrößert ist. Auch sp^2-Hybridorbitale können sich mit anderen Orbitalen besser überlappen als s- oder p-Orbitale und liefern daher sehr starke Bindungen (Abb. 6.3.4).

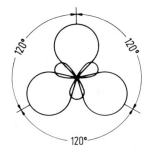

Abb. 6.3.4. sp^2-Hybridorbital.

Von Beryllium wären im Grundzustand [He] $2s^2$ keine Verbindungen zu erwarten. Es sind jedoch kovalente Verbindungen des Typs BeX_2 bekannt, die linear gebaut sind, gleiche Bindungslängen und gleiche Bindungsenergien haben. Auch bei den Berylliumverbindungen ist die Annahme einer Hybridisierung die beste Erklärung. Ein s-Elektron ist in einen p-Zustand angehoben. Ein s- und ein p-Zustand kombinieren sich zu zwei energetisch gleichen sp-Hybridorbitalen, die miteinander Winkel von $180°$ bilden und relativ starke Bindungen eingehen können (Abb. 6.3.5).

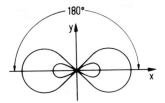

Abb. 6.3.5. sp- Hybridorbital.

Da sp-Hybridorbitale, ebenso wie sp²- und sp³-Hybridorbitale, einseitig ausgedehnt sind, sind sie zu guter Überlappung mit anderen Orbitalen fähig.

Kovalente Bindungen, die durch Überlappung von s- bzw. p-Orbitalen oder von Hybridorbitalen, sofern die gebundenen Atome sich auf der Symmetrieachse des Orbitals befinden, entstehen, heißen σ-Bindungen. Bei σ-Bindungen ist die Wahrscheinlichkeitsverteilung der Elektronen rotationssymmetrisch zur Kernverbindungslinie der verbundenen Atome. Da eine Rotation um die Kernverbindungsachse keine Änderung der Elektronenverteilung und des Energiezustandes verursacht, finden wir bei σ-Bindungen im allgemeinen freie Drehbarkeit.

6.4 Mehrfachbindungen

In Äthen ($H_2C = CH_2$) ist jedes Kohlenstoffatom mit zwei Wasserstoffatomen und einem Kohlenstoffatom verbunden.

Nehmen wir für Kohlenstoff im Äthen eine sp²-Hybridisierung an, können wir drei σ-Bindungen bilden. Wie bei Bor beträgt der Bindungswinkel der am C-Atom gebundenen Atome 120°. Jedem C-Atom verbleibt noch ein p-Orbital, das mit je einem Elektron besetzt ist. Die Symmetrieachse des p-Orbitals steht senkrecht auf der Ebene, in der die Achsen der sp²-Hybridorbitale liegen (Abb. 6.4.1). Die beiden p-Orbitale der C-Atome können sich seitlich überlappen, wenn ihre Achsen parallel zueinander stehen. Dies ist der Fall, wenn alle sechs Atome des Äthens in eine Ebene gebracht werden. Durch diese Art der Überlappung entsteht ein bindendes Molekülorbital mit einer Knotenebene, in der die Kernverbindungsachse liegt. Dieser bindende Elektronenraum erstreckt sich oberhalb und unterhalb der Knotenfläche in der Form, wie er in Abb. 6.4.1 zu sehen ist.

In Analogie zu einem p-Orbital mit einer Knotenebene durch den Atomkern bezeichnet man solche Molekülorbitale als π-Orbitale und die Bindung als π-Bindung. Eine σ-Bindung und eine π-Bindung zwischen zwei Atomen ergeben eine Doppelbindung.

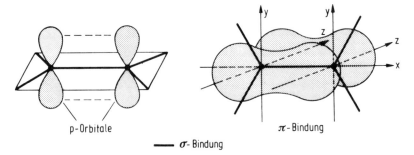

Abb. 6.4.1. Seitliche Überlappung zweier p-Orbitale zweier C-Atome zu einer π-Bindung.

Die freie Drehbarkeit um die Kernverbindungsachse ist bei Doppelbindungen aufgehoben, da zu einer guten Überlappung alle mit den sp^2-hybridisierten Atomen verbundenen Atome und diese selbst in einer Ebene liegen müssen.

Bei Äthin (HC≡CH) bilden die C-Atome zwei σ-Bindungen mit sp-Hybridorbitalen. Wie bei sp-hybridisiertem Beryllium beträgt der Bindungswinkel 180°. Alle vier Atome liegen also auf einer Geraden. Die beiden einfach besetzten p-Orbitale jedes C-Atoms überlappen sich seitlich zu zwei π-Molekülorbitalen, deren Knotenebenen aufeinander senkrecht stehen. Zwischen den C-Atomen des Äthins bestehen also eine σ- und zwei π-Bindungen. Diese Bindungsart bezeichnet man als eine Dreifachbindung (Abb. 6.4.2).

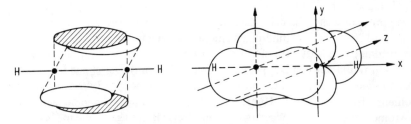

Abb. 6.4.2. Seitliche Überlappung je zweier aufeinander senkrecht stehender p-Orbitale zu zwei π-Bindungen.

Da π-Molekülorbitale eine Knotenfläche haben, liegen sie energetisch höher als σ-Molekülorbitale. Das bedeutet, daß π-Bindungen schwächer sind als σ-Bindungen. Eine Doppelbindung ist also zwar stärker als eine, aber schwächer als zwei Einfachbindungen. Analoges gilt für den Vergleich von Einfachbindungen mit Dreifachbindungen.

In direktem Zusammenhang mit der Bindungsstärke, d.h. der Energie, die zum Aufbrechen der Bindung nötig ist, steht die Bindungslänge, d.h. der Abstand der verbundenen Atome. Die Bindungslängen und die Bindungsenergien zwischen zwei bestimmten Atomen sind bei den meisten Molekülen annähernd konstant (Tab. 6.4.1).

Tab. 6.4.1 Bindungslängen und Bindungsenergien einiger Kohlenstoffbindungen

Bindung	Bindungslänge (nm)	Bindungsenergie (kJ/mol)
C–H	0,107	415
C–C	0,154	331
C=C	0,135	620
C≡C	0,121	812
C–O	0,143	343
C=O	0,122	708

Findet man bei einer Verbindung größere Abweichungen der Bindungslänge und Bindungsenergie von den Durchschnittswerten, muß man eine andere Bindungsart in Betracht ziehen.

6.5 Polyzentrische Molekülorbitale

Bei vielen Molekülen lassen sich die experimentellen Daten nicht mit auf zwei Atome lokalisierten Molekülorbitalen in Einklang bringen, sondern nur mit Orbitalen, die sich über mehrere Atome erstrecken.

Die am meisten untersuchten Mehrzentrenmolekülorbitale sind die des Benzols (C_6H_6). Die sechs Kohlenstoffatome des Benzols sind ringförmig verbunden und liegen mit den sechs Wasserstoffatomen in einer Ebene. Die Bindungswinkel betragen 120°. Alle C-C-Bindungen sind gleich lang und mit 0,139 nm kürzer als das arithmetische Mittel (0,1445 nm) der Bindungslänge von Einfachbindungen (0,154 nm) und der von Doppelbindungen (0,135 nm). Der ebene Bau des Benzols und die Bindungswinkel von 120° deuten auf eine sp^2-Hybridisierung der Kohlenstoffatome. Die sp^2-Hybridorbitale bilden zu den beiden benachbarten C-Atomen und zu einem Wasserstoffatom drei σ-Bindungen. Jedem C-Atom bleibt noch ein mit einem Elektron besetztes p-Orbital, dessen Symmetrieachse auf der Ebene des Kerngerüstes senkrecht steht. Diese p-Orbitale überlagern sich zu polyzentrischen Molekülorbitalen, die sich gleichförmig oberhalb und unterhalb der Ebene der Kohlenstoffatome erstrecken (Abb. 6.5.1).

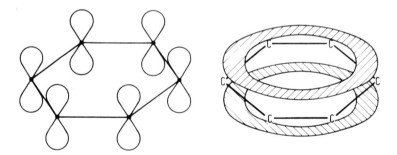

Abb. 6.5.1. Entstehung der polyzentrischen Molekülorbitale des Benzols.

Solche polyzentrischen Molekülorbitale haben eine tiefere Energielage als lokalisierte Molekülorbitale. Theoretisch könnten sich die sechs p-Orbitale der C-Atome auch zu drei Zweizentren-π-Molekülorbitalen überlagern, so daß die C-Atome mit alternierenden Einfachbindungen und Doppelbindungen verbunden wären. Im Vergleich zu diesem System hat das Benzol eine größere Bindungsenergie und deshalb besonders bei Additionsreaktionen eine geringere Reaktivität.

Die Valenzstrichformeln mit alternierenden Einfach- und Doppelbindungen würden unterschiedliche Bindungslängen bedingen. Experimentelle Messungen ergeben jedoch gleiche Bindungslängen.

Die wahre Struktur des Benzols läßt sich deshalb mit der Valenzstrichschreibweise nicht richtig wiedergeben. Da man auf die Strukturformeln nicht verzichten möchte, beschreibt man den Zustand des Benzols als Überlagerung mehrerer sog. Grenzstrukturen, zwischen denen Mesomerie oder Resonanz besteht.

Meist schreibt man gekürzte Formeln:

Das Mesomeriezeichen ↔ symbolisiert, daß der wirkliche Elektronenzustand zwischen den Grenzstrukturen und energetisch niedriger als diese liegt. Mesomerie bedeutet nicht ein Gleichgewicht, auch nicht ein Oszillieren zwischen den Elektronenanordnungen der Strukturformeln, sondern einen Bindungszustand, der nicht mit einer der Formeln wiedergegeben werden kann.

Um die wirkliche Struktur mehrzentrischer Elektronensysteme anzudeuten, verwendet man auch die Schreibweise strichlierter oder kreisförmig geschlossener Bindungen.

Für Benzol:

oder

Viele Ringverbindungen, die als Aromaten bezeichnet werden (bzw. als Heteroaromaten, wenn außer Kohlenstoff noch andere Atome Ringglieder sind), haben Mehrzentren-π-Elektronenräume. Auch nicht ringförmige Ionen können Vielzentren-π-Molekülorbitale enthalten, wobei auch nichtbindende p-Elektronenpaare mit π-Elektronenpaaren von Doppelbindungen überlappen.

Z.B. Acetation:

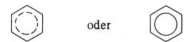

wirkliche Struktur:

$$CH_3-C\underset{\underline{\underline{O}}l}{\overset{\overset{\|}{\underline{O}}l}{|\ominus}}$$

Bei manchen Molekülen ist die Elektronenverteilung der polyzentrischen Molekülorbitale für alle beteiligten Atome nicht völlig gleichmäßig. Beispielsweise ist bei Butadien

$$CH_2 \cdots CH \cdots CH \cdots CH_2$$

die π-Elektronendichte der mittleren C-C-Bindung geringer als die der endständigen. Beschreibt man Butadien mit Resonanzstrukturen, so sagt man, die Grenzstruktur A hat mehr Gewicht als die beiden anderen, da sie energetisch am tiefsten liegt und der tatsächlichen Elektronenverteilung am nächsten kommt.

Grenzstrukturen des Butadiens:

$$CH_2=CH-CH=CH_2 \longleftrightarrow \overset{\cdot}{C}H_2-CH=CH-\overset{\cdot}{C}H_2 \longleftrightarrow$$
A   B

$$\overset{\ominus}{C}H_2-CH=CH-\overset{\oplus}{C}H_2$$
C

6.6 Metallische Bindung

Die überwiegende Zahl der Elemente sind Metalle. Metalle sind gute Elektrizitätsund Wärmeleiter und haben meist einen typischen Glanz; Metalle sind durch niedrige Ionisierungsenergien charakterisiert und neigen zur Kationenbildung.

Die Bindung zwischen den Metallatomen ist im Prinzip kovalent. Die Valenzelektronen sind schwach gebunden, da das Kernpotentialfeld durch die inneren Elektronen wirksam abgeschirmt wird oder sich die Valenzelektronen in einer Schale hoher Hauptquantenzahl befinden. Als Folge des schwachen Kernpotentialfeldes sind diese Valenzorbitale weit ausgedehnt und können sich mit den Orbitalen anderer Metallatome gut überlappen.

Wenn die Metallatome sehr nahe beieinander liegen, entstehen polyzentrische Molekülorbitale, die sich über das ganze Metallgitter erstrecken. Die Elektronen sind in den Riesenmolekülorbitalen nicht lokalisiert und können sich sehr gut bewegen. Daraus resultiert einerseits die gute thermische und elektrische Leitfähigkeit, andererseits die meist hohe Dichte der Metalle. Das „Elektronengas" zieht alle Metallkationen gleichmäßig an, wodurch jedes Metallatom von vielen anderen umgeben ist (hohe Koordinationszahl, 9—12).

6.7 Semipolare (koordinative) Bindung

Eine der kovalenten ähnliche Bindung kann auch entstehen, wenn ein Atom ein Elektronenpaar, das andere Atom ein unbesetztes Orbital zur Verfügung stellt. Eine solche Bindung, die durch Überlappen eines mit zwei Elektronen besetzten und eines unbesetzten Orbitals entsteht, nennt man semipolare oder koordinative Bindung. Moleküle oder Ionen, die semipolare Bindungen enthalten, heißen Koordinationsverbindungen oder Komplexe.

Man kann sich das Zustandekommen der semipolaren Bindung auch so vorstellen, daß ein Atom ein Elektron an das andere abgibt, wodurch zwei Radikalionen entstehen. Beide Ionen haben ein halbbesetztes Orbital, mit dem sie eine kovalente Bindung eingehen können. Deshalb symbolisiert man eine semipolare Bindung durch eine kovalente Bindung zwischen zwei Ionen, z.B.:

$$\overset{\oplus}{H_3N} - \overset{\ominus}{BF_3}$$

oder durch einen vom Donator (dem Atom, das ein Elektron abgibt) zum Akzeptor (dem Atom, das das Elektron aufnimmt) zeigenden Pfeil:

$$H_3N \rightarrow BF_3$$

In Abb. 6.7.1 ist die Entstehung einer semipolaren Bindung bei der Reaktion von Ammoniak mit Bortrifluorid auf den zwei allerdings nur theoretisch unterscheidbaren Wegen bildlich dargestellt.

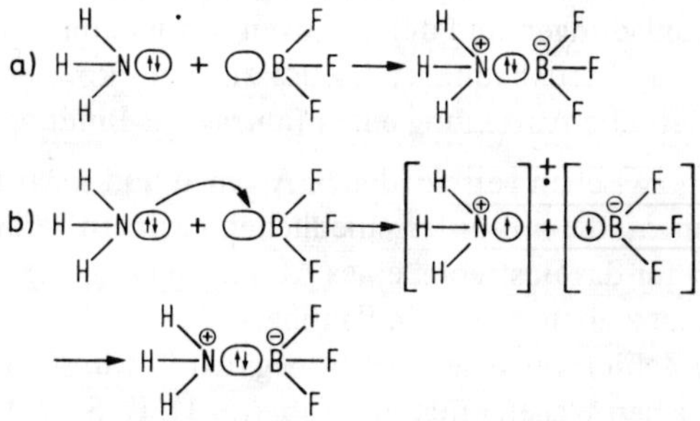

Abb. 6.7.1. Entstehung einer semipolaren Bindung auf zwei theoretisch unterscheidbaren Wegen:
  a) Durch Überlappung eines zweifach besetzten Atomorbitals mit einem unbesetzten AO.
  b) Durch Elektronenübergang von einem doppelt besetzten AO in ein unbesetztes AO und anschließende Überlappung zweier einfach besetzter Atomorbitale von Radikalionen.

In diesem Komplex sind das Stickstoff- und das Boratom elektrisch geladen. Das Molekül hat einen positiven und einen negativen elektrischen Ladungs- schwerpunkt, d.h. es verhält sich wie ein elektrischer Dipol, es ist dipolar.

Ein Dipol ist durch sein Dipolmoment charakterisiert. Das Dipolmoment eines Dipols erhält man als das Produkt der Ladung und des Abstandes der Ladungen. Die Maßeinheit für atomare Dipolmomente ist das Debye (D).

$$1 \, D = 3,33 \cdot 10^{-30} \, C \cdot m$$

C Coulomb
m Meter

Bringt man eine dipolare Verbindung zwischen die Platten eines Kondensators, so nimmt seine Kapazität zu. Das Verhältnis der Kapazität eines Kondensators mit einem isolierenden Stoff zwischen seinen beiden Platten zu seiner Kapazität im Vakuum bezeichnet man als die Dielektrizitätskonstante des Stoffes. Dipolare Verbindungen haben eine hohe Dielektrizitätskonstante. Die molekularen Dipol- momente stehen also in Zusammenhang mit der experimentell bestimmbaren Dielektrizitätskonstante.

6.8 Polarisierte kovalente Bindung

Bindungen können polar sein, auch wenn die gebundenen Atome nicht wie bei der semipolaren Bindung vollständige elektrische Ladungen tragen, sondern sich die Valenzelektronen etwas näher bei einem Bindungspartner befinden. Bei einer solchen unsymmetrischen Elektronenverteilung fallen die Schwerpunkte der negativen Elektronenladungen und der positiven Kernladungen nicht mehr zu- sammen, es entstehen „Partialladungen". Zusätzlich zur kovalenten Bindung liefert die elektrostatische Anziehung einen Beitrag zur Bindung.

Fast alle Bindungen zwischen verschiedenen Atomen und sogar Bindungen zwi- schen gleichen Atomen, die mit unterschiedlichen Partnern verbunden sind, sind polar. Als Maß für das Bestreben eines Atoms innerhalb eines Moleküls, Elektronen an sich zu ziehen, führte L. Pauling 1932 den Begriff der Elektro- negativität ein. Die Zahlenwerte der Elektronegativität wurden auf verschiedenen physikalisch-chemischen Wegen erhalten (Tab. 6.8.1). R. S. Mulliken definiert die Elektronegativität als den Mittelwert aus der Ionisierungsenergie (I) und der Elektronenaffinität (A). Um die Zahlenwerte dieses Mittelwertes mit den Pauling-Werten und anders definierten Elektronegativitätswerten möglichst gut übereinstimmen zu lassen, berechnet man die Elektronegativität (X_E) nach folgender Gleichung:

$$X_E = 0,168 \, (I + A) - 0,204$$

Tab. 6.8.1 Die Elektronegativitäten der Hauptgruppenelemente (nach Pauling)

			H 2,1			
Li	Be	B	C	N	O	F
1,0	1,6	2,0	2,5	3,0	3,4	4,0
Na	Mg	Al	Si	P	S	Cl
0,9	1,3	1,6	2,1	2,2	2,6	3,2
K	Ca	Ga	Ge	As	Se	Br
0,8	1,0	1,8	2,3	2,2	2,6	3,0
Rb	Sr	In	Sn	Sb	Te	J
0,8	1,0	1,8	2,0	2,1	–	2,7
Cs	Ba	Tl	Pb	Bi	Po	At
0,8	0,9	2,0	2,3	2,0	–	–
Fr	Ra					
0,9	1,0					

Die Elektronegativitätswerte der Elemente der ersten beiden Achterperioden liegen zwischen 0,9 und 4,0. Ein niedriger Zahlenwert der Elektronegativität bedeutet ein geringes Bestreben, Elektronen anzuziehen, und eine große Tendenz, Elektronen abzugeben. Ein hoher Zahlenwert hingegen bedeutet eine große Fähigkeit, Elektronen anzuziehen, und eine geringe Tendenz, Elektronen abzugeben.

Die Elektronegativität nimmt innerhalb einer Gruppe des Periodensystems von oben nach unten ab und innerhalb einer Periode von links nach rechts zu.

Zu betonen wäre noch, daß die Elektronegativität nicht eine Eigenschaft der Atome im Grundzustand ist, sondern sich auf im Molekül gebundene Atome oder Ionen bezieht.

Zur Kennzeichnung der Partialladungen verwendet man die Symbole $\delta+$ und $\delta-$. Sie zeigen die Richtung der Polarisation einer Bindung an.

$\overset{\delta+ \quad \delta-}{H-Cl}$ bedeutet, daß das Chloratom das bindende Elektronenpaar teilweise zu sich herüberzieht.

Bindungen zwischen Atomen unterschiedlicher Elektronegativität sind polar. Enthält ein Molekül mehrere polare Bindungen, so muß das Molekül als Ganzes nicht unbedingt ein Dipolmoment haben, denn das Dipolmoment einer Bindung ist eine gerichtete Größe, ein Vektor. Das Gesamtdipolmoment des Moleküls resultiert aus der Vektorsumme der Dipolmomente aller Bindungen.

So sind beide Bindungen des Kohlenstoffs zu Sauerstoff im Kohlendioxid (CO_2) polar:

$$\overset{\delta-}{O}=\overset{\delta+}{C}=\overset{\delta-}{O}$$

Da die Vektoren der Dipolmomente der beiden C=O-Bindungen in genau entgegengesetzte Richtung zeigen, ergibt ihre Addition Null. Als Folge seines linearen Baues hat das CO_2-Molekül kein Dipolmoment.

Beim Wassermolekül addieren sich die Vektoren der beiden −O−H-Bindungen nicht zu Null, da das Molekül einen gewinkelten Bau aufweist. Die Schwerpunkte der positiven Partialladungen der Wasserstoffatome liegen nicht am Ort der negativen Teilladung des Sauerstoffatoms.

```
                        δ+
                        H
Schwerpunkt              \
der positiven  ——►  •   O⟩ δ-
Ladung                  /
                        H
                        δ+
```

6.9 Bindungskräfte zwischen Molekülen

Auch zwischen Molekülen oder zwischen Ionen und Molekülen wirken Kräfte, die allerdings schwächer sind und mit größerem Abstand rascher abnehmen als die Anziehungskräfte zwischen Ionen oder kovalente Bindungen. Alle zwischenmolekularen Kräfte sind im Prinzip Coulombsche Anziehungen.

Den stärksten zwischenmolekularen Kräften, den Ionen-Dipol-Anziehungskräften, ist die Löslichkeit von Salzen in polaren Lösungsmitteln zuzuschreiben.

Die Dipole des Lösungsmittels orientieren sich zu den Ionen vorwiegend so, daß ihr negativer Pol näher beim Kation und ihr positiver näher beim Anion liegt.

M^+	$\left(-\ +\right)$	A^-	$\left(+\ -\right)$
Kation	Dipol	Anion	Dipol

Wenn die Dipol-Ion-Anziehungskräfte größer als die elektrostatischen Anziehungskräfte zwischen den Ionen sind, kann sich der Salzkristall auflösen. Deshalb eignen sich nur Lösungsmittel, deren Moleküle starke Dipole sind, zur Lösung von Salzen. Außerdem verringern Lösungsmittel nach Maß ihrer Dielektrizitätskonstante die Coulombschen Anziehungskräfte zwischen den Ionen.

Die Anziehungskräfte zwischen Dipolen, zwischen Dipolen und unpolaren Molekülen, und zwischen unpolaren Atomen oder Molekülen sind im allgemeinen noch schwächer und nehmen mit wachsender Entfernung sehr rasch ab. Diese Kräfte zwischen ungeladenen Molekülen heißen nach ihrem Entdecker van der Waalssche Kräfte.

Polare Moleküle orientieren sich so, daß ein positiver Pol eines Moleküls einem negativen eines anderen benachbart ist. In dieser Lage ziehen sich die Dipole an, wenn sie einen kleinen Abstand haben.

Dipol-Dipol-Orientierung

Die Dipol-Dipol-Kräfte wirken zwischen Molekülen mit den extrem kleinen Wasserstoffatomen besonders stark, da sich diese Moleküle gut gegenseitig nähern können. Ist Wasserstoff an stark elektronegative Elemente gebunden, dann entstehen außergewöhnlich starke Dipol-Dipol-Kräfte, die mit etwa 4–40 kJ/mol bis zu 10 % der Stärke einer durchschnittlichen kovalenten Bindung erreichen können. Solche starken Dipol-Dipol-Anziehungen heißen Wasserstoffbrückenbindungen. Der positive Pol ist stets das kleine Wasserstoffatom, der negative kann nur von den stark elektronegativen Elementen der ersten Achterperiode (F, O, N) gebildet werden, die nichtbindende Elektronenpaare in Hybridorbitalen enthalten. Da die Hybridorbitale stärker nach einer Seite ausgedehnt sind, fällt der Ladungsschwerpunkt des Elektronenpaares nicht mit dem des Atomkerns zusammen. Dadurch resultiert ein zusätzliches Dipolmoment.

Befindet sich der positive Pol, das Wasserstoffatom, in der Richtung der Symmetrieachse des Hybridorbitals, ziehen sich die beiden Dipole am stärksten an. Daraus ergibt sich, daß die Wasserstoffbrückenbindung gerichtet ist, wie es z.B. beim Eis zu beobachten ist. Im Eis ist jedes Sauerstoffatom tetraedrisch von vier Wasserstoffatomen umgeben, und zwar sind zwei H-Atome kovalent und zwei über Wasserstoffbrückenbindungen gebunden (vgl. Abb. 2.7.1). Die tetraedrische Anordnung der H-Atome im Eis erklärt die geringe Dichte des Eises. Da die tetraedrische Struktur beim Schmelzen teilweise verloren geht, können sich die Moleküle dichter zusammenlagern, und die Koordinationszahl des Sauerstoffs erhöht sich. Wasser hat deshalb beim Schmelzpunkt eine größere Dichte als Eis. Bei weiterem Erwärmen nimmt infolge der höheren thermischen Bewegung einerseits das Volumen zu, andererseits wird auch die tetraedrische Struktur noch mehr gestört, und die Moleküle lagern sich enger zusammen. Als Folge dieser entgegengesetzten Effekte hat Wasser bei 4 °C ein Dichtemaximum. Dieses Dichtemaximum verhindert ein Zufrieren der Gewässer vom Grunde her und hat deshalb für das Leben von Wassertieren große Bedeutung.

Auch zwischen vollkommen unpolaren Molekülen und selbst zwischen Edelgas-
atomen wirken schwache Anziehungskräfte. Die Elektronenverteilung ist auch
bei Edelgasen und unpolaren Molekülen nur im zeitlichen Mittel symmetrisch.
In sehr kurzen Zeitabschnitten kann sogar ein Edelgasatom infolge ungleich-
mäßiger Elektronenanordnung ein schwacher Dipol sein und auf ein benachbar-
tes Edelgasatom polarisierend wirken. Zwischen dem ursprünglichen und dem
induzierten Dipol, der wieder ein weiteres Molekül induzieren kann usw., bestehen kurzzeitige Anziehungskräfte, die Heitler-Londonsche Dispersionskräfte
genannt werden (Abb. 6.9.1).

Abb. 6.9.1. Entstehung induzierter Dipole aus unpolaren Atomen.

Die Dispersionskräfte sind grundsätzlich zwischen allen Atomen und Molekülen
wirksam, sind aber schwächer als sonstige Bindekräfte. Nur wenn andere Kräfte
fehlen, wie bei Edelgasen oder unpolaren Molekülen, sind sie für den Zusammenhalt dieser Stoffe in festem oder flüssigem Zustand verantwortlich und zeigen
sich in Form der Verdampfungs- und der Schmelzenergie.

Die Dispersionskräfte steigen mit der Atom- bzw. Molekülmasse. Deshalb nehmen
bei ähnlichen Atomen oder Molekülen auch die Schmelz- und Siedepunkte mit
steigender Molekülmasse zu, wie wir z.B. an den Siedepunkten der Halogene und
der einfachsten Kohlenwasserstoffe sehen können (Tab. 6.9.1).

Tab. 6.9.1 Siedepunkte der Halogene und einiger n-Kohlenwasserstoffe in °C

F_2	−187
Cl_2	− 34,6
Br_2	+ 59
J_2	+183
CH_4	−164
C_2H_6	− 89
C_3H_8	− 42
C_4H_{10}	− 0,5
C_5H_{12}	+ 36

6.10 Kovalente Bindung und Hybridisierung der Hauptgruppenelemente

Trotz großer Ähnlichkeiten im chemischen Verhalten bestehen doch gewisse Unterschiede innerhalb der Gruppen der s- und p-Elemente. Vor allem nehmen die Elemente der ersten Achterperiode eine Sonderstellung ein.

6.10.1 Verbindungen mit maximaler Bindigkeit

Die Elemente der ersten Achterperiode (Li bis F) können, da ihnen maximal vier Orbitale ($2s$, $2p_x$, $2p_y$, $2p_z$ oder daraus gebildete Hybridorbitale) zur Verfügung stehen, höchstens vier kovalente Bindungen ausbilden (Oktett-Prinzip). Eine Hybridisierung unter Heranziehen von Orbitalen der Hauptquantenzahl $n = 3$ ist infolge der zu großen Energiedifferenz ausgeschlossen.

Im Gegensatz dazu sind bei den Elementen ab der zweiten Achterperiode Hybridorbitale unter Beteiligung der d-Orbitale möglich, wodurch die maximale Bindigkeit 6, in seltenen Fällen sogar 7 betragen kann ($sp^3 d^2$-, $sp^3 d^3$-Hybridorbitale).

Diese Konfigurationen liegen Verbindungen wie $[SiF_6]^{2-}$, PF_5, $[PCl_6]^-$, SF_6 und JF_7 zugrunde.

Mit der Bindigkeit nicht zu verwechseln ist der Begriff der Wertigkeit; man versteht darunter die Zahl der Elektronen, die ein Atom in einer bestimmten Verbindung entweder aufgenommen (Anion), oder abgegeben (Kation), bzw. für kovalente Bindungen zur Verfügung gestellt hat.

In der ersten Periode kann die Wertigkeit in kovalenten Verbindungen wegen des Oktett-Prinzips vier nicht überschreiten. Ab der zweiten großen Periode stimmt die maximal erreichbare Wertigkeit mit der Gruppennummer überein.

6.10.2 Verbindungen mit trägem Elektronenpaar

Die Elemente der höheren Perioden erreichen oft nicht die maximale Oxidationsstufe. Um s-Elektronen in p- oder d-Orbitale anzuheben, ist Energie notwendig, die von der Bindungsenergie nicht immer zur Verfügung gestellt werden kann. Denn mit der Atommasse wächst auch der Radius der Elemente einer Gruppe. Mit dem Radius steigen die Bindungslängen, die Bindungsenergien nehmen ab.

Aus diesem Grunde finden wir z.B. in der 3. Gruppe bei Gallium und Indium neben der Oxidationsstufe +3 auch die Oxidationsstufe +1. Bei Thallium sind sogar beide Stufen von ähnlicher Beständigkeit. Ebenso finden wir in der vierten Gruppe mit steigender Atommasse zunehmende Stabilität der Oxidationsstufe +2.

Kohlenstoff und Silizium kommen fast ausschließlich in der Oxidationsstufe +4 vor. Germanium kommt in den Stufen +2 und +4 vor; bei Zinn sind die Stufen

+2 und +4 von ähnlicher Stabilität, und bei Blei ist die Oxidationsstufe +2 bevorzugt.

Bei den schwereren Atomen neigt das s-Elektronenpaar infolge der kleineren Bindungsenergien dieser Elemente weniger zu Entkopplung und Hybridisierung als bei den leichten, wodurch sie oft eine um zwei kleinere Wertigkeit haben. Sidgwick bezeichnete dieses s-Elektronenpaar als inertes Elektronenpaar.

6.10.3 Basizitätsunterschiede der Hybride

Einen weiteren Unterschied zwischen den Elementen der ersten Achterperiode und den anderen Hauptgruppenelementen finden wir bei den Wasserstoffverbindungen der 5. Hauptgruppe. In Ammoniak (NH_3) befindet sich das nichtbindende Elektronenpaar des Stickstoffs in einem stark nach einer Seite ausgedehnten sp^3-Hybridorbital. An dieses unsymmetrische Orbital kann sich leicht ein Proton anlagern, was bedeutet, daß Ammoniak basisch ist.

Da infolge der zunehmenden Atomgröße bei den schwereren Atomen die Bindungen mit Wasserstoff schwächer und die Bindungsenergien kleiner sind, ist eine sp^3-Hybridisierung des Phosphors in Phosphin (PH_3) nicht begünstigt. Der Phosphor bindet in PH_3 drei Wasserstoffatome über p-Orbitale. Deshalb liegt der Bindungswinkel nahe bei $90°$, und das nichtbindende Elektronenpaar besetzt das 3s-Orbital. Das Elektronenpaar im kugelsymmetrischen s-Orbital neigt viel weniger dazu, ein Proton anzulagern. Phosphorwasserstoff ist deshalb viel schwächer basisch als Ammoniak.

6.10.4 Wasserstoffbrückenbindungen

Ähnlich wie in der fünften Gruppe sind auch in der 6. und 7. Gruppe nur die Wasserstoffverbindungen der leichtesten Elemente (N, O, F) hybridisiert. Die Schwerpunkte der Elektronenpaare in nicht hybridisierten Orbitalen fallen mit den positiven Ladungsschwerpunkten, den Atomkernen, zusammen. Die Elektronenpaare der nicht hybridisierten schwereren Atome verursachen deshalb kein Dipolmoment und können keine Wasserstoffbrückenbindungen bilden. Die Wasserstoffbrückenbindungen sind als besonders starke zwischenmolekulare Anziehungskräfte für die außergewöhnlich hohen Schmelz- und Siedepunkte der Hydride NH_3, OH_2 und FH verantwortlich. Da in Methan CH_4 kein nichtbindendes Elektronenpaar vorhanden ist, bildet dieses keine Wasserstoffbrückenbindung.

In der 4. Hauptgruppe steigen daher die Schmelz- und Siedepunkte mit wachsender Molekülmasse, genauso, wie es auf Grund des steigenden Atomvolumens und der damit zunehmenden Polarisierbarkeit zu erwarten ist.

6.10.5 Doppelbindungen

Zwischen den Elementen der ersten Achterperiode und den übrigen Hauptgrup-penelementen besteht eine unterschiedliche Neigung zur Ausbildung von Doppel-bindungen.

Doppelbindungen, die schon zwischen den Elementen der ersten Achterperiode schwächer als Einfachbindungen sind, werden mit schwereren Elementen so schwach, daß sie nur ausnahmsweise stabil sind. Außerdem wird in Molekülen mit Doppelbindungen nicht die maximale Bindigkeit erreicht, die jedoch gerade bei den Elementen höherer Perioden angestrebt wird. Mehrfachbindungen finden sich deshalb vorzugsweise bei Elementen der ersten Achterperiode.

Sauerstoff und Stickstoff bestehen, da sie zwischen zwei Atomen Mehrfach-bindungen bilden, aus zweiatomigen Molekülen. Als Folge ihrer kleinen Molekülmasse sind beide Elemente (O_2 und N_2) gasförmig. Die schwereren Homologen Schwefel und Phosphor vermeiden Doppelbindungen, indem sie große Moleküle bilden. So bildet Schwefel S_x-Ketten oder S_8-Ringe und Phosphor Doppelschichten aus gewellten Sechsringen (Abb. 6.10.1 und 6.10.2). Auch die

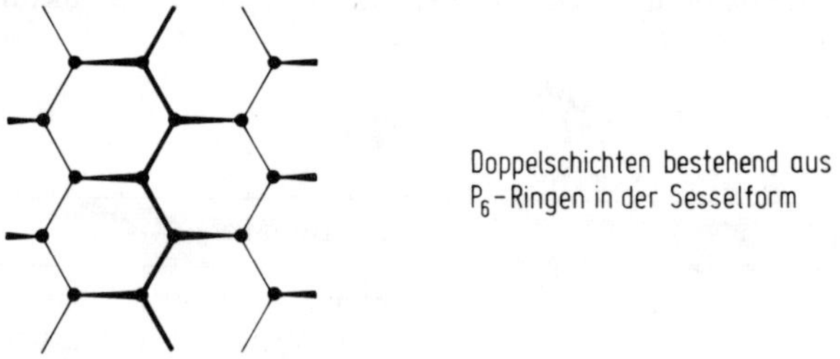

Doppelschichten bestehend aus P_6-Ringen in der Sesselform

Abb. 6.10.1. Atomanordnung im schwarzen Phosphor.

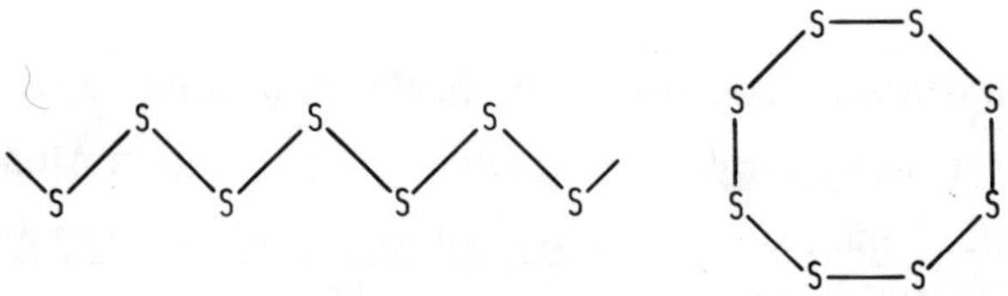

Abb. 6.10.2. Schwefelkette im Molekül S_x und -ring im Molekül S_8.

Dioxide der 4. Gruppe vermeiden mit Ausnahme des Kohlendioxids Doppel-bindungen. CO_2 enthält zwei Doppelbindungen und ist als kleines Molekül gas-förmig. Siliziumdioxid hingegen ist ein Riesenmolekül, ausschließlich aus Einfach-bindungen aufgebaut. Silizium ist im $(SiO_2)_x$ tetraedrisch von vier Sauerstoff-atomen und der Sauerstoff von zwei Siliziumatomen umgeben, wodurch ein räumliches Gitter entsteht. Das hochpolymere Siliziumdioxid ist fest und hat einen hohen Schmelzpunkt.

$$
\begin{array}{cc}
| & | \\
O & O \\
| & | \\
-O-Si-O-Si-O- \\
| & | \\
O & O \\
| & | \\
-O-Si-O-Si-O- \\
| & | \\
O & O \\
| & |
\end{array}
$$

$$(SiO_2)_x$$

6.11 Isomerie

Viele Verbindungen haben bei unterschiedlichen chemischen und physikalischen Eigenschaften die gleiche Summenformel. Solche Moleküle heißen Isomere und enthalten die gleiche Art und Anzahl Atome, jedoch in anderer Anordnung. Die Isomerie bedingt die große Zahl organischer Verbindungen.

Isomere Verbindungen teilen wir in zwei Hauptgruppen: I. Strukturisomere und II. Stereoisomere.

Isomere

Strukturisomere	Stereoisomere
Kettenisomere	geometrische Isomere (cis-trans-Isomere)
Stellungsisomere	Optische Isomere (Spiegelbildisomere)
Strukturisomere im engeren Sinn	Diastereomere
Tautomere	

6.11.1 Strukturisomerie (Ketten-, Stellungsisomerie, Tautomerie)

Strukturisomere unterscheiden sich durch die Anordnung der Atome im Molekül:

Kettenisomere (Gerüstisomere): In Kohlenwasserstoffen können die Kohlenstoffatome unterschiedliche Gerüste bilden.

Beispiel: n-Butan   und 2-Methylpropan

$$CH_3-CH_2-CH_2-CH_3 \qquad\qquad CH_3-CH-CH_3$$
$$| $$
$$CH_3$$

unverzweigt   verzweigt

Cyclohexan   Methyl-cyclopentan

Stellungsisomere: Dieselbe funktionelle Gruppe substituiert verschiedene C-Atome:

$$CH_2-CH-CH_3$$
$$\quad|\quad\ |$$
$$OH\ \ OH$$
1,2-Propandiol

$$CH_2-CH_2-CH_2$$
$$\ |\qquad\qquad|$$
$$OH\qquad\quad OH$$
1,3-Propandiol

$$CH_3-CH_2-CH_2-OH$$
1-Propanol

$$OH$$
$$\ |$$
$$CH_3-CH-CH_3$$
2-Propanol

Strukturisomere im engeren Sinne: Es sind verschiedene funktionelle Gruppen vorhanden:

$$C_3H_7NO_2:\quad CH_3-CH-COOH\quad O_2N-CH_2-CH_2-CH_3$$
$$\qquad\qquad\qquad\ |$$
$$\qquad\qquad\qquad NH_2$$
2-Amino-propionsäure   1-Nitropropan

Tautomere: Besteht der Unterschied in der Anordnung eines Wasserstoffatoms und einer Doppelbindung, so bezeichnet man diesen Spezialfall von Strukturisomeren als Tautomere. Im Gegensatz zu den anderen Strukturisomeren können tautomere Verbindungen meist leicht ineinander übergehen.

Z.B. Aceton:

Ketoform   Enolform

Bei Tautomeriegleichgewichten steht an Stelle des Gleichgewichtszeichens $\rightleftharpoons$ das Zeichen $\leftrightharpoons$.

6.11.2 Stereoisomerie (geometrische und optische Isomerie)

Stereoisomere unterscheiden sich durch ihre räumliche Anordnung der Atome im Molekül, die man als Konfiguration bezeichnet.

Geometrische Isomere oder *cis-trans-Isomere* finden wir bei Molekülen mit Doppelbindungen und bei Ringverbindungen. Bei der cis-Form stehen die zwei betrachteten Atome oder Atomgruppen auf der gleichen Molekülseite in Bezug auf den Ring oder die Doppelbindung, bei der trans-Form auf verschiedenen Seiten. Dadurch unterscheiden sich die cis- und die trans-Form durch die Abstände zweier nicht direkt miteinander verbundener Atome, obwohl in beiden Formen die gleichen Atome und Bindungsarten vorliegen.

Z. B.

$$\underset{Cl}{\overset{H}{\diagdown}}C=C\underset{Cl}{\overset{H}{\diagup}}$$ und $$\underset{H}{\overset{Cl}{\diagdown}}C=C\underset{Cl}{\overset{H}{\diagup}}$$

cis-1,2-Dichloräthen   trans-1,2-Dichloräthen

Spiegelbildisomere oder *„optische" Isomere* unterscheiden sich nur durch ihre unterschiedliche Wirkung auf linear polarisiertes Licht. Zwei zueinander spiegelbildliche Substanzen drehen die Schwingungsebene linear polarisierten Lichtes um den gleichen Betrag, aber in entgegengesetzte Richtungen.

Zwei spiegelbildisomere Moleküle bezeichnet man auch als optische Antipoden oder Enantiomere. Ein 1:1-Gemisch zweier Antipoden nennt man Racemat; es dreht die Schwingungsebene linear polarisierten Lichtes nicht.

Nur dissymmetrische Moleküle, d.h. Moleküle, die weder eine Symmetrieebene noch ein Symmetriezentrum haben, drehen die Schwingungsebene des polarisierten Lichtes und sind optisch aktiv. Ein dissymmetrisches Molekül läßt sich nicht mit seinem Spiegelbild zur Deckung bringen. Spiegelbildisomere verhalten sich zueinander wie die rechte zur linken Hand (Gr. χεῖρ = die Hand, deshalb auch Chiralität = Händigkeit).

Die Mehrzahl der dissymmetrischen Verbindungen enthält ein sog. asymmetrisches C-Atom, d.i. ein Kohlenstoffatom, das mit vier verschiedenen Substituenten verbunden ist (Abb. 6.11.2.1). Ihre räumliche Anordnung bezeichnet man als Konfiguration.

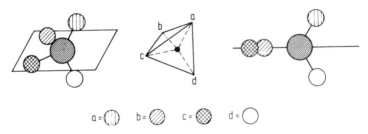

Abb. 6.11.2.1. Das asymmetrische C-Atom.

Sehr viele Naturprodukte weisen dissymmetrischen Bau auf und sind optisch aktiv, vor allem viele biologisch wichtige Substanzklassen. Hierbei kommt meist ein bestimmtes Stereoisomeres vor. Beispielsweise haben fast alle natürlich vorkommenden Aminosäuren dieselbe Konfiguration am Asymmetriezentrum, wobei es belanglos ist, ob die Aminosäuren aus Eiweiß von Pflanzen, Tieren oder Mikroorganismen stammen.

$$\text{H}_3\overset{\oplus}{\text{N}}-\underset{\underset{\text{R}}{|}}{\overset{\overset{\text{COO}^{\ominus}}{|}}{\text{C}}}-\text{H}$$

L-Aminosäure

6.11.3 Charakterisierung der räumlichen Anordnung der Substituenten am asymmetrischen C-Atom

6.11.3.1 Projektionsformeln nach E. Fischer

Zur Darstellung der räumlichen Verhältnisse am asymmetrischen C-Atom sind Projektionsformeln nach E. Fischer allgemein üblich.

Bei der Projektion in die Papierebene, in der man sich das asymmetrische C-Atom vorstellt, dreht man das räumliche Molekül so, daß die hinter der Ebene stehenden Substituenten oberhalb und unterhalb und die vor der Ebene stehenden rechts und links des asymmetrischen C-Atoms zu schreiben sind. Das höchstoxidierte C-Atom steht immer oben.

Man kann vor der Papierebene stehende Substituenten mit stark ausgezeichneten und die hinter der Papierebene stehenden mit strichlierten Valenzstrichen kennzeichnen.

6.11.3.2 D- und L-Konfiguration

Um die Konfiguration am asymmetrischen C-Atom festzulegen, dient Glycerinaldehyd als Bezugssubstanz. Das rechtsdrehende Isomere des Glycerinaldehyds bezeichnet man definitionsgemäß als D-Form, das linksdrehende als L-Form. Alle optischen Isomeren, die zum D-Glycerinaldehyd in Beziehung gebracht werden können, gehören zur D-Reihe. Die Bezugssubstanzen D- und L-Glycerinaldehyd haben in der Projektionsformel die Konfiguration:

D-(+)Glycerinaldehyd   L-(-)Glycerinaldehyd

Die Zugehörigkeit zur D- bzw. L-Reihe steht nicht in Zusammenhang mit dem Drehsinn, der experimentell zu finden ist, und den man mit (+) (rechtsdrehend) und mit (−) (linksdrehend) kennzeichnet.

6.11.3.3 R-, S-System

Die Zuordnung zur D- bzw. L-Reihe ist oft schwierig oder gar nicht möglich, wenn man keine Beziehung zum Glycerinaldehyd herstellen kann. Seit einigen Jahren setzt sich deshalb die R, S-Nomenklatur nach Cahn-Ingold-Prelog immer mehr durch, die in allen Fällen anwendbar ist.

Man ordnet die mit dem asymmetrischen Kohlenstoffatom verbundenen Atome nach abnehmender Ordnungszahl, also

$$J > Br > Cl > S > P > F > O > N > C > H \quad (\text{„Fallende Priorität“})$$

Sind bei mehreren Substituenten gleiche Atome mit dem asymmetrischen C-Atom verbunden, entscheidet die Rangfolge der an diesen Atomen stehenden Gruppen.

Man dreht das Molekül nun so, daß der Substituent mit der niedrigsten Rangordnung hinter der Papierebene, das C-Atom in ihr und die drei anderen Substituenten vor ihr stehen. Den Substituenten hinter der Papierebene symbolisiert man in der Projektion durch eine punktierte Bindung, die drei vorderen bilden einen regelmäßigen Stern. Wenn der Weg vom ranghöchsten zum rangniedrigsten Substituenten vor der Papierebene im Uhrzeigersinn verläuft, gehört das Molekül zur R-Reihe. In der S-Reihe findet man die abnehmende Rangfolge dem Uhrzeigersinn entgegengesetzt.

Beispielsweise bei Glycerinaldehyd: $OH > CHO > CH_2OH > H$

R-Glycerinaldehyd   ist identisch mit   D-Glycerinaldehyd

S-Glycerinaldehyd   ist identisch mit   L-Glycerinaldehyd

6.11.4 Diastereomerie

Die vier Substituenten eines asymmetrischen C-Atoms können in zwei verschiedenen Konfigurationen angeordnet sein.

Enthält ein Molekül mehrere asymmetrische C-Atome, so sind pro asymmetrisches C-Atom zwei stereoisomere Formen möglich. Die Gesamtzahl der Stereoisomeren beträgt deshalb 2^n, wenn n die Zahl der asymmetrischen Kohlenstoffatome bedeutet und die asymmetrischen C-Atome ungleiche Substituenten tragen (Abb. 6.11.4.1)

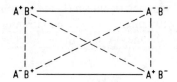

Die durch ——— verbundene Stereoisomere sind Antipoden

Die durch ——— verbundene Stereoisomere sind Diastereomere

Abb. 6.11.4.1. Antipoden und Diastereomere bei zwei ungleichwertigen Asymmetriezentren.

Beispielsweise sind bei der Verbindung mit der Strukturformel

$$HOH_2C—\overset{*}{C}H—\overset{*}{C}H—CHO$$
$$\quad\quad\quad\;\; |\quad\; |$$
$$\quad\quad\quad OH\; OH$$

$\overset{*}{C}$ asymmetrisches C-Atom

vier stereoisomere Moleküle möglich.

Wir schreiben die Verbindung in der Fischerschen Schreibweise:

CHO	CHO	CHO	CHO
H—C—OH	HO—C—H	HO—C—H	H—C—OH
H—C—OH	HO—C—H	H—C—OH	HO—C—H
CH_2OH	CH_2OH	CH_2OH	CH_2OH
D-Erythrose	L-Erythrose	D-Threose	L-Threose

Die D- und L-Erythrose sowie die D- und L-Threose sind Enantiomerenpaare
(Spiegelbildisomere), da sie an allen asymmetrischen C-Atomen entgegengesetzte Konfiguration haben.

Die beiden Erythrosen verhalten sich jedoch zu den beiden Threosen nicht
spiegelbildlich, da die Konfiguration an einem Asymmetriezentrum gleich, an
dem anderen aber verschieden ist.

Solche Stereoisomere, die nicht Enantiomere (Spiegelbildisomere) sind, bezeichnet man als Diastereomere.

Da in diastereomeren Molekülen die Abstände nicht direkt miteinander verbundener Atome oder Atomgruppen unterschiedlich sind, sind ihre physikalischen
und viele chemische Eigenschaften verschieden. Diastereomere Verbindungen
lassen sich oft auf Grund unterschiedlicher Schmelz- und Siedepunkte und Lös-
lichkeiten trennen.

Bei zwei gleichwertigen Asymmetriezentren (beide asymmetrischen C-Atome tragen jeweils gleiche Substituenten) gibt es eine intramolekular kompensierte, optisch nicht aktive Form, die meso-Form. In der Fischer-Projektion tritt eine Symmetrieebene auf (Abb. 6.11.4.2).

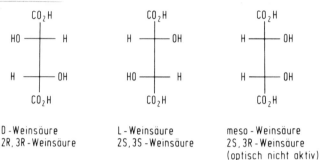

D-Weinsäure   L-Weinsäure   meso-Weinsäure
2R,3R-Weinsäure   2S,3S-Weinsäure   2S,3R-Weinsäure
                                               (optisch nicht aktiv)

Abb. 6.11.4.2. Fischer-Projektionsformeln der Weinsäuren.

6.12 Freie Radikale

Alle bisher besprochenen Moleküle enthalten in ihren Orbitalen stets Elektronenpaare. Partikel mit einzelnen Elektronen sind meist äußerst reaktionsfähig und deshalb nicht in größerer Menge zu erhalten. Sie führen die Bezeichnung freie Radikale.

Freie Radikale entstehen aus Molekülen durch Zufuhr von mindestens soviel Energie, wie zur Spaltung der schwächsten Bindung aufzuwenden ist.

Bei Äthan beträgt die C-H-Bindungsenergie 435 kJ/mol, die der C-C-Bindung nur 331 kJ/mol. Führt man durch starkes Erhitzen Energie zu, so spaltet sich zuerst die C-C-Bindung, und es entstehen zwei Bruchstücke mit je einem ungepaarten Elektron, zwei Methylradikale:

$$
\underset{\text{Äthan}}{
\begin{array}{c}
\text{H} \ \ \text{H} \\
| \ \ \ | \\
\text{H}-\text{C}-\text{C}-\text{H} \\
| \ \ \ | \\
\text{H} \ \ \text{H}
\end{array}
} \ \rightarrow \
\underset{\text{Methylradikal}}{
\begin{array}{c}
\text{H} \ \ \ \ \ \ \text{H} \\
| \ \ \ \ \ \ \ | \\
\text{H}-\overset{\cdot}{\text{C}} \ + \ \overset{\cdot}{\text{C}}-\text{H} \\
| \ \ \ \ \ \ \ | \\
\text{H} \ \ \ \ \ \ \text{H}
\end{array}
}
$$

In dieser Schreibweise symbolisiert ein Punkt ein ungepaartes Elektron.

Leichter lassen sich Methylradikale aus Molekülen mit besonders schwachen Bindungen gewinnen, wie sie im Tetramethylblei vorliegen:

$$ \text{Pb}(CH_3)_4 \ \xrightarrow{\text{Energie}} \ \text{Pb} + 4 \cdot CH_3 $$

Tetramethylblei hat zum Zwecke der Regulierung der Benzinverbrennung in Explosionsmotoren große technische Bedeutung (Antiklopfmittel).

Methylradikale existieren nur Sekundenbruchteile, da sie dazu neigen, unter Dimerisation sofort wieder Moleküle mit doppelt besetzten Molekülorbitalen zu bilden.

$$H_3C \cdot + \cdot CH_3 \rightarrow H_3C{-}CH_3$$
$$\text{Äthan}$$

Im Methylradikal ist der Kohlenstoff sp²-hybridisiert. Mit den drei in einer Ebene liegenden sp²-Hybridorbitalen bildet das C-Atom drei σ-Bindungen zu den Wasserstoffatomen. Das einzelne Elektron besetzt das verbleibende p-Orbital, dessen Symmetrieachse auf der Ebene der σ-Bindungen senkrecht steht (Abb. 6.12.1).

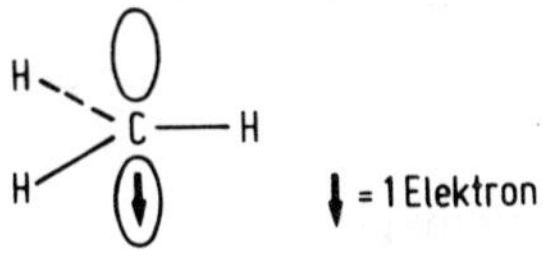

Abb. 6.12.1. Das Methylradikal.

Ersetzen wir im Methylradikal die drei Wasserstoffatome durch Phenylreste (C_6H_5-), so erhalten wir das viel weniger reaktive Triphenylmethylradikal. Dieses ist in Lösung im Gleichgewicht mit seinem Dimerisationsprodukt beständig.

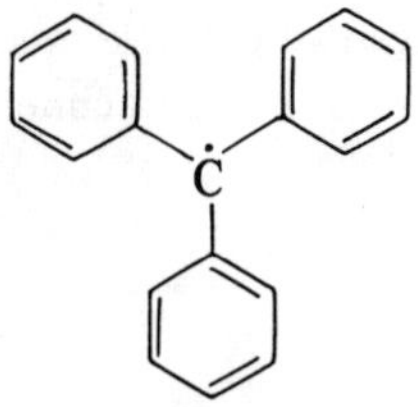

Triphenylmethylradikal

Die erhöhte Beständigkeit des Triphenylmethylradikals resultiert aus der Ausbildung polyzentrischer Molekülorbitale. Das mit dem einzelnen Elektron besetzte p-Orbital überlappt mit den drei aromatischen 6π-Elektronenräumen der Phenylreste zu einem polyzentrischen Molekülorbital, wenn die Symmetrieachse des p-Orbitals parallel zu den Symmetrieachsen der aromatischen 6π-Elektronenräume steht.

7. Chemische Gleichungen

7.1 Atom- und Molekülmassen

Um nicht sehr kleine Zahlen zu erhalten, verwendet man für die Atom- und Molekülmasse nicht das Kilogramm, sondern eine relative Einheit, die als 1/12 der Masse eines ^{12}C-Atoms festgelegt ist. Die Atommassen der Elemente (oft etwas unkorrekt als Atomgewichte bezeichnet), die im Periodensystem links über dem Elementsymbol stehen, geben an, um wievielmal schwerer ein Atom eines Elementes ist als diese Grundeinheit.

Diese Atommassen sind, außer bei den „Reinelementen" — von denen nur ein Isotop in der Natur vorkommt — „gewichtete" Mittel der Isotopenmasse, d.h. der nach der Häufigkeit des Isotops berechnete Mittelwert. Sie sind konstant, da die prozentuelle Isotopenzusammensetzung im allgemeinen unabhängig von der Herkunft und der chemischen Behandlung des Elementes ist.

Die Molekülmassen M erhält man durch Addition der Atommassen der Elemente, die ein Molekül bilden.

Z.B. Molekülmasse des Kohlendioxids (CO_2):

$$
\begin{array}{ll}
\text{C} & 12,011 \\
\underline{2\ \text{O}} & \underline{31,998} \quad (2 \times 15,999) \\
\text{CO}_2 & 44,009
\end{array}
$$

Für die meisten Zwecke genügt eine auf zwei Stellen hinter dem Komma auf- oder abgerundete Berechnung der Molekülmassen. Atom- und Molekülmassen sind als reine Verhältniszahlen dimensionslos.

In der Praxis spricht man auch bei ionischen Verbindungen von Molekülmassen, wobei man diese aus dem einfachsten Zahlenverhältnis der Ionen berechnet.

Z.B. Molekülmasse des Kupfer(II)-chlorids ($CuCl_2$):

$$
\begin{array}{ll}
\text{Cu} & 63,54 \\
\underline{2\ \text{Cl}} & \underline{70,90} \quad (2 \times 35,45) \\
\text{CuCl}_2 & 134,44
\end{array}
$$

7.2 Das Mol

Als ein Mol (Symbol: mol) bezeichnete man ursprünglich soviele Gramm einer Substanz, wie die Molekülmasse in relativen Atommasseneinheiten beträgt. Ein mol einer Substanz enthält die Loschmidtsche Zahl ($N_L = 6,022 \cdot 10^{23}\ \text{mol}^{-1}$)

Moleküle bzw. Formeleinheiten bei ionischen Verbindungen. Heute bezeichnet man jede Menge, die N_L Teilchen enthält, die Atome, Moleküle, Ionen, Elektronen und Photonen und andere sein können, als ein Mol.

Beispiele: Ein mol Wasser (H_2O):

$$
\begin{array}{lll}
2\,\text{H} & \dotfill\ 2{,}02 & (2 \times 1{,}01) \\
\text{O} & \dotfill\ 16{,}00 & \\
\hline
\text{H}_2\text{O} & \dotfill\ 18{,}02 &
\end{array}
$$

Ein mol Wasser ist 18,02 g.

Oder ein mol Silberchlorid (AgCl):

$$
\begin{array}{ll}
\text{Ag} & \dotfill\ 107{,}87 \\
\text{Cl} & \dotfill\ 35{,}45 \\
\hline
\text{AgCl} & \dotfill\ 143{,}32
\end{array}
$$

Ein mol AgCl ist 143,32 g (1 mol Ag^+-Ionen 107,87 g und 1 mol Cl^- – Ionen 35,45 g).

7.3 Chemische Formeln und Gleichungen

Die Elementsymbole sind Abkürzungen der lateinischen oder deutschen Namen. Die chemischen Formeln beschreiben die Zusammensetzung von Molekülen bzw. das Ionenverhältnis ionischer Substanzen sowohl qualitativ als auch quantitativ. Es bedeutet beispielsweise $CHCl_3$, daß ein Kohlenstoffatom, ein Wasserstoffatom und drei Chloratome ein Molekül bilden. Durch die Festlegung der Atomzahlenverhältnisse sind auch die Massenverhältnisse des Moleküls bestimmt. Aus der Bruttoformel kann man daher die prozentuelle Verbindungszusammensetzung berechnen.

Kennt man die Ionenladungen, so kann man das Verhältnis der Ionen durch Division des kleinsten gemeinsamen Vielfachen der Ionenladungen durch die jeweilige Ionenladung erhalten. Z.B. möchte man das Ionenverhältnis von Cr^{3+} und SO_4^{2-} erhalten: Das kleinste gemeinsame Vielfache ist 6; für Cr^{3+} bekommen wir $\frac{6}{3} = 2$ und für SO_4^{2-}: $\frac{6}{2} = 3$. Das Ionenverhältnis ist daher $Cr_2(SO_4)_3$.

Diese quantitativen Verhältnisse gelten ebenso für chemische Gleichungen. In einer chemischen Gleichung schreibt man gewöhnlich die Ausgangsstoffe auf die linke, die Endprodukte auf die rechte Seite. Auf beiden Seiten des Reaktionszeichens (Pfeil oder Doppelpfeil) müssen gleich viel Atome jedes Elementes stehen. Bei Ionengleichungen muß außerdem die Summe der Ladungen auf beiden Seiten gleich sein.

Möchte man eine stöchiometrische Gleichung aus den Formeln der Ausgangsstoffe und der Endprodukte finden, so setzt man für die Koeffizienten Unbe-
kannte ein und stellt <u>unbestimmte</u> (diophantische) Gleichungen für die beteiligten Atome auf.

Beispiel: Phosphorpentachlorid (PCl_5) reagiert mit Wasser zu Phosphorsäure
(H_3PO_4) und Chlorwasserstoff (HCl). Wir schreiben die Gleichung mit Unbekannten an Stelle der Koeffizienten:

$$a\ PCl_5 + b\ H_2O \rightarrow c\ H_3PO_4 + d\ HCl$$

Alle auf der linken Seite der Gleichung stehenden Atome eines Elementes müssen
wir in derselben Anzahl auch auf der rechten Seite wiederfinden. Für die Unbekannten können wir deshalb folgende Gleichungen aufstellen:

$$
\begin{aligned}
\text{P:} \quad & a = c \\
\text{Cl:} \quad & 5a = d \\
\text{H:} \quad & 2b = 3c + d \\
\text{O:} \quad & b = 4c
\end{aligned}
$$

Da wir die kleinstmöglichen, ganzzahligen Koeffizienten suchen, kommen wir zu
einer Lösung, wenn wir für einen Buchstaben eine ganze Zahl setzen und notfalls
alle Koeffizienten entsprechend dividieren oder multiplizieren.

Setzen wir $\quad a = 1, \quad$ so ist:

$$
\begin{aligned}
c &= 1 \\
d &= 5 \\
b &= 4
\end{aligned}
$$

Wir finden also die Gleichung:

$$PCl_5 + 4\ H_2O \rightarrow H_3PO_4 + 5\ HCl$$

Auf der Grundlage der chemischen Gleichung lassen sich die Massenverhältnisse
aller Substanzen, die in ihr vertreten sind, berechnen.

Einige Beispiele solcher stöchiometrischen Berechnungen bringen wir im nächsten
Abschnitt.

7.4 Stöchiometrische Rechnungen

1. Wieviel Gramm metallisches Kupfer erhält man bei der Elektrolyse von
100 g Kupfer(II)-chlorid?

Die Reaktion verläuft nach der Gleichung:

$$CuCl_2 \rightarrow Cu + Cl_2$$

Wir berechnen die Molekülmassen:

Cu   63,54
2 Cl   70,90   (2 X 35,45)
CuCl₂ 134,44

Da nach der Reaktionsgleichung ein mol CuCl₂ (134,44 g) ein mol Cu (63,54 g) ergibt, ergeben 100 g CuCl₂ x g Cu.

Demnach verhält sich:

$$134,44 : 100 = 63,54 : x$$

$$x = \frac{63,54 \cdot 100}{134,44} = 47,26$$

Die Elektrolyse von 100 g CuCl₂ ergibt 47,26 g Kupfer.

2. Wieviel Gramm Sauerstoff benötigt man zur Oxidation von 160 g Schwefel zu Schwefeldioxid, und welches Volumen hat diese Menge Sauerstoff bei Standardbedingungen (25 °C und 1 atm) unter Annahme der Gültigkeit der idealen Gasgesetze?

Der Schwefel reagiert nach der Gleichung:

$$S + O_2 \rightarrow SO_2$$

Wir berechnen die benötigten Molekülmassen:

S   32,06
O₂   32,00   (2 X 16,00)

Nach der Reaktionsgleichung reagieren 32,06 g S mit 32,00 g O₂.

Es verhält sich also:

$$32,06 : 160,00 = 32,00 : x$$

$$x = \frac{160 \cdot 32}{32,06} = 159,70$$

160 g Schwefel benötigen 159,7 g Sauerstoff zur Oxidation. Ein mol eines idealen Gases hat bei 0 °C und 1 atm Druck ein Volumen von 22,41 Liter.

Es gilt daher die Proportion:

$$32,00 : 159,7 = 22,41 : x$$

$$x = \frac{22,41 \cdot 159,7}{32,00} = 111,84$$

Dieses Volumen müssen wir mit dem Gesetz von Gay-Lussac auf Standardbedingungen (25 °C, 1 atm Druck) umrechnen:

$$\frac{V_{St}}{T_{St}} = \frac{V_0}{T_0}$$

$$V_{St} = \frac{V_0 \cdot T_{St}}{T_0} = \frac{111,84 \cdot 298}{273} = 122,08 \quad \checkmark$$

Zur Oxidation von 160 g Schwefel zu Schwefeldioxid benötigt man 122,08 l
Sauerstoff unter Normalbedingungen.

3. Wieviel Gramm Nitrobenzol entstehen bei der Nitrierung von 20 g Benzol?

a) Reaktionsgleichung: $C_6H_6 + HNO_3 \rightarrow C_6H_5NO_2 + H_2O$

b) Molekülmassen:

6 C	....	72,06	(6 × 12,01)
6 H	....	6,06	(6 × 1,01)
C_6H_6	....	78,12	

6 C	....	72,06	
5 H	....	5,05	(5 × 1,01)
N	....	14,01	
2 O	....	32,00	(2 × 16,00)
$C_6H_5NO_2$	......	123,12	

c) Proportionalität:

$$78,12 : 20 = 123,12 : x$$

$$x = \frac{123,12 \cdot 20}{78,12} = 31,52$$

Bei der Nitrierung von 20 g Benzol entstehen 31,52 g Nitrobenzol.

7.5 Konzentrationsangaben

Zur Angabe der Konzentration von Lösungen sind sehr unterschiedliche Bezeichnungen im Gebrauch. Wir besprechen nur die Angaben auf Grundlage des Inter-
nationalen Systems der Maßeinheiten.

Kennt man die chemische Formel oder das Ionenverhältnis einer Substanz, so soll
die Stoffmengenkonzentration (frühere Bezeichnung Molarität) bevorzugt werden.
Die Stoffmengenkonzentration ist definiert durch die Stoffmenge einer Komponente in mol dividiert durch das Volumen der Lösung in Liter.

Infolge der Angabe des Volumens in Liter ist die Stoffmengenkonzentration druck- und temperaturabhängig.

Für kleine Stoffmengenkonzentrationen macht man die Angabe in:

$$\text{mmol}/l = 10^{-3}\ \text{mol}/l$$
$$\mu\text{mol}/l = 10^{-6}\ \text{mol}/l$$
und $\quad \text{nmol}/l = 10^{-9}\ \text{mol}/l$

Kann man für eine Komponente keine chemische Formel angeben, so empfiehlt es sich, auf die Massenkonzentration auszuweichen. Die Massenkonzentration ist definiert als die Masse der Komponente, dividiert durch das Gesamtvolumen des Systems. Je nach der Konzentration erfolgt die Angabe in:

$$\text{kg}/l \quad (\text{Kilogramm/Liter}) \quad = 10^3 \ \ \text{g}/l$$
$$\text{g}/l \quad (\text{Gramm/Liter}) \quad = 10^0 \ \ \text{g}/l$$
$$\text{mg}/l \quad (\text{Milligramm/Liter}) \quad = 10^{-3}\ \text{g}/l$$
$$\mu\text{g}/l \quad (\text{Mikrogramm/Liter}) = 10^{-6}\ \text{g}/l$$
oder $\quad \text{ng}/l \quad (\text{Nanogramm/Liter}) \quad = 10^{-9}\ \text{g}/l$

Da die Massenkonzentration auf ein Volumen bezogen ist, ist sie ebenfalls temperatur- und druckabhängig.

Diese Abhängigkeit fehlt der Angabe des Massenverhältnisses, das als die Masse der Komponente, dividiert durch die Gesamtmasse der Lösung, definiert ist. Das Massenverhältnis ist dimensionslos. Bei kleinen Massenverhältnissen benützt man die Faktoren 10^{-3}, 10^{-6}, 10^{-9} oder 10^{-12}.

Ebenso ist die Angabe des Stoffmengenverhältnisses (früher als Molenbruch bezeichnet) unabhängig von Druck und Temperatur.

Das Stoffmengenverhältnis ist definiert durch die Stoffmenge einer Komponente, dividiert durch die Stoffmengen aller Bestandteile der Lösung. Es ist ebenfalls dimensionslos. Für kleine Stoffmengenverhältnisse kann man die Faktoren 10^{-3} oder 10^{-6} heranziehen.

Ältere Bezeichnungen wie Gewichts- oder Volumenprozent oder val/l sollen nicht mehr verwendet werden.

8. Thermodynamik

8.1 Zustandsfunktionen

In den vorherigen Kapiteln befaßten wir uns mit dem Atom- und Molekülbau, mit den Bindungskräften, die Atome und Moleküle zusammenhalten, und mit der Wechselwirkung zwischen Atomen und elektromagnetischer Strahlung.

In diesem Kapitel wollen wir uns mit makroskopisch beobachtbaren und meßbaren Eigenschaften der Materie beschäftigen mit dem Ziel, Gleichgewichtszustände chemischer Reaktionen zu erfassen. Der Weg zu den chemischen Gleichgewichtszuständen führt über die Thermodynamik, die die Materie unabhängig von atomaren Vorstellungen durch empirisch gefundene Zusammenhänge bestimmter Eigenschaften charakterisiert. Diese Eigenschaften, die den Zustand eines Systems festlegen, heißen Zustandsfunktionen oder Zustandsgrößen.

Die Zustandsfunktionen beschreiben den Zustand des Systems und sind unabhängig davon, auf welchem Weg das System in den jeweiligen Zustand gelangt. Zustandsfunktionen sind beispielsweise Masse, Druck oder Temperatur.

Auch der Begriff System bedarf in der Thermodynamik einer genauen Festlegung. Als System bezeichnen wir einen Teil des Universums, der durch definierte Grenzen gegen unkontrollierte Einwirkungen abgeschirmt ist und für dessen Verhalten wir uns interessieren. Den restlichen Teil des Universums nennen wir die Umgebung. Die Wahl der Grenzen des Systems ist durchaus willkürlich und richtet sich danach, welche für das Ziel zweckmäßig sind. Wir nehmen als System ein Gefäß, in dem eine chemische Reaktion abläuft, in einem anderen Fall eine Zelle oder ein bestimmtes Volumen einer Lösung. Ein System, dessen Grenzen keinen Massentausch, jedoch Wärmeaustausch ermöglichen, heißt geschlossenes System. Bleibt infolge des Wärmeaustausches mit der Umgebung die Temperatur des Systems konstant, so ist es ein isothermes System. Unterbinden wir den Austausch von Masse und Wärme, dann haben wir ein abgeschlossenes (adiabatisches) System. In einem offenen System sind Übergänge von Masse und Wärme möglich. Lebewesen sind gewöhnlich als offene Systeme anzusehen.

8.2 Intensive und extensive Zustandsfunktionen

Die meisten Zustandsfunktionen kann man in zwei Gruppen ordnen, in extensive und intensive. Extensive Eigenschaften ändern sich mit der Systemgröße, z.B. Masse und Volumen. Die Masse eines doppelt so großen Systems beträgt bei sonst gleichen Eigenschaften das Doppelte. Intensive Eigenschaften sind nicht additiv. Beispiele sind die Temperatur, der Druck und die Dichte. Die Temperatur eines Systems ist die gleiche wie die jedes Teilbereiches, wenn sich ein Gleichgewicht eingestellt hat.

8.3 Reversible und irreversible Prozesse

Jede chemische Reaktion in einem geschlossenen System führt zu einem Gleichgewichtszustand, in dem alle an der Reaktion beteiligten Substanzen in bestimmten Konzentrationen vorliegen. Das chemische Gleichgewicht ist ein zentrales

Thema der Thermodynamik. Die Thermodynamik kann jedoch nichts darüber aussagen, wie rasch Gleichgewichtszustände erreicht werden, da in ihr die Zeit nicht als Veränderliche vorkommt. Den zeitlichen Ablauf chemischer Reaktionen behandelt die Reaktionskinetik.

Ein Gleichgewichtszustand ist dadurch charakterisiert, daß keine spontanen Umwandlungen des Systems erfolgen, andererseits äußere Einflüsse sofort mit Veränderungen beantwortet werden. Ein anschauliches Beispiel ist eine Balkenwaage im Gleichgewicht. Legt man ein kleines zusätzliches Gewicht auf eine Waagschale, dann neigt sich der Waagbalken sofort. Im arretierten Zustand bewirken zusätzliche Gewichte keine Änderung des Systems, es besteht also kein Gleichgewichtszustand.

Sehr geringfügige oder ganz langsame Einwirkungen führen zu einem Zustand, der praktisch dem Gleichgewicht gleichzusetzen ist. Ganz langsame Vorgänge, bei denen die Systeme nie weit vom Gleichgewicht entfernt sind, heißen reversible Prozesse. Obwohl also die Thermodynamik nur Gleichgewichtszustände behandelt, lassen sich auch solche „unendlich langsamen" reversiblen Prozesse erfassen.

In Wirklichkeit kann ein Vorgang nur annähernd reversibel verlaufen, da er in einer endlichen Zeitspanne beendet sein soll und bei einem streng reversiblen Prozeß keine Energie in Form von Wärme verloren gehen dürfte, was in der Praxis unmöglich ist.

Den Unterschied zwischen einem reversiblen und einem irreversiblen Prozeß möchten wir an dem Beispiel eines expandierenden idealen Gases deutlich machen: Vor der Expansion befindet sich das Gas in einer Hälfte eines Zylinders, die andere Hälfte ist evakuiert. Durch zwei unterschiedliche experimentelle Anordnungen besteht die Möglichkeit, das Gas irreversibel oder reversibel zu expandieren (Abb. 8.3.1). Bei der irreversiblen Expansion trennt eine Klappe das Gas

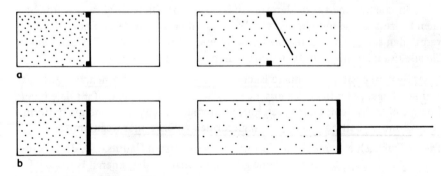

Abb. 8.3.1. Expansion eines Gases.
    a) irreversibel
    b) reversibel

vom evakuierten Zylinderteil. Öffnen wir die Klappe, so strömt so lange Gas in
den evakuierten Teil, bis es den Zylinder völlig gleichmäßig erfüllt. Spontan kehrt
das Gas nicht wieder in seinen ursprünglichen Zylinderteil zurück. Der Prozeß
verläuft also irreversibel. Wollte man das Gas auf sein ursprüngliches Volumen
komprimieren, müßte man eine äußere Kraft einwirken lassen. Bei dieser irreversiblen Expansion leistet das Gas keine Arbeit und tauscht auch keine Wärme mit
der Umgebung aus.

Um die Expansion reversibel verlaufen zu lassen, ersetzen wir die Klappe durch
einen möglichst reibungsfrei beweglichen Kolben. Um den Kolben gegen den
Druck des Gases auf der Stelle zu halten, benötigen wir eine gleich große, ent-
gegengerichtete äußere Kraft. Verringern wir diese Kraft in ganz kleinen Schritten,
so verschiebt sich der Kolben, bis das eingeschlossene Gas schließlich den ganzen
Zylinder ausfüllt. Bei diesem Prozeß leistet das Gas gegen die auf den Kolben
wirkende Kraft mechanische Arbeit, die etwa zur Hebung eines Gewichtes dienen
kann und so als potentielle Energie gespeichert wird. Diese potentielle Energie
könnte, vorausgesetzt, daß keine Energie in Form von Reibungswärme verloren
würde, dazu verwendet werden, das Gas wieder auf sein ursprüngliches Volumen
zu komprimieren. Bei dieser Art der Prozeßführung kann das Gas ohne Einwirkung einer äußeren Kraft in seinen Ausgangszustand zurückkehren. Der Vorgang
verläuft also umkehrbar, reversibel.

Im Unterschied zum irreversiblen Prozeß leistet das Gas beim reversiblen Prozeß
Arbeit. Eine dieser Arbeit entsprechende Wärmemenge wird dem Gas entzogen,
wodurch es sich abkühlt oder Wärme aus der Umgebung aufnimmt.

8.4 Innere Energie

Wie beim Beispiel des expandierenden Gases lassen sich bei einem Vorgang je nach
Art der Ausführung eine wechselnde Wärmemenge und eine wechselnde Arbeit
erhalten, die Summe aus beiden jedoch ist konstant. Diese Erfahrung wurde bei
allen Prozessen, die mit Umsatz von Wärme, Arbeit und anderen Energieformen
verbunden sind, ohne Ausnahme bestätigt und führte dazu, eine Zustandsfunktion,
die alle Energieformen umfaßt, einzuführen — die innere Energie.

Jedes System besitzt eine innere Energie U, die alle Energieformen, wie z.B.
Wärmemenge, potentielle, kinetische und chemische Energie, umfaßt. Die innere
Energie eines Systems ändert sich nur, wenn man dem System Energie in Form
von Wärme, Arbeit oder andere Energieformen zuführt oder wegnimmt.

Dies ist zugleich eine mögliche Formulierung des ersten Hauptsatzes der Thermodynamik. Für geschlossene Systeme gilt: Die Zunahme der inneren Energie ΔU ist
gleich der Summe von aufgenommener Wärme q und aufgenommener Arbeit w:

$$\Delta U = q + w$$

Die Änderung der inneren Energie ΔU ist die Differenz der inneren Energie des Endzustandes U_b und des Ausgangszustandes U_a:

$$\Delta U = U_b - U_a$$

Die Vorzeichengebung für q und w erfolgt altruistisch, d.h. vom Standpunkt des Systems aus. Ein positives Vorzeichen von q und w bedeutet vom System aufgenommene Wärme und Arbeit, ein negatives Vorzeichen vom System abgegebene Energien.

Jeder Austausch von Wärme und Arbeit zwischen System und Umgebung ändert die innere Energie des Systems. Daraus folgt, daß man Energie nicht aus dem Nichts gewinnen kann. Diese Erkenntnis ist heute bereits Allgemeingut und nicht nur dem Naturwissenschaftler selbstverständlich.

Das war nicht immer so. Das erste Mal wurde die Äquivalenz von Wärme und mechanischer Arbeit von Mayer (1842) ausgesprochen. Der Äquivalenzfaktor wurde erst von Joule experimentell bestimmt. Er fand, daß eine Kalorie (cal) 4,1868 Joule (J) sind. Heute ist das Joule als internationale Energieeinheit festgelegt.

Beziehungen: 1 Joule $= 10^7$ erg $= 1$ W $\cdot$ s $= 0,239$ cal

Helmholtz hat das Äquivalenzprinzip noch verallgemeinert: Die Summe aller Energieformen in einem abgeschlossenen (isolierten) System ist konstant. Weitere Energieformen sind potentielle, kinetische, elektrische und magnetische Energie, seit Einstein auch die Masse:

$$E = c^2 \cdot m$$

c   Lichtgeschwindigkeit
c $2,998 \cdot 10^8$ m $\cdot$ s^{-1}

Die Umwandlung von Masse in Energie ist infolge des außerordentlich großen Proportionalitätsfaktors allerdings nur bei Kernreaktionen meßbar.

8.5 Volumenarbeit

Gase können bei Expansion oder Kompression sogenannte Volumenarbeit umsetzen. Wir betrachten einen Zylinder, in dem ein Gas eingeschlossen ist (Abb. 8.5.1). Der Zylinder ist mit einem beweglichen Kolben verschlossen. Die Fläche A des Kolbens ist dem Druck p des Gases ausgesetzt. Auf den Kolben wirkt von außen die Kraft F, die dem Gasdruck entgegengerichtet ist. Bei der Expansion leistet das Gas gegen diese Kraft die Arbeit Δw, wenn es den Kolben um die Strecke Δl gegen diese Kraft verschiebt.

$$\Delta w = F \cdot \Delta l$$

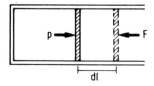

Abb. 8.5.1. Volumenarbeit eines idealen Gases bei Expansion.

Im Gleichgewichtszustand wirkt die äußere Kraft dem Gasdruck entgegen. Ihr Zahlenwert ist gleich dem Gasdruck multipliziert mit der Kolbenfläche A:

$$F = -p \cdot A$$

Durch Einsetzen in obige Gleichung erhalten wir:

$$\Delta w = -p \cdot A \cdot \Delta l$$

$\Delta l \cdot A$ ist die Volumenänderung ΔV des Gases.

Wir erhalten: $\Delta w = -p \cdot \Delta V$

Vorausgesetzt ist hierbei, daß sich der Gasdruck während der Expansion nicht ändert. Nur in diesem Falle besteht Gleichgewicht.

Ist ΔV positiv, d.h. expandiert sich das Gas, so leistet das System Arbeit. In Übereinstimmung mit der schon erwähnten Vorzeichengebung in der Thermodynamik hat diese Arbeit ein negatives Vorzeichen. Wird das Gas komprimiert, so ist ΔV negativ; die Arbeit wird dadurch positiv, da sie vom System aufgenommen wird.

8.6 Reaktionswärmen bei konstantem Volumen

Bei fast jeder chemischen Reaktion entsteht Wärme oder wird Wärme verbraucht. Diese Wärme führt zunächst zu einer Temperaturänderung des Reaktionsgemisches, die durch Wärmeaustausch mit der Umgebung ausgeglichen wird.

Die vom System abgegebene oder aufgenommene Wärme entspricht dem Unterschied an innerer Energie der Endprodukte und der Ausgangsstoffe, wenn sonst kein Energieaustausch mit der Umgebung erfolgt.

Ein chemischer Vorgang kann nur Arbeit leisten, wenn elektrische Energie erzeugt wird oder eine Änderung des Volumens eintritt. Führt man die chemische Reaktion ohne Entnahme elektrischer Energie in einem geschlossenen Gefäß durch, d.h. bei konstantem Volumen, so entspricht die umgesetzte Wärme der Änderung der inneren Energie. Die Reaktionswärme bei konstantem Volumen ist die Änderung der inneren Energie der Reaktionsteilnehmer im Verlauf der Reaktion und heißt deshalb auch die Reaktionsenergie.

$$\Delta U = q \, (\equiv q_V)$$

q_V Reaktionswärme bei konstantem Volumen

Reaktionsenergien mißt man in einem Kalorimeter. Dieses besteht aus einem Reaktionsgefäß mit einem Heizdraht zur Reaktionszündung, das in einem größeren Gefäß steht. Das größere Gefäß ist thermisch isoliert, mit Wasser gefüllt und enthält ein empfindliches Thermometer und einen Rührer (Abb. 8.6.1).

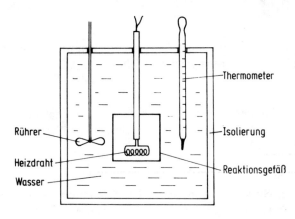

Abb. 8.6.1. Kalorimeter.

Eine Eichung mit einer Reaktion bekannter Reaktionsenergie liefert den sog. Wasserwert, d.i. diejenige Wassermenge, bei der bei gleicher Wärmezufuhr die gleiche Temperaturerhöhung beobachtet wird wie am Kalorimeter. Aus der bei der Reaktion im Kalorimeter gemessenen Temperaturerhöhung kann mit Hilfe des Wasserwertes die bei einer Reaktion freigesetzte Wärmemenge berechnet werden.

8.7 Enthalpie

Gewöhnlich führt man chemische Reaktionen nicht bei konstantem Volumen, sondern bei konstantem Druck, meist Atmosphärendruck, durch (isobarer Prozeß). Ändert sich bei der Reaktion das Volumen, so tauscht das System mit der Umgebung Volumenarbeit aus. Um diese Arbeit unterscheidet sich die Änderung der inneren Energie von der umgesetzten Wärme.

$$\Delta U = q_p - p \cdot \Delta V$$

oder

$$q_p = \Delta U + p \cdot \Delta V$$

q_p umgesetzte Wärme bei isobarer Prozeßführung

Da innere Energie, Druck und Volumen Zustandsfunktionen sind, muß auch die bei konstantem Druck umgesetzte Wärmemenge q_p eine Zustandsfunktion sein; sie wird als Enthalpie bezeichnet.

Die Enthalpie (H) ist durch die Gleichung

$$H = U + p \cdot V$$

definiert.

Für Prozesse bei konstantem Druck ($\Delta p = 0$) erhalten wir für die Änderung der inneren Energie und der Enthalpie die Beziehung

$$\Delta H = \Delta U + p \cdot \Delta V$$

Durch Vergleich mit der vorletzten Gleichung sehen wir, daß die vom System bei einem isobaren Prozeß aufgenommene oder abgegebene Wärme q_p gleich der Enthalpieänderung ΔH ist.

$$\Delta H = q_p$$

Führt man einem System bei konstantem Druck Wärme zu, so erhöht ein Teil der Wärme die innere Energie, der andere Teil leistet Arbeit gegen den äußeren Druck. Die Arbeitsbeträge sind, wenn bei chemischen Reaktionen nur Flüssigkeiten und Festkörper beteiligt sind, allerdings sehr klein, so daß sich die Änderungen der inneren Energie und der Enthalpie praktisch nicht unterscheiden. Erst wenn im Verlaufe der Reaktion Gase entstehen oder verbraucht werden, unterscheiden sich ΔH und ΔU beträchtlich.

Nimmt man für die Gase die Gültigkeit der idealen Gasgesetze an, so erhält man für den Unterschied von ΔH und ΔU:

$$\Delta H - \Delta U = p \cdot \Delta V = R \cdot T \cdot \Delta n$$

Δn bedeutet die Änderung der Molzahl der an der Reaktion beteiligten gasförmigen Stoffe.

Ist beispielsweise die Differenz zwischen gasförmigen Ausgangsstoffen und Endprodukten ein mol bei 25 °C und 1 atm Druck, d.h. ein mol Gas wird verbraucht ($\Delta n = -1$), so ist die Änderung der Enthalpie um 2478 J kleiner als die Änderung der inneren Energie.

Denn

$$\Delta H - \Delta U = R \cdot T \cdot \Delta n = 8,314 \cdot 298 \cdot (-1) = -2478$$

oder

$$\Delta U - \Delta H = 2478$$

Die Reaktionsenergien lassen sich also leicht in Reaktionsenthalpien umrechnen und umgekehrt.

8.8 Thermochemische Reaktionsgleichungen

Wird bei einer chemischen Reaktion Wärme frei, so erniedrigt sich die Enthalpie des Systems. Deshalb bekommt ΔH ein negatives Vorzeichen. Solche Reaktionen bezeichnet man als exotherme, Reaktionen mit Wärmeverbrauch als endotherme Reaktionen. Thermochemische Reaktionsgleichungen beziehen sich auf ein mol Endprodukt, wobei die Phasen der Reaktionsteilnehmer und die Reaktionsbedingungen stets anzugeben sind. Ein nachgestellter Index (s), (l) oder (g) bedeutet feste, flüssige oder gasförmige Phasen. Druck und Temperatur, für welche die Werte von ΔH bzw. ΔU gelten, kennzeichnet man durch einen hochgestellten (der Index $^\circ$ bedeutet 1 atm) bzw. durch einen tiefgestellten Index, der die absolute Temperatur angibt.

Für die Reaktion von H_2 und O_2 zu H_2O schreibt man:

$$H_{2\,(g)} + \frac{1}{2}\,O_{2\,(g)} \rightarrow H_2O_{(g)} \qquad H^\circ_{298} = -242{,}0 \text{ kJ}$$

Diese Reaktionsenthalpie ist zugleich ein Beispiel für eine Bildungsenthalpie. Die Bildungsenthalpie ist die Wärmemenge, die bei der Synthese eines mols der Verbindung aus den Elementen im sog. Standardzustand, d.h. bei 1 atm Druck und 25 $^\circ$C = 298 K, freigesetzt wird.

Experimentell sind nur Enthalpiedifferenzen meßbar. Deshalb kennt man keine absoluten Enthalpien. Aus Gründen der Zweckmäßigkeit setzt man die Enthalpien der Elemente im Standardzustand willkürlich gleich Null.

Oft bestehen experimentelle Schwierigkeiten, Reaktionsenthalpien direkt zu messen. Man hilft sich in solchen Fällen, indem man den Endzustand über einen Umweg aus den Ausgangsstoffen erreicht und die gesuchte Reaktionsenthalpie auf Grund des Hessschen Satzes berechnet. Der Hesssche Satz ist ein Spezialfall des Energieerhaltungsgesetzes, der allerdings schon vor diesem ausgesprochen wurde, und besagt, daß die bei chemischen Reaktionen umgesetzte Wärmemenge unabhängig vom Weg ist.

Beispielsweise kann man die Bildungsenthalpie des Kohlenmonoxids direkt nicht bestimmen, da sich bei der Verbrennung des Kohlenstoffs auch Kohlendioxid bildet. Man bestimmt die Verbrennungsenthalpien der Verbrennung von C zu CO_2 und der von CO zu CO_2 und erhält die thermochemischen Reaktionsgleichungen:

$$C + O_2 \rightarrow CO_2 \qquad\qquad H^o_{298} = -393,2 \text{ kJ/mol}$$

$$CO + \frac{1}{2} O_2 \rightarrow CO_2 \qquad\qquad H^o_{298} = -283,2 \text{ kJ/mol}$$

Nach dem Hessschen Satz ist die Enthalpie der Oxidation des C zu CO_2 unabhängig davon, ob sie direkt oder über eine Zwischenstufe verläuft. Die Summe der Enthalpien der Teilreaktionen

$$C + \frac{1}{2} O_2 \rightarrow CO \qquad \text{und} \qquad CO + \frac{1}{2} O_2 \rightarrow CO_2$$

ist gleich der Enthalpie der vollständigen Oxidation.

Wir setzen x für die Enthalpie der Reaktion $C + \frac{1}{2} O_2 \rightarrow CO$ und erhalten:

$$x + (-283,2) = -393,2$$

$$x = 283,2 - 393,2 = -110,0$$

Die Bildungsenthalpie des Kohlenmonoxids beträgt also $-110,0$ kJ/mol.

8.9 Entropie

Ebenso wie mechanische Systeme nach dem Zustand geringster Energie streben, erwartete man früher auch, daß bei chemischen Reaktionen der Gleichgewichtszustand der Zustand der geringsten Energie wäre. Alle Reaktionen mit negativem ΔU oder ΔH sollten also freiwillig ablaufen. Tatsächlich sind Reaktionen mit großer Wärmeabgabe oft rasch und weitgehend quantitativ. Das Vorkommen endothermer und trotzdem freiwillig ablaufender Reaktionen beweist jedoch, daß die Reaktionswärmen nicht ausschließlich die Richtung einer chemischen Reaktion bestimmen, sondern daß dabei noch eine andere Größe mitbeteiligt sein muß.

Um etwas über diese Größe zu erfahren, betrachten wir einen Prozeß, der spontan stets nur in einer Richtung abläuft. Öffnet man einen gefüllten Gasbehälter in einem evakuierten Raum, so dehnt sich das Gas spontan über den ganzen Raum aus. Von sich aus kehrt es niemals wieder in den ursprünglichen Behälter zurück.

Die Gasmoleküle, die sich zuerst nur im Behälter bewegen konnten, verteilen sich nun über den ganzen, zur Verfügung stehenden Raum. Der Grad der inneren Unordnung, d.h. die Anzahl der Anordnungsmöglichkeiten der Moleküle, die den gleichen makroskopischen Zustand ergeben, hat zugenommen. Diese Zahl der Anordnungsmöglichkeiten wird als thermodynamische Wahrscheinlichkeit bezeichnet und steht nach Boltzmann mit einer Zustandsfunktion, der Entropie, in Beziehung:

$$S = k \cdot \ln W$$

k, die sog. Boltzmannkonstante, ist die auf ein Molekül bezogene allgemeine Gaskonstante:

$$k = \frac{R}{N_L} = 1{,}3806 \cdot 10^{-23} \; J \cdot K^{-1}$$

Die Entropie ist ein Maß für die molekulare Unordnung oder die Wahrscheinlichkeit eines Zustandes. Der am wenigsten geordnete Zustand ist der wahrscheinlichste. Dies ist die molekularkinetische Deutung der Entropie, die, wie auch bei den anderen Zustandsfunktionen, die einzige anschauliche Vorstellung liefert.

Für die Thermodynamik selbst ist dieses statistische Modell nicht notwendig, da sie sich nur mit den Zusammenhängen und Änderungen von Zustandsfunktionen befaßt.

Jeder spontane Vorgang kann zu einer Arbeitsleistung verwendet werden, wobei der Arbeitsbetrag von der Art der Ausführung abhängt. Bei vollständig irreversiblem Verlauf kann keine Arbeit gewonnen werden, bei einem reversiblen ist die maximale Arbeit verfügbar. Bei reversibler, isothermer Prozeßführung ist die maximale Arbeit nur abhängig vom Ausgangs- und Endzustand, nicht aber vom Weg des Vorganges.

Nach dem ersten Hauptsatz gilt für einen reversiblen Prozeß bei konstantem Druck und konstanter Temperatur:

$$\Delta H = w_{rev} + q_{rev}$$

Die Änderung der Reaktionsenthalpie setzt sich bei reversiblem Prozeßablauf zusammen aus der maximalen Arbeit w_{rev} und einer Wärmemenge q_{rev}, die nicht in Form von Arbeit verfügbar ist, sondern zur Erhöhung der inneren Unordnung des Systems dient. Diese Wärmemenge heißt deshalb auch die gebundene Energie. Der Quotient der reversibel und isotherm mit der Umgebung ausgetauschten Wärmemenge und der absoluten Temperatur ist als die Entropieänderung ΔS definiert:

$$\Delta S = \frac{q_{rev}}{T}$$

Die Entropie hat die Dimension J/Grad.mol.

Diese Definition ist gleichzeitig eine mögliche Formulierung des 2. Hauptsatzes der Thermodynamik für geschlossene Systeme. Durch Umformung der Gleichung erhalten wir:

$$q_{rev} = T \cdot \Delta S$$

Wie alle Energiegrößen (z.B. Arbeit = Kraft · Weg) ist auch die Wärmeenergie das Produkt einer intensiven (Temperatur) und einer extensiven (Entropie) Größe.

Obwohl die Entropie auf Grund eines reversiblen Vorganges definiert wurde, ist sie eine Zustandsfunktion des Systems und unabhängig von der Art, wie das System in diesen Zustand gelangt ist.

8.10   2. Hauptsatz der Thermodynamik

Nach der molekularkinetischen Deutung ist die Entropie ein Maß der inneren Unordnung eines Systems. Das Bestreben nach einem Zustand höheren Unordnungsgrades bestimmt die Freiwilligkeit eines Prozesses. Damit ein Vorgang spontan ablaufen kann, muß die innere Unordnung des Systems zunehmen. Die Entropieänderung, d.h. die Differenz zwischen Endzustand und Ausgangszustand, muß positiv (größer als 0) sein.

Vorgänge, die mit einer Entropieabnahme verbunden wären, sind nicht möglich. Allerdings gelten diese Betrachtungen nur für abgeschlossene Systeme. Bei nicht isolierten Systemen müssen wir, wenn wir die Entropie als Kriterium für die Richtung eines Vorganges benützen wollen, nicht nur die Entropieänderung des Systems, sondern auch die Entropieänderung der Umgebung betrachten. Das System und seine Umgebung sind zusammen ein abgeschlossenes System, in dem die Entropie nur zunehmen kann. Wenn die Entropie einen Maximalwert angenommen hat, hat das System seinen Gleichgewichtszustand erreicht. Das Streben nach Entropiezunahme ist die treibende Kraft für Prozesse in Systemen, in denen die innere Energie bzw. die Enthalpie konstant ist.

Betrachten wir beispielsweise die Entropieänderung zweier Körper unterschiedlicher Temperatur, die ihre Temperatur bei Berührung ausgleichen. Wir nehmen nur einen sehr kleinen Temperaturunterschied an, so daß sich die Temperaturen der beiden Körper nur sehr wenig ändern und wir die Entropieänderung des Prozesses nach der Gleichung für isotherme, reversible Vorgänge berechnen können. Die Entropieänderung ΔS des kälteren Körpers beträgt:

$$\Delta S_K = \frac{q}{T_K} ,$$

wenn q die aufgenommene Wärmemenge und T_K die Temperatur des kälteren Körpers ist.

Für die Entropieänderung des wärmeren Körpers erhalten wir:

$$\Delta S_W = \frac{-q}{T_W}$$

T_W ist die Temperatur des wärmeren Körpers. q erhält ein negatives Vorzeichen, da der Körper Wärme abgibt.

Da die Umgebung bei diesem Prozeß nicht beteiligt ist, beträgt die gesamte Entropieänderung:

$$\Delta S = \Delta S_K + \Delta S_W = \frac{q}{T_K} - \frac{q}{T_W}$$

Da

$T_W > T_K$, ist $\Delta S > 0$.

Nach dem 2. Hauptsatz kann der Prozeß freiwillig ablaufen.

8.11   3. Hauptsatz der Thermodynamik

Der 3. Hauptsatz der Thermodynamik ist genau wie der 1. und 2. ein Erfahrungssatz. Es wurden nie Beobachtungen gemacht, die dieser Erfahrung widersprochen haben.

Bei der Annäherung an den absoluten Nullpunkt nehmen alle Entropieunterschiede immer mehr ab. Als erste Formulierung des 3. Hauptsatzes der Thermodynamik sagte Nernst, daß die Entropiedifferenzen am absoluten Nullpunkt gegen Null gehen.

Wenn keine Entropiedifferenzen bestehen, dann haben alle Substanzen den gleichen Entropiewert. Planck erweiterte den 3. Hauptsatz, indem er sagte, daß die Entropie selbst beim idealen Festkörper bei Annäherung an den absoluten Nullpunkt gegen Null geht.

Beim idealen Kristall besteht bei der Temperatur des absoluten Nullpunktes die größtmögliche Ordnung. Eine Zufuhr von Wärme bewirkt nur eine relativ geringe Entropiezunahme. Erst beim Schmelzen des Kristalls erfolgt eine starke Abnahme der inneren Ordnung. Die Schmelzwärme, die der Kristall aufnimmt, dient dazu, den Ordnungszustand zu verringern. Weitere Wärmezufuhr erhöht die Entropie der Schmelze nur wenig. Erst beim Verdampfen der Flüssigkeit nimmt die Ordnung wieder sehr stark ab. Die Entropie von Gasen ist viel höher als die von Flüssigkeiten. Beim Verdampfen muß ebenfalls Wärme aufgenommen werden, die Verdampfungswärme. Auch die Verdampfungswärme ist eine Energie, die die innere Unordnung erhöht.

Im Gegensatz zu der inneren Energie und der Enthalpie, bei denen nur Differenzen meßbar sind, können für die Entropie chemischer Substanzen auf Grund des 3. Hauptsatzes absolute Werte angegeben werden. Solche Entropiewerte stehen schon für viele Verbindungen in Tabellen zur Verfügung. Sie haben Bedeutung für die Berechnung chemischer Gleichgewichte.

8.12 Freie Enthalpie

Mit der Entropie haben wir bei isolierten Systemen ein Kriterium, ob eine Reaktion freiwillig abläuft oder nicht. Steht das System während der Reaktion in Wärmeaustausch mit der Umgebung, so benötigen wir die Kenntnis der Entropie des Systems und der Umgebung, um beurteilen zu können, wie die Gesamtentropieänderung verläuft. Denn erst diese liefert uns die Information über die Richtung des Vorganges.

Wenn wir ein Kriterium für die Spontaneität einer Reaktion erhalten wollen, die nur von den Eigenschaften des Systems abhängt, müssen wir zu dem Drang nach höchster Unordnung noch ein anderes Prinzip hinzuziehen. Dieses Prinzip, das wir schon öfter erwähnt haben, ist das Bestreben nach niedrigster innerer Energie bzw. nach niedrigster Enthalpie.

Das Bestreben nach Zunahme der Entropie und nach Abnahme der Enthalpie wirkt meist in entgegengesetzte Richtung. Gleichgewicht besteht, wenn zwischen den beiden Bestrebungen ein Kompromiß geschlossen ist.

Exakt wurde das von Gibbs formuliert, der eine neue Zustandsfunktion, die freie Enthalpie (G), einführte, die durch die Gleichung

$$G = H - T \cdot S$$

definiert ist.

Die Dimension der freien Enthalpie ist kJ/mol.

Für die Änderung der freien Enthalpie eines isothermen, isobaren Prozesses gilt:

$$\Delta G = \Delta H - T \cdot \Delta S$$

Die Änderung der freien Enthalpie einer Reaktion ist der Höchstbetrag an Arbeit, die sich bei dem Prozeß erhalten läßt. Die Energie $T \cdot \Delta S$, die gebundene Energie, ist nicht in Arbeit umwandelbar. Die Reaktionsenthalpie ΔH besteht demnach aus der freien Enthalpie ΔG und der gebundenen Energie $T \cdot \Delta S$.

Die freie Reaktionsenthalpie dient zur Definition des Gleichgewichtes. Die freie Enthalpie eines Systems strebt einem Minimum zu. Nimmt sie während der Reaktion ab, ist also $\Delta G < 0$, so läuft der Vorgang freiwillig ab. Eine solche Reaktion heißt exergonisch. Ist $\Delta G > 0$ (endergonische Reaktion), so verläuft der Prozeß nicht spontan.

Bei $\Delta G = 0$ befindet sich das System im Gleichgewicht, Ausgangs- und Endzustand bestehen nebeneinander.

Wenn die Reaktionsenthalpie ΔH negativ und die Reaktionsentropie ΔS positiv ist, wenn also bei der Reaktion Wärme freigesetzt wird und die Unordnung zunimmt, dann ist die freie Reaktionsenthalpie ΔG negativ, d.h. die Reaktion kann von der Thermodynamik her gesehen spontan ablaufen.

Ist die Reaktionsenthalpie positiv und die Reaktionsentropie negativ, so verläuft die Reaktion nicht spontan, da die freie Reaktionsenthalpie stets positiv ist.

Sind ΔH und ΔS negativ, so hängt das Vorzeichen von ΔG von der Reaktionstemperatur ab. Da der Wert des Produktes $T \cdot \Delta S$ unterhalb einer bestimmten Temperatur kleiner als der Wert der Enthalpie ist, verlaufen solche Reaktionen nur unterhalb dieser Temperatur exergonisch.

Wenn umgekehrt ΔH und ΔS positiv sind, wird ΔG negativ, wenn $T \cdot \Delta S > \Delta H$ ist. Da dies erst oberhalb einer bestimmten Temperatur der Fall ist, verlaufen solche Reaktionen erst oberhalb dieser Temperatur freiwillig.

Wie bei der Enthalpie sind die freien Enthalpien der Elemente im Standardzustand (25 °C, 1 atm) mit dem Wert Null festgesetzt. Viele freie Enthalpiewerte chemischer Verbindungen im Standardzustand sind in Tabellen enthalten. Mit den freien Enthalpien der Substanzen können freie Reaktionsenthalpien berechnet werden.

$$\Delta G° = \Sigma G° \text{ Produkte} - \Sigma G° \text{ Ausgangsstoffe}$$

8.13 Chemisches Gleichgewicht

Prinzipiell führen alle chemischen Reaktionen zu einem Gleichgewichtszustand. Bei manchen Reaktionen sind jedoch die Konzentrationen der Endprodukte im Gleichgewicht so niedrig, daß sie vernachlässigt werden können. Andere Reaktionen kommen äußerlich bereits zum Stillstand, wenn sowohl Ausgangsstoffe als auch Endprodukte in vergleichbaren, leicht nachzuweisenden Konzentrationen vorhanden sind.

Erwärmt man beispielsweise Jodwasserstoff in einem verschließbaren Kolben, so zerfällt er zum Teil in die Elemente, jedoch bleibt eine bestimmte Menge Jodwasserstoff unzersetzt. Zu demselben Gleichgewichtszustand kommen wir auch durch Erwärmen von Wasserstoff und Jod. Die Reaktion ist also umkehrbar.

$$H_2 + J_2 \quad \underset{\text{Rückreaktion}}{\overset{\text{Hinreaktion}}{\rightleftarrows}} \quad 2 \, HJ$$

Wir betrachten nun die Geschwindigkeiten der Hin- und der Rückreaktion etwas näher.

Das Reaktionsgemisch enthält nur gasförmige Stoffe, deren Moleküle untereinander einen großen Abstand haben. Infolge dieses Abstandes können die Moleküle nur bei Zusammenstößen miteinander reagieren. Die Reaktionsgeschwindigkeit der Bildung von HJ ($\overrightarrow{RG}$) ist daher der Wahrscheinlichkeit der Zusammenstöße von H_2- und J_2-Molekülen proportional, und diese ist proportional den Konzentrationen der Ausgangsstoffe H_2 und J_2.

$$\overrightarrow{RG} = k_{+1} \cdot [H_2] \cdot [J_2]$$

Die Klammer [ ] symbolisiert die Konzentrationsangabe in mol/l.

Ebenso ergibt sich die Geschwindigkeit des Jodwasserstoffzerfalls ($\overleftarrow{RG}$) zu:

$$\overleftarrow{RG} = k_{-1} \cdot [HJ] \cdot [HJ] = k_{-1} \cdot [HJ]^2$$

Gehen wir von einer Mischung aus H_2 und J_2 aus, so haben wir zu Beginn eine bestimmte Reaktionsgeschwindigkeit der Hinreaktion, aber noch keine endliche Rückreaktion, da [HJ] = 0. Als Folge der Jodwasserstoffbildung nehmen die Konzentrationen der beiden Ausgangsstoffe ab und die Jodwasserstoffkonzentration zu. Dadurch fällt die Reaktionsgeschwindigkeit der HJ-Bildung, und die Geschwindigkeit des HJ-Zerfalls wächst so lange, bis beide Reaktionsgeschwindigkeiten gleich groß sind.

In diesem Zustand läuft äußerlich keine Reaktion mehr ab. Es besteht ein chemisches Gleichgewicht, in dem sowohl die Hinreaktion als auch die Rückreaktion mit gleicher Geschwindigkeit vor sich gehen.

Es gilt also:

$$\overrightarrow{RG} = \overleftarrow{RG}$$

Durch Einsetzen erhalten wir:

$$k_{+1} \cdot [H_2] \cdot [J_2] = k_{-1} \cdot [HJ]^2$$

Umformen und Zusammenfassen des Verhältnisses $\dfrac{k_{+1}}{k_{-1}}$ zu einer neuen Konstante, der Gleichgewichtskonstante K, ergibt:

$$\frac{[HJ]^2}{[H_2] \cdot [J_2]} = \frac{k_{+1}}{k_{-1}} = K$$

Diese Gleichung, die von Guldberg und Waage (1864) aufgestellt wurde, heißt das Massenwirkungsgesetz.

Formuliert man die Reaktion allgemein:

$$aA + bB \rightleftarrows c\,C + dD,$$

so erhält man:

$$\frac{[C]^c \cdot [D]^d}{[A]^a \cdot [B]^b} = K$$

Das Massenwirkungsgesetz besagt: Im Gleichgewicht einer chemischen Reaktion hat der Quotient aus dem Produkt der Konzentrationen der Endstoffe und dem Produkt der Konzentrationen der Ausgangsstoffe einen bestimmten, charakteristischen Wert K, die Gleichgewichtskonstante.

Das Massenwirkungsgesetz kann auch thermodynamisch abgeleitet werden und gilt für homogene Systeme. Bei Gasen lassen sich die Konzentrationen der Reaktanten durch die Partialdrücke ersetzen.

Da das Massenwirkungsgesetz für Partikel abgeleitet wurde, die sich gegenseitig nicht beeinflussen, gilt es nur in Lösungen, in denen die Konzentrationen der Reaktionspartner kleiner als 10^{-1} mol/l sind. Bei höheren Konzentrationen sind die Voraussetzungen nicht mehr erfüllt. Man kann mit dem Massenwirkungsgesetz jedoch auch bei konzentrierteren Lösungen arbeiten, wenn man an Stelle der Konzentrationen die Aktivitäten der Reaktanten einsetzt.

Die Aktivität ist definiert als der Bruchteil der vorhandenen Konzentration, der im Sinne des Massenwirkungsgesetzes wirksam ist. Die Aktivität (a) ist gleich dem Produkt aus der Konzentration (c) und dem Aktivitätskoeffizienten (f), den man so wählt, daß die Gültigkeit des Massenwirkungsgesetzes erhalten bleibt.

$$a = f \cdot c$$

Der Aktivitätskoeffizient ist konzentrationsabhängig und nähert sich bei großer Verdünnung dem Wert 1.

Die Gleichgewichtskonstante K ist außer von der Art der Reaktion nur von der Temperatur abhängig. Gewöhnlich schreibt man die Reaktionsgleichung so an, daß die Reaktion exergonisch verläuft. Denn in diesem Fall stehen die Produkte im Zähler des Massenwirkungsgesetzes, wodurch ein höherer Zahlenwert der Gleichgewichtskonstante eine höhere Ausbeute an Reaktionsprodukten bedeutet. Je größer der Zahlenwert der Konstante ist, desto weiter verläuft die Reaktion auf die rechte Seite der Reaktionsgleichung.

Oft symbolisiert man die Lage des Gleichgewichtes einer Reaktion durch die Größe der Gleichheitspfeile. So bedeutet

$$A + B \; \underset{\longleftarrow}{\longrightarrow} \; C + D,$$

daß die Produkte im Gleichgewicht weit überwiegen.

Jede Änderung einer Konzentration, die als Faktor im Massenwirkungsquotienten steht, bringt das System aus dem Gleichgewicht. Das System kehrt durch Verschieben der anderen Faktoren des Massenwirkungsgesetzes in den Gleichgewichtszustand zurück. Eine Erhöhung der Konzentration eines Ausgangsstoffes führt zur Bildung von Endprodukten. In derselben Richtung wirkt eine Konzentrationsverminderung der Endprodukte, beispielsweise durch Ausfällen oder Abdestillieren.

Ebenso wird die Konzentration eines Endproduktes herabgesetzt, wenn es als Ausgangsstoff einer anderen Reaktion dient. Solche aufeinanderfolgenden Reaktionen bezeichnet man als gekoppelte Reaktionen.

Die Reaktion

$$A \rightleftarrows B$$

sei mit der Reaktion

$$B \rightleftarrows C$$

gekoppelt.

Nach dem Massenwirkungsgesetz ist:

$$K_1 = \frac{[B]}{[A]} \, ,$$

daraus

$$[B] = K_1 \cdot [A]$$

und

$$K_2 = \frac{[C]}{[B]} \, ,$$

daraus

$$[B] = \frac{[C]}{K_2}$$

Durch Einsetzen erhalten wir:

$$K_1 \cdot [A] = \frac{[C]}{K_2}$$

$$K_1 \cdot K_2 = \frac{[C]}{[A]}$$

$\frac{[C]}{[A]}$ ist der Massenwirkungsquotient, den wir bei der direkten Reaktion $A \rightleftarrows C$ erhalten würden. Die Gleichgewichtskonstante der Gesamtreaktion ist also gleich dem Produkt der Gleichgewichtskonstanten der gekoppelten Reaktionen.

Ist die Gleichgewichtskonstante der ersten Reaktion klein, die Gleichgewichtskonstante der Folgereaktion jedoch sehr groß, so ist das Produkt $K_1 \cdot K_2 > 1$. Im Gleichgewicht der Gesamtreaktion überwiegen in solchen gekoppelten Reaktionen die Endprodukte, obwohl das Gleichgewicht der ersten Reaktion weitgehend auf der Seite der Ausgangsstoffe liegt.

Derartige, gekoppelte Gleichgewichte finden wir bei den meisten enzymatischen Reaktionen, bei denen gewöhnlich sogar mehrere Einzelreaktionen hintereinander geschaltet sind.

In biochemischen Systemen hat die Entfernung von Reaktionsprodukten besondere Bedeutung, da Organismen und ihre Zellen gewöhnlich offene Systeme sind. In einem offenen System kann sich kein echtes chemisches Gleichgewicht einstellen, da ständig Substanzen zu- und abgeführt werden.

Stellen sich in einem offenen System über längere Zeitspannen konstante Konzentrationen ein, so ist das gewöhnlich durch ein Fließgleichgewicht bedingt. Ein Fließgleichgewicht ist durch eine gleichbleibende, endliche Reaktionsgeschwindigkeit charakterisiert, die dadurch zustandekommt, daß in der Zeiteinheit gleiche Mengen Ausgangsstoffe in das System eingeschleust werden wie Reaktionsprodukte das System verlassen.

Die Verschiebung von Gleichgewichtskonzentrationen durch Konzentrationsänderung von Reaktionsteilnehmern erfaßt auch das Prinzip von Le Chatelier, das Prinzip der „Flucht vor dem Zwang": Übt man auf ein System im Gleichgewicht einen Zwang aus, dann reagiert das System so, daß es dem Zwang ausweicht.

Ein Zwang besteht beispielsweise in einer Konzentrationserhöhung eines Reaktionsteilnehmers. Nach dem Prinzip von Le Chatelier reagiert das System so, daß es die Reaktion begünstigt, die diesen Reaktanten verbraucht. Der „Zwang" kann in einer Änderung von Konzentration, Druck oder Temperatur bestehen. Druckerhöhung begünstigt eine Reaktion, die mit einer Volumenabnahme verbunden ist. Auch die Temperaturabhängigkeit der Gleichgewichtskonstante kann wenigstens qualitativ mit dem Prinzip von Le Chatelier erklärt werden. Führt man einem System im Gleichgewicht Wärme zu, so fördert man die Reaktionsrichtung, bei der Wärme verbraucht wird. Temperaturerniedrigung begünstigt die exotherme Reaktion.

8.14 Gleichgewichtskonstante und freie Enthalpie

Die Beziehung der Gleichgewichtskonstante K zur Änderung der freien Enthalpie ΔG° einer Reaktion ist durch die Gleichung gegeben:

$$\Delta G^\circ = -R \cdot T \cdot \ln K$$

R   8,31 J.Grad^{-1}
T   absolute Temperatur

Für 25 °C und mit Umrechnung des natürlichen Logarithmus in den dekadischen erhält man ΔG° in kJ.

$$\Delta G^\circ = -5,69 \log K$$

Löst man die Gleichungen nach K auf, erhält man:

$$K = e^{-\dfrac{\Delta G^\circ}{RT}} \quad \text{bzw.} \quad K = 10^{-\dfrac{\Delta G^\circ}{5,69}}$$

In dieser Form sieht man gut, wie die Gleichgewichtskonstante von der Änderung der freien Enthalpie abhängt. Ist $\Delta G^\circ < 0$, so ist der Exponent positiv und $K > 1$. Im Gleichgewichtszustand ist das Produkt der Endstoffe größer als das der Ausgangsstoffe. Die Reaktion verläuft mehr nach der rechten Seite der Reaktionsgleichung.

Entsprechend überwiegen die Ausgangsstoffe, wenn $\Delta G^\circ > 0$ und $K < 1$ ist.

8.15 Löslichkeitsprodukt

Gibt man zu einer bestimmten Menge Lösungsmittel immer mehr einer Substanz, so erreicht man einen Zustand, bei dem man die Menge gelöster Substanz nicht weiter erhöhen kann. Die Lösung ist gesättigt.

Die in einer Lösung maximal erreichbare Konzentration heißt Löslichkeit. Sie ist temperaturabhängig. An den Phasengrenzflächen der gesättigten Lösung mit dem Bodenkörper besteht ein dynamisches Gleichgewicht. In der Zeiteinheit gehen ebensoviel Teilchen aus der festen Phase in Lösung, wie gelöste Partikel aus der Lösung in das Kristallgitter eingebaut werden.

Wir wenden das Massenwirkungsgesetz auf die elektrolytische Dissoziation eines schwerlöslichen Salzes AB zu den Ionen A^+ und B^- an:

$$AB \rightleftarrows A^+ + B^-$$

$$K = \frac{[A^+] \cdot [B^-]}{[AB]}$$

Da die Konzentration an undissoziiertem AB in einer gesättigten Lösung konstant ist, können wir [AB] mit der Konstante K multiplizieren und erhalten eine neue Konstante, das Löslichkeitsprodukt L_{AB}.

$$[A^+] \cdot [B^-] = K \cdot [AB] = L_{AB}$$

Je kleiner das Löslichkeitsprodukt ist, desto schwerer löslich ist das Salz. Der Wert des Löslichkeitsproduktes ist temperaturabhängig. Die Tab. 8.15.1 enthält die Löslichkeitsprodukte einiger schwerlöslicher Salze.

Das Löslichkeitsprodukt hat für die Lösung und Fällung von Salzen eine ähnliche Bedeutung wie die Gleichgewichtskonstante für chemische Reaktionen. Bringt man so viele Ionen in eine Lösung, daß das Produkt ihrer Ionenkonzentrationen das Löslichkeitsprodukt überschreitet, so bildet sich ein Niederschlag. Verdünnt

Tab. 8.15.1 Löslichkeitsprodukte schwerlöslicher Salze

AgCl	10^{-10} mol$^2 \cdot l^{-2}$	Ca(OH)$_2$	$8 \cdot 10^{-6}$ mol$^3 \cdot l^{-3}$	FeS	10^{-21} mol$^2 \cdot l^{-2}$	
AgBr	$5 \cdot 10^{-13}$ "	Mg(OH)$_2$	10^{-12} "	ZnS	10^{-23} "	
AgJ	10^{-16} "	Fe(OH)$_2$	10^{-15} "	PbS	10^{-28} "	
BaSO$_4$	10^{-10} "	Fe(OH)$_3$	10^{-38} mol$^4 \cdot l^{-4}$	CdS	10^{-28} "	
PbSO$_4$	10^{-8} "	Al(OH)$_3$	10^{-33} "	HgS	10^{-54} "	

man eine gesättigte Lösung, die festen Bodensatz enthält, löst sich feste Substanz so lange, bis das Produkt der Ionenkonzentrationen wieder gleich dem Löslichkeitsprodukt ist. Erhöht man in einer gesättigten Lösung von AB die Konzentration einer Ionensorte, beispielsweise die von A^+, so bildet sich ein Niederschlag von AB, bis die Gleichung $[A^+][B^-] = L_{AB}$ wieder gilt.

Diese Überlegungen sind zu berücksichtigen, wenn man Fällungen möglichst quantitativ durchführen will. Wenn wir z.B. Bleiionen quantitativ mit Sulfationen ausfällen möchten, empfiehlt es sich, einen Überschuß an Sulfationen zuzugeben. Je größer die Konzentration der Sulfationen ist, desto kleiner wird die in der Lösung verbleibende Bleiionenkonzentration.

In einer gesättigten Bleisulfatlösung beträgt die Bleiionenkonzentration:

$$[Pb^{2+}] = [SO_4^{2-}] = \sqrt{L_{PbSO_4}} = \sqrt{10^{-8}} = 10^{-4}$$

In einer Lösung, die eine Sulfationenkonzentration von 10^{-2} mol/l enthält, dagegen:

$$[Pb^{2+}] = \frac{L_{PbSO_4}}{[SO_4^{2-}]} = \frac{10^{-8}}{10^{-2}} = 10^{-6}$$

9. Säuren und Basen

9.1 Säure-Base-Definitionen

Die Säure-Base-Definitionen haben sich mit zunehmender Einsicht in chemische Reaktionen verändert. Da mit einem einzigen Säure-Base-Begriff nicht alle Säuren und Basen charakterisiert werden können, gibt es mehrere Definitionen, von denen wir drei besprechen.

1. Arrhenius bezeichnete alle Wasserstoffverbindungen, die in wäßriger Lösung H^+-Ionen abgeben, als Säuren. Basen definierte er als Hydroxidverbindungen,

die in Wasser OH^--Ionen bilden. Beispielsweise entstehen H^+-Ionen (Protonen) nach der Gleichung:

$$HCl \rightleftarrows H^+ + Cl^-$$

und OH^--Ionen:

$$NaOH \rightleftarrows Na^+ + OH^-$$

Bei einer Reaktion zwischen einer Säure und einer Base entsteht ein Salz, z.B. NaCl bei der Reaktion:

$$HCl + NaOH \rightarrow H_2O + Na^+ + Cl^-$$

Die allen Neutralisationen gemeinsame Reaktion zwischen einer Säure und einer Base formuliert man als Ionengleichung:

$$H^+ + OH^- \rightleftarrows H_2O$$

Die Theorie von Arrhenius leistet für das Verständnis der Reaktionen von Säuren und Basen viel. Einige Mängel, wie die Beschränkung der Basen auf Substanzen, die Hydroxidgruppen enthalten, und ihre ausschließliche Anwendbarkeit auf wäßrige Lösungen, führten dazu, daß man noch nach umfassenderen Definitionen suchte.

2. Brönsted definierte Säuren als Stoffe, die an andere H^+-Ionen abgeben, und Basen als Stoffe, die H^+-Ionen aufnehmen können. Die Brönstedschen Definitionen charakterisieren nicht bestimmte Stoffe, sondern bestimmte Fähigkeiten. So ist HCl (auch gasförmig) ebenso wie das H_3O^+-Ion oder das NH_4^+-Ion eine Säure, weil es H^+-Ionen abgeben kann.

Hydroxidion (OH^-), Ammoniak (NH_3) oder Chloridion (Cl^-) sind Basen, da sie fähig sind, H^+-Ionen aufzunehmen. Salze sind alle Substanzen, die in festem Zustand Ionengitter bilden. Da in gewöhnlicher Materie freie Protonen nicht existieren können, weil ihre Ladung im Verhältnis zu ihrer Größe zu hoch ist, kann eine Säure nur Protonen abgeben, wenn eine Base zugegen ist. Bei der Reaktion einer Säure mit einer Base, einer sog. Protolyse, resultieren wieder eine Säure und eine Base.

$$
\begin{array}{ccccc}
& \overbrace{\qquad\qquad}^{\text{konjugiert}} & & & \\
HA & + & B \rightleftarrows BH^+ & + & A^- \\
& \underbrace{\qquad\qquad}_{\text{konjugiert}} & & & \\
\text{Säure} & \text{Base} & \text{Säure} & & \text{Base}
\end{array}
$$

Die relative Stärke der beiden Basen bestimmt die Lage des Gleichgewichtes.

Stoffpaare, die durch den Übergang eines Protons ineinander umgewandelt werden, heißen konjugierte Säure-Base-Paare.

Beispielsweise ist Chloridion (Cl^-) die zu Chlorwasserstoff (HCl) konjugierte Base oder Ammoniumion (NH_4^+) die zur Base Ammoniak (NH_3) konjugierte Säure.

Konjugierte Säure-Base-Paare schreibt man in der Form:

HCl/Cl^-

NH_4^+/NH_3

H_3O^+/H_2O

H_2O/OH^-

Die Säure geht durch Protonenabgabe in ihre konjugierte Base über, die Base durch Protonenaufnahme in ihre konjugierte Säure, z.B.:

$$HCl \rightleftarrows Cl^- + H^+ \quad oder \quad OH^- + H^+ \rightleftarrows H_2O$$

Für die Reaktion einer Säure mit einer Base benötigen wir zwei konjugierte Säure-Base-Paare. Wir müssen die den zwei konjugierten Säure-Base-Paaren entsprechenden Teilgleichungen addieren.

Z.B. Säure-Base-Paare: HCl/Cl^- und H_3O^+/H_2O

Teilgleichungen:

$$HCl \rightleftarrows Cl^- + H^+$$

$$H^+ + H_2O \rightleftarrows H_3O^+$$
$$\overline{HCl + H_2O \rightleftarrows H_3O^+ + Cl^-}$$

Je leichter die Säure eines Säure-Base-Paares ihr Proton abgibt, desto schwächer ist die Tendenz der korrespondierenden Base, das Proton aufzunehmen. Die Säurestärke der Säure verhält sich umgekehrt proportional zur Basenstärke der korrespondierenden Base. Schwache Säuren haben also starke korrespondierende Basen und starke Säuren schwache korrespondierende Basen.

Substanzen, die sowohl gegenüber starken Säuren als Basen als auch gegenüber starken Basen als Säuren fungieren, heißen Ampholyte. Ein Beispiel ist Wasser, das die konjugierte Säure des Hydroxidions und die konjugierte Base des Hydroniumions ist.

H_2O/OH^-

H_3O^+/H_2O

3. Lewis definierte Säuren als Moleküle mit einer Elektronenlücke (leeres Orbital), die ein Elektronenpaar von einem anderen Atom oder Molekül unter Ausbildung einer kovalenten Bindung aufnehmen können.

Basen können ein Elektronenpaar zur Bindungsbildung bereitstellen. Basen sind also Elektronenpaardonatoren, Säuren Elektronenpaarakzeptoren.

Im Gegensatz zu den Brönstedsäuren müssen die Säuren nach Lewis nicht unbedingt Wasserstoffverbindungen sein. So ist z.b. Bortrifluorid eine Lewis-Säure, die mit der Lewis-Base Ammoniak eine Neutralisationsreaktion eingeht.

$$
\begin{array}{ccc}
\overset{\displaystyle F}{\underset{\displaystyle F}{F-B}} & + & \overset{\displaystyle H}{\underset{\displaystyle H}{|N-H}} \rightleftharpoons \overset{\displaystyle F\ \ H}{\underset{\displaystyle F\ \ H}{F-B^{\ominus}-N^{\oplus}-H}}
\end{array}
$$

$\quad$ Bortrifluorid $\qquad$ Ammoniak

oder

$$
\langle O=\overset{\oplus}{N}| + |\overline{\underline{Cl}}|^{\ominus} \rightleftharpoons \langle O=\underline{N}-\ \ \overline{\underline{Cl}}|
$$

Nitrosyl-$\quad$ Chlorid-$\quad$ Nitrosylchlorid
kation $\qquad$ ion

So gesehen, sind Verbindungen wie HCl, NH_4^+, H_3O^+ oder HSO_4^- keine Säuren, da sie keine Elektronenlücke aufweisen. Bei diesen Substanzen muß man zuerst eine Dissoziation vornehmen, um eine Lewis-Säure, das Proton, zu erhalten.

Z.B.

$$
HSO_4^- \rightleftharpoons SO_4^{2-} + H^+
$$

H^+ ist eine Säure im Sinne von Lewis.

Wir verwenden im allgemeinen den Brönstedschen Säure- und Base-Begriff, weil wir mit ihm wasserstoffhaltige Säuren ohne Dissoziation erfassen können. Nur bei wasserstofffreien Lösungsmitteln greifen wir auf die Lewis-Definition zurück, sprechen aber in diesem Fall ausdrücklich von Lewis-Säuren oder Lewis-Basen.

9.2 Protolyse des Wassers

Obwohl im Wassermolekül nur kovalente Bindungen vorhanden sind, leitet reines Wasser in geringem Ausmaße den elektrischen Strom. Dies erklärt man mit dem amphoteren Charakter des Wassers. Ein Wassermolekül fungiert als Säure, indem es ein Proton an ein anderes abgibt:

$$
H_2O \quad + \quad H_2O \rightleftharpoons H_3O^+ \quad + \quad OH^-
$$

$\qquad$ Hydronium-Ion $\qquad$ Hydroxid-Ion
$\qquad$ oder Hydroxonium-Ion

Nach dem Massenwirkungsgesetz erhalten wir die Dissoziationskonstante des Wassers:

$$K = \frac{[H_3O^+] \cdot [OH^-]}{[H_2O]^2}$$

Dieses Gleichgewicht gilt nicht nur für reines Wasser, sondern auch für wäßrige Lösungen von Säuren, Basen und Salzen. Der Wert der Konstante wurde durch Messungen der elektrischen Leitfähigkeit bestimmt.

Da in verdünnten Lösungen die Konzentration undissoziierten Wassers praktisch konstant ist ($[H_2O] = 55{,}55 \, mol \cdot l^{-1}$), kann man eine neue Konstante K_W bilden:

$$K \cdot [H_2O]^2 = K_W = [H_3O^+] \cdot [OH^-] = 10^{-14}$$
$$[H_3O^+] \cdot [OH^-] = 10^{-14}$$

Die Konstante K_W wird als Ionenprodukt des Wassers bezeichnet. Sie ist nur temperaturabhängig.

Da in reinem Wasser durch Protonenübergang stets gleiche Mengen H_3O^+- und OH^--Ionen entstehen, ist:

$$[H_3O^+] = [OH^-] = \sqrt{10^{-14}} = 10^{-7}$$

In saurer Lösung ist die Hydroniumionenkonzentration größer als die Hydroxidionenkonzentration, in alkalischer ist es umgekehrt. Kennt man eine der beiden Konzentrationen, so läßt sich die andere mit dem Ionenprodukt des Wassers berechnen:

$$[H_3O^+] = \frac{10^{-14}}{[OH^-]} \quad und \quad [OH^-] = \frac{10^{-14}}{[H_3O^+]}$$

9.3 pH-Wert

Da in Wasser durch die Hydroniumionenkonzentration auch die Hydroxidionenkonzentrationen bestimmt ist und umgekehrt, braucht man nur eine der beiden anzugeben. Gewöhnlich wählt man die Hydroniumionenkonzentration und kennzeichnet diese, um einfache Zahlenwerte zu erhalten, durch den sog. pH-Wert, das ist der negative dekadische Logarithmus der Hydroniumionenkonzentration.

$$pH = - \log [H_3O^+]$$

Analog ist der pOH-Wert definiert als:

$$pOH = - \log [OH^-]$$

Aus dem Ionenprodukt des Wassers erhalten wir für die Beziehung der beiden Werte:

$$pH + pOH = 14$$

In neutralem Wasser ist $[H_3O^+] = 10^{-7}$. Der pH- und der pOH-Wert sind daher 7. In saurer Lösung ist $[H_3O^+] > 10^{-7}$, der pH-Wert < 7, in alkalischer Lösung ist $[H_3O^+] < 10^{-7}$, der pH-Wert > 7.

Die Beziehungen zwischen der $[H_3O^+]$ und dem pH bzw. zwischen $[OH^-]$ und dem pOH für ganze pH- bzw. pOH-Werte finden wir in Tab. 9.3.1.

Tab. 9.3.1 Beziehungen zwischen $[H_3O^+]$, pH, $[OH^-]$ und pOH

$[H_3O^+]$	pH	$[OH^-]$	pOH
10^{-14}	14	10^0	0
10^{-13}	13	10^{-1}	1
10^{-12}	12	10^{-2}	2
10^{-11}	11	10^{-3}	3
10^{-10}	10	10^{-4}	4
10^{-9}	9	10^{-5}	5
10^{-8}	8	10^{-6}	6
10^{-7}	7	10^{-7}	7
10^{-6}	6	10^{-8}	8
10^{-5}	5	10^{-9}	9
10^{-4}	4	10^{-10}	10
10^{-3}	3	10^{-11}	11
10^{-2}	2	10^{-12}	12
10^{-1}	1	10^{-13}	13
10^0	0	10^{-14}	14

Die Umrechnung nicht ganzzahliger pH-Werte in die Hydroniumionenkonzentration und umgekehrt zeigen wir an Hand zweier Rechenbeispiele.

1. Wie groß ist der pH-Wert einer 0,07 molaren Hydroniumionenlösung?

$$[H_3O^+] = 0,07 = 7,0 \cdot 10^{-2} \qquad \text{logarithmieren}$$

$$\log [H_3O^+] = \log 7,0 + \log 10^{-2} = 0,85 - 2,0 = -1,15$$

$$pH = - \log [H_3O^+] = 1,15$$

Der pH-Wert einer 0,07 molaren Hydroniumionenlösung beträgt 1,15.

2. Wie groß ist die Hydroniumionenkonzentration einer Lösung vom pH = 5,6?

$$pH = -\log [H_3O^+] = 5,6$$

$$-pH = \log [H_3O^+] = -5,6$$

Da nur positive Mantissen tabelliert sind, formen wir um:

$$\log [H_3O^+] = 0,4 - 6 \qquad \text{entlogarithmieren:}$$

$$[H_3O^+] = 2,51 \cdot 10^{-6}$$

Die Hydroniumionenkonzentration einer Lösung vom pH 5,6 beträgt $2,51 \cdot 10^{-6}$.

Der pH-Wert beeinflußt die Geschwindigkeit vieler chemischer Reaktionen in wäßrigen Lösungen stark. Auch der Reaktionsverlauf enzymatisch gesteuerter Stoffwechselvorgänge ist sehr vom pH-Wert abhängig. So haben Gewebeflüssigkeiten im lebenden Organismus einen nur innerhalb eines ganz schmalen Bereiches schwankenden pH-Wert (z.B. Blut pH = 7,35 bis 7,45).

Die pH-Messung, die in der Chemie und der Physiologie sehr wichtig ist, erfolgt potentiometrisch oder mit Indikatoren. Die beiden Methoden besprechen wir in Abschn. 9.9 und 10.8.

9.4 Stärke von Säuren und Basen

Eine Säure HA reagiert mit dem Lösungsmittel, meist Wasser, unter Übertragung eines Protons:

$$HA + H_2O \rightleftarrows H_3O^+ + A^-$$

Die Lage dieser Gleichgewichtsreaktion ist ein Maß für die Stärke der Säure. Nach dem Massenwirkungsgesetz ergibt sich die Gleichgewichtskonstante der Reaktion zu:

$$K = \frac{[H_3O^+] \cdot [A^-]}{[HA] \cdot [H_2O]}$$

In verdünnter Lösung bleibt die Wasserkonzentration weitgehend konstant und kann in die Konstante einbezogen werden.

Es gilt:

$$K \cdot [H_2O] = K_S = \frac{[H_3O^+] \cdot [A^-]}{[HA]}$$

Ebenso läßt sich für die Reaktion einer Base B mit Wasser eine Reaktionsgleichung aufstellen:

$$B + H_2O \rightleftarrows BH^+ + OH^-$$

$$K' = \frac{[BH^+]\cdot[OH^-]}{[H_2O]\cdot[B]}$$

$$K'[H_2O] = K_B = \frac{[BH^+]\cdot[OH^-]}{[B]}$$

Die Konstanten K_S und K_B heißen Säurekonstante bzw. Basekonstante. Sie haben für jede Säure und für jede Base einen charakteristischen Wert, der nur temperaturabhängig ist. Genau wie bei der Hydroniumionenkonzentration gibt man an Stelle dieser Konstanten meist den pK_S- oder pK_B-Wert an, der wie folgt festgelegt ist:

$$pK_S = -\log K_S \quad und \quad pK_B = -\log K_B$$

Die Säurekonstanten oder Basenkonstanten bzw. die pK_S- oder pK_B-Werte charakterisieren die Stärke einer Säure oder Base. Starke Säuren oder Basen haben K_S- oder K_B-Werte $> 10^1$ bzw. pK_S- oder pK_B-Werte < -1.

Der K_S-Wert einer Säure und der K_B-Wert der konjugierten Base stehen in wäßriger Lösung zueinander in einer Beziehung, die man wie folgt findet:

$$HA + H_2O \rightleftarrows H_3O^+ + A^-$$

und

$$A^- + H_2O \rightleftarrows HA + OH^-$$

$$K_S = \frac{[H_3O^+]\cdot[A^-]}{[HA]}$$

$$K_B = \frac{[HA]\cdot[OH^-]}{[A^-]}$$

$$K_S \cdot K_B = \frac{[H_3O^+]\cdot[A^-]\cdot[HA]\cdot[OH^-]}{[HA]\cdot[A^-]} = [H_3O^+]\cdot[OH^-] = K_W = 10^{-14}$$

oder

$$K_S = \frac{10^{-14}}{K_B} \quad und \quad K_B = \frac{10^{-14}}{K_S}$$

Die Säurestärke der Säure HA ist umgekehrt proportional der Stärke der korrespondierenden Base A⁻.

Für die pK-Werte gilt:

$$pK_S + pK_B = 14$$

Zur Angabe der Stärke eines konjugierten Säure-Base-Paares genügt es daher, den pK_S-Wert der Säure anzugeben, da man aus ihm den pK_B-Wert der korrespondierenden Base leicht berechnen kann.

Bei Säuren und Basen, die mehrere Protonen abgeben bzw. aufnehmen können, existieren für jede Protolysenstufe eigene Konstanten.

Tab. 9.4.1 enthält die am häufigsten benötigten pK_S-Werte von Säuren und Basen.

Tab. 9.4.1 pK_S-Werte einiger Säuren

Name der Säure	Säure/	konjugierte Base	pK_S-Wert
Perchlorsäure	$HClO_4$/	ClO_4^-	-9
Chlorwasserstoffsäure	HCl/	Cl^-	-6
Schwefelsäure	H_2SO_4/	HSO_4^-	-3
Hydroniumion	H_3O^+/	H_2O	$-1,74$
Salpetersäure	HNO_3/	NO_3^-	$-1,32$
Trichloressigsäure	Cl_3CCOOH/	Cl_3CCOO^-	$0,65$
Oxalsäure	$(COOH)_2$/	$HOOCCOO^-$	$1,46$
Hydrogensulfation	HSO_4^-/	SO_4^{2-}	$1,92$
Phosphorsäure	H_3PO_4	$H_2PO_4^-$	$1,96$
Milchsäure	$C_3O_3H_6$/	$C_3O_3H_5^-$	$3,87$
Kohlensäure	H_2CO_3/	HCO_3^-	$6,46$
Ammoniumion	NH_4^+/	NH_3	$9,21$
Blausäure	HCN/	CN^-	$9,4$
Wasser	H_2O/	OH^-	$15,74$
Hydroxidion	OH^-/	O^{2-}	$24,0$

Starke Säuren und Basen reagieren mit Wasser praktisch vollständig unter Bildung von H_3O^+-Ionen bzw. OH^--Ionen. Die pH-Berechnung der verdünnten wäßrigen Lösung einer starken Säure oder Base ist sehr einfach, da die Gesamtkonzentration der Säure oder Base gleich der $[H_3O^+]$ bzw. $[OH^-]$ gesetzt werden kann.

Es soll beispielsweise der pH-Wert einer 0,06 molaren KOH berechnet werden:

Es ist:

$$[OH^-] = 0,06 = 6,0 \cdot 10^{-2}$$
$$\log [OH^-] = \log 6 + \log 10^{-2} = 0,78 - 2 = -1,22$$
$$-\log [OH^-] = 1,22$$
$$pOH = 1,22$$
$$pH = 14 - 1,22 = 12,78$$

pH + pOH = 14

Der pH-Wert einer 0,06 molaren KOH beträgt 12,78.

Wenn wir den pH-Wert einer Lösung einer schwachen Säure oder Base berechnen wollen und die Säurekonstante K_S sowie die Konzentration der Säure c_S oder Base c_B vor Einstellung des Protolysengleichgewichtes kennen, so gehen wir von der Definitionsgleichung der Säurekonstante aus:

$$\frac{[H_3O^+] \cdot [A^-]}{[HA]} = K_S$$

Aus der Säure HA entstehen in gleicher Menge H_3O^+- und A^--Ionen, es ist daher $[H_3O^+] = [A^-]$.

Das Einsetzen in obige Gleichung ergibt:

$$\frac{[H_3O^+]^2}{[HA]} = K_S$$

und

$$[H_3O^+]^2 = K_S\,[HA]$$

Die Konzentration der nicht protolysierten Säure HA ist die Differenz der Konzentration der Säure c_S vor Einstellen des Protolysengleichgewichtes und der Konzentration des protolysierten Anteiles $[H_3O^+]$ oder $[A^-]$:

$$[HA] = c_S - [H_3O^+]$$

Für schwache, nicht zu sehr verdünnte Säuren können wir den protolysierten Anteil gegenüber der Gesamtkonzentration vernachlässigen und erhalten:

$$[HA] = c_S$$

Durch Einsetzen ergibt sich:

$$[H_3O^+]^2 = K_S \cdot c_S$$

oder

$$[H_3O^+] = \sqrt{K_S \cdot c_S}$$

oder nach Logarithmieren:

$$-pH = \frac{1}{2}\left(-pK_S + \log c_S\right)$$

$$\boxed{pH = \frac{pK_S - \log c_S}{2}}$$

Analog gilt:

$$\boxed{pOH = \frac{pK_B - \log c_B}{2}}$$

Rechenbeispiel: Welchen pH-Wert hat eine 0,5 molare Blausäurelösung?

$pK_S = 9,21$

$pH = \dfrac{9,21 - \log 0,5}{2}$ $\qquad = \underbrace{9,21 - (\log 5 \pm 10^{-1})}_{2} = \dfrac{9,21 - 0,7 + 1}{2} =$

$pH = \dfrac{9,21 - (0,70 - 1)}{2} = \dfrac{9,51}{2} = 4,75$

Eine 0,5 molare Blausäurelösung hat einen pH-Wert von 4,75.

9.5 Protonenübergänge beim Lösen von Salzen

Auch beim Auflösen eines Salzes in Wasser erfolgen Protonenübertragungen, wenn das Salz aus sauren oder basischen Ionen zusammengesetzt ist. Wie weit diese Protolyse verläuft, richtet sich nach dem pK-Wert des Kations oder des Anions, die als Brönsted-Säure bzw. -Base wirken können.

Viele Anionen wirken als Basen, einige Kationen wie NH_4^+ oder hydratisierte, mehrfach geladene Kationen wirken als Säuren. Salzlösungen, die solche sauren oder basischen Komponenten enthalten, reagieren nicht neutral.

Hierzu einige Beispiele: Eine Lösung von Natriumchlorid (NaCl) reagiert neutral: Das hydratisierte Na^+-Ion ist eine viel schwächere Säure und das Cl^--Ion eine viel schwächere Base als Wasser. Deshalb erfolgt beim Auflösen von NaCl in Wasser kein Protonenübergang.

Aluminiumchlorid ($AlCl_3$) ergibt mit Wasser eine saure Lösung: Das Chloridion reagiert nicht mit Wasser, wohl aber das hydratisierte Aluminiumkation:

$$[Al(H_2O)_6]^{3+} + 3\,H_2O \rightleftarrows [Al(OH)_3(H_2O)_3] + 3\,H_3O^+$$

$pK_S = 4,9$

Da die hydratisierten Aluminiumionen an das Wasser Protonen abgeben, reagiert die Lösung sauer.

Ebenso wie das Aluminiumion wirken z.B. NH_4^+ und $[Fe(H_2O)_6]^{3+}$. Häufiger reagieren Anionen als Basen, z.B.: CH_3COO^-, CO_3^{2-}, S^{2-} und PO_4^{3-}.

Eine wäßrige Lösung von Natriumkarbonat (Na_2CO_3) reagiert alkalisch. Die Natriumionen sind viel zu schwache Säuren, um mit Wasser zu reagieren, während die CO_3^{2-}-Ionen mit Wasser unter Protonenübergang reagieren.

$$CO_3^{2-} + H_2O \rightleftarrows HCO_3^- + OH^-$$

$pK_B = 3,6$

Da das CO_3^{2-}-Ion stärker basisch als Wasser ist, nimmt es Protonen von ihm auf. Die Natriumkarbonatlösung reagiert deshalb alkalisch.

Solche Protonenübergänge von Wasser auf Ionen (Protolyse) wurden früher als Hydrolyse bezeichnet. Heute versteht man unter Hydrolyse die Spaltung kovalenter Bindungen bei einer Reaktion mit Wasser.

9.6 Protolysengrad

Bei schwachen Säuren oder Basen charakterisiert man das Ausmaß der Protolyse zweckmäßig durch den Protolysengrad α. Mit dem Protolysengrad erfaßt man im Gegensatz zur Säure- oder Basenkonstante die Konzentrationsabhängigkeit der Protolyse.

Der Protolysengrad ist das Verhältnis der Konzentration der Säure oder der Base, die sich an der Protolysenreaktion beteiligt hat, zu der Ausgangskonzentration der Säure oder Base.

$$\alpha = \frac{\text{Konzentration des protolysierten Elektrolyten}}{\text{Konzentration des ursprünglichen Elektrolyten}}$$

Wir bezeichnen die ursprüngliche Konzentration des Elektrolyten mit c_S bzw. c_B und erhalten für die Reaktion einer schwachen Säure HA mit H_2O:

$$HA + H_2O \rightleftarrows H_3O^+ + A^-$$

Die ursprüngliche Konzentration c_S ist gleich der Summe des nach der Protolyse noch unprotolysierten Anteils HA und des protolysierten Anteils A^-:

$$c_S = [HA] + [A^-]$$

Daraus:

$$[A^-] = c_S - [HA]$$

Außerdem gilt:

$$[A^-] = [H_3O^+]$$

und für den Protolysengrad α:

$$\alpha = \frac{c_S - [HA]}{c_S} = \frac{[A^-]}{c_S} = \frac{[H_3O^+]}{c_S}$$

daraus:

$$[H_3O^+] = \alpha \cdot c_S$$

$$[A^-] = \alpha \cdot c_S$$

$$c_S - [HA] = \alpha \cdot c_S$$

bzw.:

$$[HA] = c_S - \alpha \cdot c_S = c_S (1 - \alpha)$$

Die Säurekonstante K_S ist:

$$K_S = \frac{[H_3O^+] \cdot [A^-]}{[HA]}$$

Durch Einsetzen erhalten wir:

$$K_S = \frac{\alpha \cdot c_S \cdot \alpha \cdot c_S}{c_S (1 - \alpha)} = \frac{\alpha^2}{1 - \alpha} \cdot c_S$$

Ist α wie bei schwachen Säuren sehr klein, so kann man im Nenner α gegenüber 1 ohne großen Fehler vernachlässigen.

Es wird:

$$K_S = \alpha^2 \cdot c_S$$

bzw.

$$\alpha = \sqrt{\frac{K_S}{c_S}} \qquad \text{Ostwaldsches Verdünnungsgesetz}$$

Analog kann der Protolysengrad einer schwachen Base zu

$$\alpha = \sqrt{\frac{K_B}{c_B}}$$

abgeleitet werden.

Der Protolysengrad ist demnach konzentrationsabhängig.

Mit abnehmender Konzentration der schwachen Säure oder Base steigt die Protolyse. Für $c_S = K_S$ oder $c_B = K_B$ wird $\alpha = 1$. In hoher Verdünnung erfolgt also praktisch 100 %-ige Protolyse.

Rechenbeispiel: Berechne den Protolysengrad einer 0,01 molaren Milchsäure mit dem pK_S-Wert von 3,87.

$$c_S = 0,01 = 1 \cdot 10^{-2}$$

$$K_S = 10^{-3,87}$$

$$\alpha = \sqrt{\frac{K_S}{c_S}} = \sqrt{\frac{10^{-3,87}}{10^{-2}}}$$

Logarithmieren:

$$\log \alpha = \frac{-3,87 - (-2)}{2} = -\frac{1,87}{2} = -0,935$$

Da nur positive Mantissen tabelliert sind, müssen wir umformen:

$$\log \alpha = 0,065 - 1$$

Entlogarithmieren:

$$\alpha = 1,161 \cdot 10^{-1} = 0,1161.$$

Eine 0,01 molare Milchsäure ist zu 11,61 % protolysiert.

9.7 Pufferlösungen

Lösen wir eine starke Säure oder Base in reinem Wasser, so ändert sich der pH-Wert sehr stark. In Lösungen, die eine schwache Säure und ihre korrespondierende Base (z.B. Essigsäure und Natriumacetat) oder eine schwache Base und ihre korrespondierende Säure (z.B. Ammoniak und Ammoniumchlorid) enthalten, bleibt der pH-Wert bei Säure- oder Basezusatz nahezu konstant. Solche Lösungen werden als Pufferlösungen bezeichnet, das korrespondierende Säure-Base-Paar als Puffer.

Pufferlösungen können pH-Änderungen bei Säure- oder Basezusatz nicht völlig verhindern. Sie wirken am besten in einem bestimmten Bereich. Diesen optimalen Wirkungsbereich können wir mit dem Massenwirkungsgesetz finden.

Für das Protolysengleichgewicht einer Säure HA mit Wasser gilt:

$$HA + H_2O \rightleftarrows H_3O^+ + A^-$$

$$K_S = \frac{[H_3O^+]\,[A^-]}{[HA]}$$

Auflösen nach $[H_3O^+]$:

$$[H_3O^+] = K_S \cdot \frac{[HA]}{[A^-]}$$

Logarithmieren:

$$\log\,[H_3O^+] = \log K_S + \log \frac{[HA]}{[A^-]}$$

$$-\log\,[H_3O^+] = -\log K_S + \log \frac{[A^-]}{[HA]}$$

$$pH = pK_S + \log \frac{[A^-]}{[HA]}$$

Bei schwachen Säuren liegt das Protolysengleichgewicht weitgehend auf der Seite der freien Säure, ebenso bei der schwachen Base A^- ganz auf der Seite der freien Base. Für $[HA]$ kann man deshalb ohne großen Fehler die Gesamtkonzentration der Säure c_S und für $[A^-]$ die Konzentration der Base c_B einsetzen und erhält so die Henderson-Hasselbalchsche Gleichung:

$$pH = pK_S + \log \frac{c_B}{c_S}$$

Gehen wir bei der Herstellung einer Pufferlösung von einer äquimolaren Mischung der Säure HA und ihrer korrespondierenden Base A^- aus, so ist $\log \frac{c_B}{c_S} = \log 1 = 0$ und daher $pH = pK_S$. Geben wir zu dieser Pufferlösung eine starke Säure, so reagieren die H_3O^+-Ionen der Säure mit der Base A^- unter Bildung einer entsprechenden Menge freier Säure HA:

$$H_3O^+ + A^- \rightleftarrows H_2O + HA$$

Bei Zugabe einer Base reagieren die OH^--Ionen der Base mit der Säure HA, wobei eine äquivalente Menge der schwachen Base A^- gebildet wird:

$$OH^- + HA \rightleftarrows H_2O + A^-$$

Der Säure- oder Basenzusatz ändert wohl das Verhältnis $\frac{[A^-]}{[HA]}$, aber die pH-Änderung ist in einem bestimmten Bereich sehr klein. Rechnen wir pH-Werte von Puffersubstanzen für unterschiedliche Verhältnisse $\frac{[A^-]}{[HA]}$ mit der Henderson-Hasselbalchschen Gleichung aus und tragen sie gegen diese Verhältnisse in graphischer Darstellung auf, so erhalten wir die sog. Pufferungskurven. Als Beispiel sehen wir in Abb. 9.7.1 die Kurve des Puffers CH_3COOH/CH_3COO^-. Der Wendepunkt der Pufferungskurve bei pH 4,75 entspricht dem pK_S-Wert der Essigsäure.

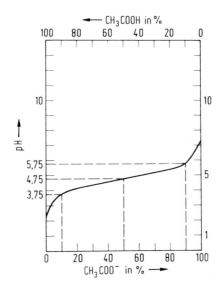

Abb. 9.7.1. Pufferungskurve des Essigsäure-Acetat-Puffers.

Bei pH 4,75 liegen 50 % freie Essigsäure und 50 % Acetationen vor, bei pH 3,75
90 % Essigsäure und 10 % Acetationen und bei pH 5,75 10 % Essigsäure und 90 %
Acetationen.

In dem flachen Kurvenbereich von pH 3,75 bis 5,75 besteht eine gute Pufferwirkung. Dieser Bereich, der allgemein dem pH-Wert des pK_S-Wertes ± 1 pH-Ein-
heit entspricht, heißt der Pufferbereich.

Alle Pufferungskurven haben die gleiche Form, sie sind jedoch je nach dem pK_S-
Wert der Säure nach oben oder nach unten hin verschoben.

Die Wirksamkeit eines Puffers hängt natürlich außer von seinem Pufferbereich
auch noch von seiner Konzentration ab.

Will man in einer Lösung einen bestimmten pH-Wert genau einstellen, so sucht
man eine Puffersubstanz, deren pK_S-Wert auf ± 1 mit dem gewünschten pH-Wert
übereinstimmt. Mit der Henderson-Hasselbalchschen Gleichung läßt sich das für
den gewünschten pH-Wert nötige Säure-Base-Verhältnis berechnen.

Pufferlösungen haben in der Chemie, in der Biochemie und in der Physiologie
eine große Bedeutung, da viele Reaktionen bei bestimmtem und möglichst
konstantem pH-Wert ablaufen müssen. Häufig verwendete Puffersubstanzen
sind:

Acetatpuffer	CH_3COOH/CH_3COO^-	Pufferungsoptimum pH = 4,75
sek. Phosphatpuffer	$H_2PO_4^-/HPO_4^{2-}$	Pufferungsoptimum pH = 7
Ammoniakpuffer	NH_4^+/NH_3	Pufferungsoptimum pH = 9

Im Blut halten drei Puffersysteme den pH-Wert auf 7,35 — 7,45. Das wichtigste System sind die Bluteiweißstoffe (Protein/Protein-Anion), wobei die Eiweißkörper der Erythrozyten ~ 80 % und die Serumproteine ~ 13 % der Pufferwirkung ausüben. ~ 6 % der Gesamtwirkung liefert der Kohlensäure-Hydrogenkarbonat-Puffer (H_2CO_3/HCO_3^-) und ~ 1% der Dihydrogenphosphat-Hydrogenphosphat-Puffer ($H_2PO_4^-/HPO_4^{2-}$).

Rechenbeispiele:

1. Welchen pH-Wert hat ein Puffer, der aus 0,2 mol Essigsäure und 0,1 mol Natriumacetat pro Liter Lösung hergestellt wurde? Die Säurekonstante der Essigsäure beträgt $1,8 \cdot 10^{-5}$.

Gegeben sind:

$$K_S = 1,8 \cdot 10^{-5}$$
$$c_S = 0,2 = 2 \cdot 10^{-1} \text{ und}$$
$$c_B = 0,1 = 1 \cdot 10^{-1}$$

$$pK_S = -\log K_S = -\log(1,8 \cdot 10^{-5}) = -0,25 + 5 = 4,75$$

$$pH = pK_S + \log \frac{c_B}{c_S}$$
$$pH = 4,75 + \log \frac{1 \cdot 10^{-1}}{2 \cdot 10^{-1}} = 4,75 - \log 2 = 4,75 - 0,30 = 4,45$$

Der pH-Wert des Puffers beträgt 4,45.

2. Zu der Pufferlösung aus Beispiel 1 setzen wir 0,1 mol einer starken Base zu, wobei wir annehmen, daß das Gesamtvolumen nach Basenzusatz noch 1 l beträgt. Welchen pH-Wert hat die Lösung nach Basenzusatz?

Die Konzentration der Acetationen steigt durch die Reaktion:

$$CH_3COOH + OH^- \rightleftarrows CH_3COO^- + H_2O \qquad \text{von 0,1 auf 0,2.}$$

Die Konzentration der Essigsäure fällt durch diese Reaktion von 0,2 auf 0,1.

Der pH-Wert der Lösung beträgt demnach:

$$pH = pK_S + \log \frac{[A^-]}{[HA]}$$
$$pH = 4,75 + \log \frac{0,2}{0,1} = 4,75 + 0,30 - 1 - (-1) = 5,05$$

Der pH-Wert ist also durch Basenzusatz von 4,45 auf 5,05 gestiegen.

Bei Zugabe von 0,1 mol einer starken Lauge zu einem Liter Wasser ohne Puffer steigt der pH-Wert von 7 auf 13.

3. In welchem Verhältnis muß man Natriumacetat und Essigsäure zusammengeben, um einen Puffer von pH = 4,9 zu erhalten?

$$pH = pK_S + \log \frac{[A^-]}{[HA]}$$

$$\log \frac{[A^-]}{[HA]} = pH - pK_S$$

$$\frac{[A^-]}{[HA]} = 10^{pH - pK_S}$$

$$\frac{[A^-]}{[HA]} = 10^{4,9 - 4,75} = 10^{0,15}$$

Entlogarithmieren:

$$\frac{[A^-]}{[HA]} = 1,41$$

Wir müssen 1,41 mol Natriumacetat und 1 mol Essigsäure zusammengeben.

9.8 Titration von Säuren und Basen

Die quantitative Bestimmung von Säuren oder Basen kann durch Titration erfolgen, indem man eine Säure bekannter Konzentration mit einer Base unbekannter
Konzentration reagieren läßt, wobei der Endpunkt der Reaktion durch ein geeig-
netes Verfahren (Farbumschlag eines Indikators oder Änderung der elektrischen
Leitfähigkeit) erkennbar sein muß.

Bei Säure-Base-Reaktionen und bei Redoxvorgängen ist die Normalität als
Konzentrationsmaß oft zweckmäßig. Eine einnormale Lösung enthält stets
1 val/l wirksame Substanz. Ein val einer Säure gibt ein mol Protonen an das
Wasser ab, kann also ein mol H_3O^+-Ionen bilden. Ein val einer Base vermag ein
mol Protonen aufzunehmen, bzw. ein mol Hydroxidionen bilden.

Eine einnormale Säure kann stets das gleiche Volumen einer einnormalen Base
neutralisieren, wodurch sich Berechnungen sehr vereinfachen.

Ein val Säure ist beispielsweise: 1 mol HCl, $\frac{1}{2}$ mol H_2SO_4.

Ein val Base: 1 mol KOH, $\frac{1}{2}$ mol $Ca(OH)_2$, usw.

Hat die bis zum Endpunkt der Titration verbrauchte Lösung das Volumen V (in l)
und die Konzentration c (in val/l), so sind die umgesetzten Vale:

$$val = V \cdot c$$

Wir betrachten die pH-Änderung bei einer Titration einer starken Base in Abhängigkeit von der zugesetzten Menge einer starken Säure. Vereinfachend nehmen wir an, daß sich das Volumen der Lösung nicht ändere.

Zu einem Liter einer 0,1 normalen starken Base geben wir schrittweise so viel 0,1 normale starke Säure zu, daß der pH-Wert um eine Einheit abnimmt.

Eine 0,1 normale starke Base hat einen pH-Wert von 13.

$$[OH^-] = 10^{-1} \qquad pOH = 1 \qquad pH = 14 - 1 = 13$$

Um den pH-Wert auf 12 zu senken, müssen wir die Hydroxidionenkonzentration von 10^{-1} auf 10^{-2} senken, d.h. die Differenz von 10^{-1} auf 10^{-2} mol OH^--Ionen mit H_3O^+-Ionen umsetzen.

Wir benötigen also: $10^{-1} - 10^{-2} = (10 - 1) \cdot 10^{-2} = 9 \cdot 10^{-2}$ mol H_3O^+, die in 900 ml 0,1 normaler Säure enthalten sind.

Zur weiteren Senkung des pH-Wertes von 12 auf 11 müssen wir die Differenz von 10^{-2} auf 10^{-3} mol OH^--Ionen mit H_3O^+-Ionen umsetzen. Wir benötigen also $10^{-2} - 10^{-3} = (10 - 1) \cdot 10^{-3} = 9 \cdot 10^{-3}$ mol H_3O^+, die in 90 ml 0,1 normaler Säure enthalten sind. Führt man die Berechnung für die weitere schrittweise pH-Verschiebung durch, erhält man die Werte der Tab. 9.8.1.

Tab. 9.8.1 pH-Änderung bei der Titration einer 0,1 n starken Base mit einer 0,1 n starken Säure

pH-Änderung	ml 0,1 n Säure /l Lösung	Gesamte zugesetzte ml 0,1 n Säure
13 → 12	900	900
12 → 11	90	990
11 → 10	9	999
10 → 9	0,9	999,9
9 → 8	0,09	999,99
8 → 7	0,009	999,99
7 → 6	0,009	1000,008
6 → 5	0,09	1000,098
5 → 4	0,9	1000,998
4 → 3	9	1009,998
3 → 2	90	1099,998
2 → 1	900	1999,998

Aus dieser Tabelle sehen wir, daß bei pH-Wert 8 ein Tropfen einer 0,1 n Säure (d.s. 0,02 ml) eine pH-Änderung über den Äquivalenzpunkt hinaus bewirkt.

Trägt man die zugesetzten Säuremengen in einem Diagramm auf der Abszisse und den pH-Wert der Lösung auf der Ordinate auf, so erhält man eine Titrations-

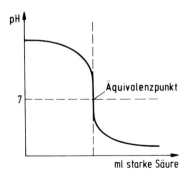

Abb. 9.8.1. Titrationskurve einer starken Base.

kurve (Abb. 9.8.1). Am Wendepunkt der Kurve liegt der Äquivalenzpunkt der Titration. Da die Kurve in einem größeren Bereich um den Äquivalenzpunkt sehr steil verläuft, kann jeder Indikator, der in diesem Bereich umschlägt, für die Titration einer starken Base mit einer starken Säure verwendet werden.

Die Kurve der Titration einer starken Säure mit einer starken Base verläuft spiegelbildlich zu der besprochenen. Einen anderen Kurvenverlauf finden wir bei der Titration einer schwachen Säure mit einer starken Base (Abb. 9.8.2). Bei dieser Kurve ist der Äquivalenzpunkt in den alkalischen Bereich verschoben. Nach Überschreiten des Äquivalenzpunktes ist die Kurve mit der Titrationskurve der starken Säure mit der starken Base identisch. Für diese Titration ist nur ein Indikator mit Farbumschlag im alkalischen Bereich brauchbar. Die Titrationskurve einer schwachen Base mit einer starken Säure hat ihren Wendepunkt (Äquivalenzpunkt) im sauren Bereich. Die Titration benötigt einen Indikator, der im sauren Bereich umschlägt.

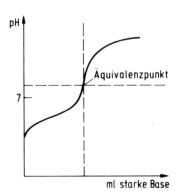

Abb. 9.8.2. Titration einer schwachen Säure mit einer starken Base.

9.9 Indikatoren

Indikatoren sind Stoffe, die durch eine gut erkennbare Änderung einer Eigenschaft (z.B. der Farbe) das Vorhandensein oder Nichtvorhandensein einer anderen Substanz anzeigen.

Indikatoren für Säure-Base-Titrationen sind schwache organische Säuren oder Basen, in denen die konjugierte Base andere Lichtabsorption und dadurch eine andere Farbe als die Säure hat. Besonders günstig sind Indikatoren, bei denen eine Form für das menschliche Auge farblos, die andere gefärbt ist, z.B. Phenolphthalein. In wäßriger Lösung stellt sich in Abhängigkeit von der H_3O^+-Ionenkonzentration ein Gleichgewicht ein:

$$\text{Indikatorsäure} \quad + \quad \text{Wasser} \rightleftarrows \text{Indikatorbase} \quad + \quad H_3O^+$$
$$\text{HInd} \quad + \quad H_2O \rightleftarrows \quad \text{Ind}^- \quad + \quad H_3O^+$$

Die Lage des Gleichgewichtes ist durch den K_S-Wert der Indikatorsäure gegeben.

$$K_{S(\text{HInd})} = \frac{[\text{Ind}^-] \cdot [H_3O^+]}{[\text{HInd}]}$$

Am Umschlagspunkt (Mischfarbe des Indikators) ist die Konzentration der Indikatorsäure gleich der Konzentration der korrespondierenden Base.

Es gilt also:

$$[\text{HInd}] = [\text{Ind}^-]$$

und

$$K_{S(\text{HInd})} = [H_3O^+]$$

Das bedeutet, daß der Indikator bei dem pH-Wert umschlägt, der seinem pK_S-Wert entspricht.

Tatsächlich schlägt kein Indikator genau bei einem pH-Punkt um, sondern hat über einen gewissen Bereich eine Mischfarbe. Dieses Intervall ist dadurch bedingt, daß das Auge die Farbe eines Farbstoffes in einem Gemisch aus zwei Farbstoffen nur dann als rein wahrnimmt, wenn ein Farbstoff in mindestens zehnfachem Überschuß vorliegt.

Für die Grenzwahrnehmung gilt:

$$\frac{[\text{Ind}^-]}{[\text{HInd}]} = \frac{1}{10}$$

Das bedeutet:

$$K_{S(\text{HInd})} = [H_3O^+] \cdot 10^{-1} \text{ bzw.}$$
$$pK_{S(\text{HInd})} = pH + 1$$

Die Farbe der konjugierten Base ist sichtbar bis

$$\frac{[\text{Ind}^-]}{[\text{HInd}]} = \frac{10}{1}$$

und

$$K_{S(\text{HInd})} = [H_3O^+] \cdot 10$$

bzw.

$$pK_{S(\text{HInd})} = pH - 1$$

Indikatoren haben demnach normalerweise ein Umschlagsintervall von 2 pH-Einheiten ($pK_{S(\text{HInd})} \pm 1$).

10. Oxidation und Reduktion

10.1 Definitionen der Oxidation und Reduktion

Ebenso wie sich der Säure-Base-Begriff im Laufe der Zeit änderte, paßten sich auch die Vorstellungen über den Verlauf von Oxidationen und Reduktionen den zunehmenden chemischen Erkenntnissen an.

Ursprünglich bedeutete Oxidation Aufnahme von Sauerstoff und Reduktion Abgabe von Sauerstoff oder Aufnahme von Wasserstoff. Viele Reaktionen verlaufen sehr ähnlich wie typische Oxidationen, obwohl kein Sauerstoff daran beteiligt ist. Beispielsweise reagiert Chlor ebenso heftig wie Sauerstoff mit Natrium oder Magnesium unter Licht- und Wärmeentwicklung. Man hat deshalb den Oxidationsbegriff so erweitert, daß er derartige Reaktionen einschließt. Den Reaktionen von Metallen mit Sauerstoff und Chlor ist der Übergang von Elektronen von Metallen auf Sauerstoff oder Chlor gemeinsam. Da Metalle, die oxidiert werden, Elektronen abgeben, bezeichnet man eine Elektronenabgabe als Oxidation. Der gegenteilige Vorgang, die Elektronenaufnahme, heißt Reduktion.

Durch diese Definitionen ergeben sich weitgehende Parallelen zwischen den Oxidations-Reduktions-Reaktionen (Elektronenübergänge) und den Säure-Base-Reaktionen (Protonenübergänge). Da freie Elektronen ebenso wie freie Protonen nicht beständig sind, kann eine Substanz nur Elektronen abgeben, wenn gleichzeitig eine andere Elektronen aufnimmt. Eine Oxidation (Elektronenabgabe) muß also stets von einer Reduktion (Elektronenaufnahme) begleitet sein. Eine solche Kombination einer Elektronenabgabe mit einer Elektronenaufnahme, eine Elektronenübertragung, heißt Redox-Reaktion.

Eine Substanz, die an eine andere Elektronen abgeben kann — ein Elektronen-donator — ist ein Reduktionsmittel. Eine Substanz, die von einer anderen Elektronen aufnehmen kann — ein Elektronenakzeptor — ist ein Oxidationsmittel. Bei jeder Redoxreaktion wird das Reduktionsmittel oxidiert und das Oxidationsmittel reduziert.

Eine Redoxreaktion ist beispielsweise die Reaktion von Natrium mit Chlor. Da Natrium dabei ein Elektron verliert, ist es ein Reduktionsmittel. Die Teilgleichung der Oxidation ist:

$$Na \rightarrow Na^+ + e^-$$

Chlor nimmt ein Elektron pro Atom auf. Es ist daher ein Oxidationsmittel. Die Teilgleichung der Reduktion ist:

$$Cl_2 + 2e^- \rightarrow 2Cl^-$$

Die Teilgleichung der Oxidation ist mit 2 zu multiplizieren, damit die Zahl der übergehenden Elektronen in beiden Teilgleichungen übereinstimmt. Durch Addition der beiden Teilgleichungen erhält man die Gleichung der Gesamtreaktion:

$$
\begin{aligned}
2\,Na &\rightarrow 2\,Na^+ + 2\,e^- \\
Cl_2 + 2\,e^- &\rightarrow 2\,Cl^- \\
\hline
Cl_2 + 2\,Na &\rightarrow 2\,Na^+ + 2\,Cl^-
\end{aligned}
$$

Wie man Stoffpaare, die durch Protonenübergänge ineinander umwandelbar sind, zu konjugierten Säure-Base-Paaren zusammenfaßt, kann man ebenso Stoffpaare, die durch Elektronenübergänge zusammenhängen, zu konjugierten Redoxpaaren kombinieren.

Bei der Redoxreaktion von Natrium mit Chlor haben wir die Redoxpaare: Na/Na^+ und $2\,Cl^-/Cl_2$.

Bezeichnet man die reduzierte Form eines Redoxpaares mit Red und die oxidierte Form mit Ox, so kann man Teilgleichungen von Redoxvorgängen allgemein formulieren:

Reduktion: $Ox + z\,e^- \rightarrow Red$
Oxidation: $Red \rightarrow Ox + z\,e^-$

bzw.: $Red \underset{\text{Reduktion}}{\overset{\text{Oxidation}}{\rightleftarrows}} Ox + z\,e^-$

Die Beziehung zwischen beiden Stoffen eines Redoxpaares ist ähnlich der eines Säure-Base-Paares. Je leichter die reduzierte Form Elektronen abgibt, desto schwächer ist das Bestreben des konjugierten Oxidationsmittels, Elektronen aufzunehmen.

10.2 Oxidationszahl

Da Redoxvorgänge oft nach recht komplizierten stöchiometrischen Gleichungen verlaufen, sind die Koeffizienten der Redoxgleichung manchmal schwer zu finden. Die Formulierung von Redoxgleichungen gelingt mit Hilfe der Oxidationszahl viel leichter.

„Oxidationszahl" (andere Namen: Oxidationsstufe, elektrochemische Wertigkeit) ersetzt den früheren Begriff „Wertigkeit", der sich im Laufe der Zeit in mehrere Begriffe aufgespalten hat (Wertigkeit gegenüber Sauerstoff, Wertigkeit von Säuren und Basen, Ionenwertigkeit).

Wir verwenden nur noch den Begriff Oxidationszahl, da dieser eindeutig zu definieren ist.

Die Oxidationszahl ist die Zahl der Ladungen, die das Atom im Molekül oder Ion hätte, wenn man die bindenden Elektronenpaare kovalenter Bindungen dem elektronegativeren Bindungspartner zuordnen würde. Man stellt sich also das Molekül als nur aus Ionen bestehend vor und bildet die Differenz der Elektronenzahl des ungebundenen Atoms und dieses Ions.

Beispielsweise hat ein Natriumion ein Elektron weniger als ein Natriumatom. Das Na^+-Ion hat deshalb die Oxidationszahl +1. Ein Cl^--Ion besitzt ein Elektron mehr als ein Chloratom und bekommt deshalb die Oxidationszahl -1.

Es gibt also positive und negative Oxidationszahlen.

Man kann die Oxidationszahlen von Atomen in komplizierteren Molekülen mit Hilfe einiger Regeln bestimmen:

1. Atome im elementaren Zustand haben die Oxidationszahl 0.
2. Die Summe der Oxidationszahlen aller Atome eines Moleküls ist Null, die eines Ions entspricht der Ladung des Ions.
3. Die Oxidationszahl des Wasserstoffs ist +1. (Ausnahmen bilden die Metallhydride).
4. Die Oxidationszahl des Sauerstoffs ist -2 (Ausnahmen: in Peroxiden -1, in OF_2 +2).
5. Die Oxidationszahl der Halogene ist meist -1.

Mit diesen Regeln finden wir z. B. für die Oxidationszahl (OZ) des S in H_2SO_4

$$2(+1) + x + 4(-2) = 0$$
$$2 + x - 8 = 0$$
$$x = 8 - 2 = 6$$

für C in $C_2H_6O_2$ $\left(\begin{matrix} CH_2-CH_2 \\ | \quad\quad | \\ OH \quad OH \end{matrix}\right)$

$$2x + 6\,(+1) + 2\,(-2) = 0$$
$$2x + 6 - 4 = 0$$
$$x = \frac{-6 + 4}{2} = -1$$

für P in PO_4^{3-}

$$x + 4\,(-2) = 3\,\smallsmile$$
$$x = -3 + 8 = +5$$

Oxidationszahlen eines Atoms sind immer ganze Zahlen. Mittelung über mehrere verschieden gebundene Atome desselben Elementes kann nicht-ganze Zahlen ergeben.

In Verbindungen können Atome desselben Elementes auch in unterschiedlicher Oxidationszahl vorkommen.

Die höchste positive Oxidationszahl eines Hauptgruppenelementes ist gleich der Gruppennummer, da diese der Anzahl der Valenzelektronen entspricht. Die niedrigst mögliche Oxidationszahl eines Hauptgruppenelementes ist die Zahl der nur halbbesetzten Orbitale, einschließlich solcher aus Hybridisierungen. (Die niedrigste OZ = 8 − Zahl der Valenzelektronen).

Bei Redoxreaktionen erhöht sich die Oxidationszahl des Atoms, das oxidiert wird, um die Zahl der abgegebenen Elektronen. Die Oxidationszahl des Atoms, das reduziert wird, nimmt um die Zahl der aufgenommenen Elektronen ab.

Eine Oxidation ist also eine Reaktion mit Zunahme der Oxidationszahl eines Atoms, eine Reduktion eine Reaktion mit Abnahme der Oxidationszahl eines Atoms.

10.3 Redoxgleichungen

Um Redoxgleichungen aufstellen zu können, müssen wir die Oxidationszahlen der Ausgangsstoffe und der Endstoffe kennen. Wenn die Redoxgleichung kompliziert ist, formuliert man über die beiden Redoxpaare zuerst die beiden Teilreaktionen.

Die Addition der Teilreaktionen, die Elektronen liefern bzw. verbrauchen, ergibt die gesamte Redoxgleichung.

Im Einzelnen macht man folgende Schritte:

1. Formulierung der beiden Redoxpaare

2. Für jedes Redoxpaar einzeln:

   a) Feststellung der Oxidationszahlen

   b) Berücksichtigung der Oxidationszahländerung durch Einsetzen von Elektronen in die Gleichungsseite höherer OZ

   c) Ausgleichen der Ladungen auf beiden Seiten der Gleichungen: im sauren Bereich durch Einsetzen von H_3O^+-Ionen, im alkalischen Bereich durch OH^--Ionen

   d) Massengleichheit an der Zahl der Sauerstoffatome prüfen und, falls notwendig, durch Einsetzen von H_2O Massengleichheit herbeiführen

3. Die Teilgleichungen so mit Koeffizienten multiplizieren, daß die Zahl der übergehenden Elektronen in beiden Gleichungen gleich ist, und anschließend die Teilgleichungen addieren

Als Beispiel formulieren wir die Reaktion zwischen Permanganat- (MnO_4^-) und Oxalationen ($C_2O_4^{2-}$) in saurer Lösung:

Das MnO_4^--Ion geht in Mn^{2+}-Ion, das $C_2O_4^{2-}$-Ion in CO_2 über.

1. Elektronenlieferndes Paar $C_2O_4^{2-}/2\,CO_2$
   Elektronenaufnehmendes Paar MnO_4^-/Mn^{2+}

$$\overset{+3}{C_2}\overset{+4}{O_4^{2-}}$$

2. a) $\overset{+3}{C_2}\overset{+4}{O_4^{2-}} \rightarrow 2\,CO_2$ $\overset{+7}{MnO_4^-} \xrightarrow{\hspace{3cm}} Mn^{2+}$

   b) $C_2O_4^{2-} \rightarrow 2\,CO_2 + 2\,e^-$ $MnO_4^- + 5\,e^- \xrightarrow{\hspace{2cm}} Mn^{2+}$

   c) $C_2O_4^{2-} \rightarrow 2\,CO_2 + 2\,e^-$ $MnO_4^- + 5\,e^- + 8\,H_3O^+ \rightarrow Mn^{2+}$

   d) $C_2O_4^{2-} \rightarrow 2\,CO_2 + 2\,e^-$ $MnO_4^- + 5\,e^- + 8\,H_3O^+ \rightarrow Mn^{2+} + 12\,H_2O$

3. Multiplikation mit 5 bzw. mit 2:

$$5\,C_2O_4^{2-} \rightarrow 10\,CO_2 + 10\,e^- \qquad 2\,MnO_4^- + 10\,e^- + 16\,H_3O^+ \rightarrow 2\,Mn^{2+} + 24\,H_2O$$

Addition:

$$5\,C_2O_4^{2-} + 2\,MnO_4^- + 16\,H_3O^+ \rightarrow 10\,CO_2 + 2\,Mn^{2+} + 24\,H_2O$$

Ein weiteres Beispiel: Chlor geht in alkalischer Lösung in Chlorid und Hypochlorit über:

1. Elektronenlieferndes Paar $Cl_2/2\,ClO^-$
   Elektronenaufnehmendes Paar $Cl_2/2\,Cl^-$

$$
\begin{array}{llll}
& 0 & +1 & 0 \qquad\qquad -1 \\
\text{2. a)} & Cl_2 \longrightarrow 2\,ClO^- & & Cl_2 \longrightarrow 2\,Cl^- \\
\text{b)} & Cl_2 \longrightarrow 2\,ClO^- + 2\,e^- & & Cl_2 + 2\,e^- \longrightarrow 2\,Cl^- \\
\text{c)} & Cl_2 + 4\,OH^- \longrightarrow 2\,ClO^- + 2\,e^- & & Cl_2 + 2\,e^- \longrightarrow 2\,Cl^- \\
\text{d)} & Cl_2 + 4\,OH^- \longrightarrow 2\,ClO^- + 2\,e^- + 2\,H_2O & & Cl_2 + 2\,e^- \longrightarrow 2\,Cl^-
\end{array}
$$

3. Addition:

$$2\,Cl_2 + 4\,OH^- \longrightarrow 2\,ClO^- + 2\,Cl^- + 2\,H_2O$$

Da alle Koeffizienten durch 2 teilbar sind, erhält man:

$$Cl_2 + 2\,OH^- \longrightarrow ClO^- + Cl^- + H_2O$$

Redoxreaktionen, bei denen ein Atom in eine höhere und eine niedrigere Oxidationsstufe übergeht, heißen Disproportionierungen, gegenteilige Reaktionen Komproportionierungen.

10.4 Elektrochemische Spannungsreihe

Gibt man zwei Redoxpaare zusammen, so liefert das Redoxpaar mit der größeren Neigung, Elektronen abzugeben, Elektronen an das andere Redoxpaar. Die Tendenz eines Redoxpaares zur Elektronenabgabe bezeichnet man als das Potential des Redoxpaares.

Gibt das Redoxpaar 1 (reduzierte Form 1/oxidierte Form 1) Elektronen an das Redoxpaar 2 (reduzierte Form 2/oxidierte Form 2) ab, so hat das Redoxpaar 1 ein höheres Potential als das Redoxpaar 2.

$$
\begin{array}{ll}
\text{Red 1/Ox 1} \quad\xrightarrow{z\,e^-}\quad \text{Red 2/Ox 2} \\
\text{höheres Potential} \qquad\quad \text{niedrigeres Potential}
\end{array}
$$

Vereinbarungsgemäß gibt man dem Redoxpaar, das Elektronen abgibt, ein Potential, das weiter im negativen Bereich liegt, und dem Redoxpaar, das Elektronen aufnimmt, ein Potential, das weiter im positiven Bereich liegt. Dadurch fließen die Elektronen stets von − nach +.

Voraussetzung für einen Elektronenfluß ist eine unterschiedliche Neigung zur Elektronenabgabe, also eine Potentialdifferenz. Diese Potentialdifferenz bezeichnet man als Spannung oder elektromotorische Kraft (EMK). Die EMK, die zwei Redoxpaare in einer elektrochemischen Zelle liefern können, steht in direktem Zusammenhang mit der Änderung der freien Enthalpie der Reaktion:

$$EMK = -\,\frac{\Delta G}{z \cdot F}$$

bzw.

$$\Delta G = -z \cdot F \cdot EMK,$$

wobei z die Zahl der pro mol übergehenden Elektronen und F die Faradaysche Konstante ($F = 96\,487\ C \cdot mol^{-1}$) ist. Diese Spannung ist die Triebkraft der Redoxreaktion.

Läßt man die beiden Teilreaktionen einer Redoxreaktion in einem Reaktionsgefäß ablaufen, so kann man die Potentialdifferenz zwischen den Redoxpaaren nicht messen. Die Messung der Spannung ist möglich, wenn man die Teilreaktionen in zwei Reaktionsgefäßen durchführt, die leitend miteinander verbunden sind.

Als Beispiel nehmen wir die Reaktion zwischen Zink und Kupfer(II)-Ionen:

$$Zn + Cu^{2+} \to Zn^{2+} + Cu$$

Das elektronenliefernde Redoxpaar ist Zn/Zn^{2+} (sein Potential liegt weiter im negativen Bereich). Das elektronenaufnehmende Redoxpaar ist Cu^{2+}/Cu (sein Potential liegt weiter im positiven Bereich).

Um die Potentialdifferenz zwischen den beiden Redoxpaaren messen zu können, lassen wir die Teilreaktionen

$$Zn \to Zn^{2+} + 2\ e^-$$

und

$$Cu^{2+} + 2\ e^- \to Cu$$

in getrennten Gefäßen ablaufen, in denen wir einen Zinkstab in eine Zinksalzlösung bzw. einen Kupferstab in eine Kupfersalzlösung eintauchen. Um den Elektronenfluß von Zink zum Kupfer zu ermöglichen, verbinden wir die Metallstäbe über einen Draht mit einem Spannungsmeßgerät und die Lösungen mit einem sog. Stromschlüssel (z.B. KNO_3-Lösung in Agar-Gel) oder durch eine poröse Tonwand, die beide einen Ausgleich der Ladungsdifferenzen in den Lösungen bewirken (Abb. 10.4.1).

In dieser Anordnung bildet jedes Redoxpaar eine Halbzelle. Die Kombination zweier solcher Halbzellen heißt galvanisches Element oder Batterie.

Vereinigt man unterschiedliche Redoxpaare zu galvanischen Elementen, so kann man die Potentialdifferenzen der Redoxpaare messen und dadurch den Ablauf vieler Redoxreaktionen vorhersagen. Da prinzipiell jedoch nur Potentialdifferenzen meßbar sind, ist es zweckmäßig, das Potential einer Halbzelle willkürlich als Nullpunkt zu definieren.

Dafür hat man das Redoxpotential der Normalwasserstoffelektrode gewählt (Abb. 10.4.2). An der Normalwasserstoffelektrode stellt sich das folgende Redoxgleichgewicht ein:

$$2\ H_2O + H_2 \rightleftarrows 2\ H_3O^+ + 2\ e^-$$

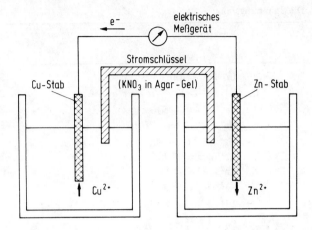

Abb. 10.4.1. Galvanisches Element.

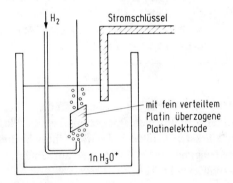

Abb. 10.4.2. Normalwasserstoffelektrode (Halbzelle).

Eine mit fein verteiltem Platin überzogene Platinelektrode, die mit Wasserstoff von 1 atm Druck umspült wird, taucht bei 25 °C in eine Säure einer Konzentration von 1 mol H_3O^+/Liter (genauer: Aktivität statt Konzentration).

Die gegen die Normalwasserstoffelektrode gemessenen Potentialdifferenzen (bei 25 °C, wobei alle Reaktionspartner in der Konzentration von 1 mol/l vorliegen) nennt man Normalspannungen. Redoxpaare, die an die Normalwasserstoffelektrode Elektronen abgeben, erhalten ein negatives Vorzeichen, Redoxpaare, die Elektronen von ihr beziehen, ein positives.

Ordnet man die Redoxpaare in der Reihenfolge abnehmender negativer Spannung gegen die Normalwasserstoffelektrode, so resultiert die Spannungsreihe oder

Tab. 10.4.1 Die Spannungsreihe

Redoxpaar	Reaktion	Normalspannung E° (Volt)
Li/Li^+	$Li^+ + e^- \rightleftarrows Li$	−3,045
K/K^+	$K^+ + e^- \rightleftarrows K$	−2,925
Ca/Ca^{2+}	$Ca^{2+} + 2\ e^- \rightleftarrows Ca$	−2,866
Na/Na^+	$Na^+ + e^- \rightleftarrows Na$	−2,714
Mg/Mg^{2+}	$Mg^{2+} + 2\ e^- \rightleftarrows Mg$	−2,363
Al/Al^{3+}	$Al^{3+} + 3\ e^- \rightleftarrows Al$	−1,662
Zn/Zn^{2+}	$Zn^{2+} + 2\ e^- \rightleftarrows Zn$	−0,763
Fe/Fe^{2+}	$Fe^{2+} + 2\ e^- \rightleftarrows Fe$	−0,440
$Pt/H_2/2\ H_3O^+$	$2\ H_3O^+ + 2\ e^- \rightleftarrows H_2 + 2\ H_2O$	0,000
J^-/J_2	$J_2 + 2\ e^- \rightleftarrows 2\ J^-$	+0,536
Ag/Ag^+	$Ag^+ + e^- \rightleftarrows Ag$	+0,799
Br^-/Br_2	$Br_2 + 2\ e^- \rightleftarrows 2\ Br^-$	+1,065
$Cr^{3+}/Cr_2O_7^{2-}$	$Cr_2O_7^{2-} + 14\ H_3O^+ + 6\ e^- \rightleftarrows 2\ Cr^{3+} + 21\ H_2O$	+1,33
Cl^-/Cl_2	$Cl_2 + 2\ e^- \rightleftarrows 2\ Cl^-$	+1,36
Mn^{2+}/MnO_4^-	$MnO_4^- + 8\ H_3O^+ + 5\ e^- \rightleftarrows Mn^{2+} + 12\ H_2O$	+1,51
$SO_4^{2-}/S_2O_8^{2-}$	$S_2O_8^{2-} + 2\ e^- \rightleftarrows 2\ SO_4^{2-}$	+2,01

Redoxreihe (Tab. 10.4.1). Oben in der Spannungsreihe stehen die Redoxpaare mit der größten Tendenz, Elektronen abzugeben; das sind die Redoxpaare, deren reduzierte Form am stärksten reduzierend wirkt. Unten befinden sich die Redoxpaare, die die größte Neigung haben, Elektronen aufzunehmen, deren oxidierte Form am stärksten oxidierend wirkt.

Beispielsweise reduziert das Redoxpaar Sn/Sn^{2+} das Paar Ag/Ag^+, oder das Paar $S_2O_8^{2-}/2\ SO_4^{2-}$ wirkt oxidierend gegenüber dem Redoxpaar $J_2/2\ J^-$.

10.5 Lösungsdruck

Die unterschiedlichen Potentiale von Halbzellen sind durch den ungleichen Lösungsdruck der in eine Lösung ihrer Salze eintauchenden Elektroden bedingt.

Wenn beispielsweise eine Zinkelektrode in eine Zinksalzlösung eintaucht, können Zinkionen die Metalloberfläche verlassen, wobei Elektronen auf dem Metall zurückbleiben. Zwischen der durch die zurückbleibenden Elektronen negativ geladenen Zinkelektrode und den positiven Zinkionen besteht eine elektrostatische Anziehung, die die Ionen in der Nähe der Elektrodenoberfläche festhält. Auf der Zinkoberfläche entsteht so eine elektrische Doppelschicht (Abb. 10.5.1).

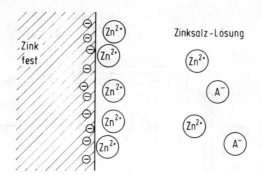

Abb. 10.5.1. Elektrische Doppelschicht.

Das Bestreben eines Metalles, in Lösung zu gehen, wurde von Nernst als der Lösungsdruck bezeichnet. Der Lösungsdruck ist für jedes Metall charakteristisch.

Andererseits haben die Zinkionen der Zinksalzlösung das Bestreben, die Lösung zu verlassen. Dieses Bestreben heißt osmotischer Druck und ist dem Lösungsdruck entgegengerichtet. Das Potential der Halbzelle resultiert aus dem Gleichgewicht zwischen dem osmotischen Druck der Zinkionen und dem Lösungsdruck des Zinks.

Da der osmotische Druck bei konstanter Temperatur nur konzentrationsabhängig ist, können die unterschiedlichen Potentiale von Metallen, die in Salzlösungen gleicher Konzentration eintauchen, nur durch unterschiedlichen Lösungsdruck bedingt sein.

Für Metalle, die gute Reduktionsmittel sind (unedle Metalle), muß man einen höheren Lösungsdruck annehmen, für edlere Metalle (d.s. Metalle, die in der Spannungsreihe unten stehen) einen sehr kleinen Lösungsdruck.

10.6 Konzentrationsabhängigkeit des Potentials

Redoxpotentiale sind vom Lösungsdruck der Metalle und vom osmotischen Druck der Metallsalzlösungen abhängig. Halbzellen gleicher Redoxpaare unterschiedlicher Konzentration sollten deshalb auch unterschiedliche Potentiale ergeben.

Tatsächlich kann man eine Spannung erhalten, wenn man zwei solche Halbzellen zu einer galvanischen Zelle zusammenschließt. Ein Beispiel einer solchen „Konzentrationskette" finden wir in Abb. 10.6.1. Der Elektronenfluß zwischen den Halbzellen erfolgt in der Richtung, daß sich die unterschiedlichen Konzentrationen der gelösten Reaktionsteilnehmer ausgleichen.

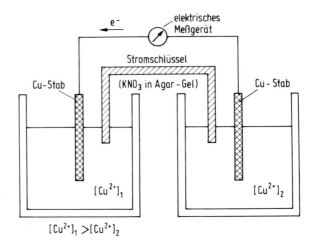

Abb. 10.6.1. Konzentrationskette.

10.7 Nernstsche Gleichung

Die Überlegungen, die zur Konzentrationskette führten, gelten natürlich für alle Halbzellen. Die Redoxpotentiale sind temperatur- und konzentrationsabhängig.

Die Nernstsche Gleichung

$$E = E° + \frac{R \cdot T}{z \cdot F} \ln \frac{[Ox]}{[Red]}$$

beschreibt die Konzentrations- und Temperaturabhängigkeit der Redoxpotentiale. Mit ihr kann man die Normalspannung (die Potentialdifferenz gegenüber der Normalwasserstoffelektrode) für beliebige Konzentrationen der oxidierten und der reduzierten Form der Reaktanten sowie beliebige Temperaturen berechnen.

Es bedeuten

E	die Spannung des Redoxpaares gegenüber dem Normalelement
$E°$	die Normalspannung
R	die allgemeine Gaskonstante ($8,31 \ J \cdot K^{-1}$)
F	die Faraday-Konstante, die die Ladung eines mols Elektronen angibt ($96\,487 \ C \cdot mol^{-1}$)
z	die Zahl der übergehenden Elektronen
T	die absolute Temperatur
$[Ox]$	die Konzentration der oxidierten und
$[Red]$	die Konzentration der reduzierten Form des Redoxpaares.

Setzt man 298 K für T, die Zahlenwerte für R und F und den Umwandlungs-
faktor von ln in log ein, dann erhält man

$$E = E^\circ + \frac{0,059}{z} \log \frac{[Ox]}{[Red]}$$

Das Potential eines Redoxpaares ist also vom Logarithmus des Verhältnisses der
Konzentrationen der oxidierten und der reduzierten Form der Reaktanten
abhängig.

Je höher die Konzentration des Oxidationsmittels und je niedriger die des
Reduktionsmittels ist, desto höher ist das Potential des Redoxpaares.

Konzentrationen von Reaktanten der Redoxpaare, die sich während der Reaktion
nicht ändern, wie Wasser, feste Metalle oder gasförmige Nichtmetalle, brauchen in
den Konzentrationen nicht berücksichtigt zu werden.

Mit der Nernstschen Gleichung können wir voraussagen, ob ein Redoxvorgang
möglich ist oder nicht, da das Konzentrationsverhältnis der Reaktionsteilnehmer
die Massenwirkungskonstante K bedeutet.

Beispiele: Das Normalpotential des Redoxpaares $H_2/2H_3O^+$ beträgt 0. Eine Säure
der Konzentration 1 mol H_3O^+/l sollte alle Metalle, die in der Spannungsreihe über
dem Wasserstoff stehen, oxidieren. Diese Metalle sollten sich also in einer 1-norma-
len Säure unter Wasserstoffentwicklung lösen.

Wegen Bildung schützender Oberflächenschichten reagieren einige dieser Metalle
allerdings praktisch nicht.

Das Potential in neutralem Wasser, in dem $[H_3O^+]$ 10^{-7} beträgt, ist:

$$E = E^\circ + \frac{0,059}{2} \log [H_3O^+]^2$$

$$E = E^\circ + \frac{0,059}{2} \log (10^{-7})^2 = 0 + \frac{0,059}{2} (-14) = -0,41$$

In neutralem Wasser lösen sich deshalb nur Metalle unter Wasserstoffentwicklung,
deren Normalpotential negativer als $-0,41$ Volt ist.

Der Einfluß des pH-Wertes ist, wenn H_3O^+ oder OH^- in der Reaktionsgleichung
vorkommt, oft groß, besonders wenn der Massenwirkungsquotient die H_3O^+-
Ionenkonzentration wie bei der Reaktion

$$Mn^{2+} + 12 \ H_2O \rightleftarrows MnO_4^- + 8 \ H_3O^+ + 5 \ e^- \qquad E^\circ = 1,5 \ V$$

in einer höheren Potenz enthält.

Wir berechnen das Potential dieses Redoxpaares für pH 3, wobei die Konzentrationen von Mn^{2+} und MnO_4^- 1 mol/l betragen sollen:

Bei pH 0 ist:

$$[H_3O^+] = 1 \quad E = E^\circ = 1,5 \text{ V}$$

bei pH 3 ist

$$[H_3O^+] = 10^{-3}$$

$$E = E^\circ + \frac{0,059}{5} \log \frac{[MnO_4^-] \cdot [H_3O^+]^8}{[Mn^{2+}]}$$

$$= 1,5 + 0,0118 \cdot \log \frac{(1)(10^{-3})^8}{1} = 1,5 + 0,0118 \cdot (-24)$$

$$1,5 - 0,283 = 1,217$$

Bei pH 0 kann man mit Permanganat Redoxpaare mit kleinerem Potential als 1,5 Volt oxidieren, z.B. Cl^- zu Cl_2 (E° Cl^-/Cl_2 = 1,36 V) (Herstellung von Chlor aus konzentrierter Salzsäure mit Permanganat).

Diese Oxidation ist bei pH 3 nicht mehr möglich. Dagegen oxidiert Permanganat bei pH 3 noch Br^- zu Br_2 (E° Br^-/Br_2 = 1,07 V) und bei pH 7 J^- zu J_2 (E° J^-/J_2 = 0,54 V).

10.8 Potentiometrische pH-Messung

Da die Potentiale von den Konzentrationen abhängen, kann man mit Hilfe einer Potentialmessung Konzentrationen bestimmen. Solche Messungen bezeichnet man als potentiometrische Messungen.

In der Chemie und Medizin besonders wichtig sind potentiometrische pH-Messungen. Man verwendet eine Elektrode von genau bekanntem konstantem Potential als Vergleichselektrode (meist eine sog. Kalomelelektrode). Die Vergleichselektrode bildet mit der Messelektrode, das ist die Elektrode, deren Potential vom pH-Wert abhängig ist, eine galvanische Zelle.

Als Messelektrode dient meist eine Glaselektrode (Abb. 10.8.1). Die Glaselektrode besteht aus einem Glasgefäß, das unten mit einer dünnwandigen Membran aus Spezialglas hoher elektrischer Leitfähigkeit verschlossen ist. Im Innern enthält sie eine Pufferlösung von bekanntem konstantem pH-Wert, in die ein mit Silberchlorid überzogener Silberdraht eintaucht. Taucht die Glasmembran in die Lösung, deren pH zu messen ist, so entsteht an der Glasoberfläche eine Potentialdifferenz, die von der H_3O^+-Ionenkonzentration der untersuchten Lösung bestimmt und indirekt auf den Silberdraht übertragen wird.

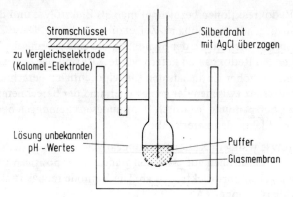

Abb. 10.8.1. Glaselektrode.

Schalten wir die Glaselektrode mit einer Vergleichselektrode zu einer galvanischen Zelle zusammen, so ist die Spannung der Zelle nach der Nernstschen Gleichung

$$E = E' - 0,059 \cdot \log [H_3O^+]$$

wobei in E' konstante Größen (die Spannung der Kalomelelektrode gegenüber der Glaselektrode und die Abhängigkeit der Spannung vom verwendeten Puffer und der Glassorte) enthalten sind. Für den pH-Wert der unbekannten Lösung erhalten wir daraus:

$$E - E' = -0,059 \cdot \log [H_3O^+],$$

und

$$\frac{E - E'}{0,059} = - \log [H_3O^+]$$

$$pH = \frac{E - E'}{0,059}$$

Glaselektroden sind in sehr stark saurer oder stark alkalischer Lösung nicht verwendbar.

10.9 Elektrolyse

Legt man an eine galvanische Zelle eine größere Spannung und entgegengesetzt an, als die Zelle selbst liefert, so fließt ein Strom in der umgekehrten Richtung, und chemische Redoxprozesse verlaufen ebenfalls in Umkehrung der sonst freiwillig ablaufenden Reaktionen. Die zwangsweise Umkehrung der freiwillig ablaufenden Redoxreaktionen bezeichnet man als Elektrolyse und die hierzu mindestens anzulegende Spannung als Zersetzungsspannung. Diese Zersetzungsspannung entspricht theoretisch der Spannung, die eine galvanische Zelle mit den entsprechenden Redoxpaaren liefern würde. Oft sind die Zersetzungsspannungen jedoch höher als die aus den Einzelpotentialen berechneten Spannungen. Die Differenz zwischen der gemessenen und der berechneten Zersetzungsspannung, die Überspannung, ist durch Hemmungserscheinungen bedingt und hängt stark vom Elektrodenmaterial ab.

Bei der Elektrolyse wandern Kationen zur negativen Elektrode (an die Kathode) und nehmen dort Elektronen auf. Anionen wandern zur positiven Elektrode (an die Anode) und geben dort Elektronen ab. Die Kathode reduziert also Kationen, die Anode oxidiert Anionen (Abb. 10.9.1).

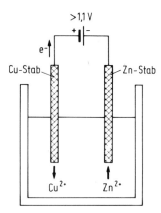

Abb. 10.9.1. Elektrolyse.

Sind in der Lösung oder Schmelze mehrere Kationen und Anionen, so werden zuerst diejenigen Kationen reduziert, die am wenigsten weit im negativen Bereich liegen, und diejenigen Anionen oxidiert, die am wenigsten weit im positiven Bereich der Spannungsreihe stehen. Diese Betrachtungen gelten nur, solange keine Überspannungen vorhanden sind.

11. Gleichgewichtsphänomene zwischen verschiedenen Phasen

11.1 Diffusion

Bestehen in einer Lösung Konzentrationsunterschiede, so gleichen sie sich im Laufe der Zeit aus. Diesen Effekt können wir beobachten, wenn wir eine Permanganatlösung mit Wasser vorsichtig so überschichten, daß wir zwischen der stark violetten Kaliumpermanganatlösung und dem reinen Wasser eine deutliche Trennfläche erhalten. Die Trennfläche wird bald unscharf, und nach einigen Wochen ist die ganze Flüssigkeit violett gefärbt; die Konzentrationsunterschiede sind verschwunden. Diesen Konzentrationsausgleich bezeichnet man als Diffusion.

Die treibende Kraft der Diffusion ist in einer Erhöhung der Unordnung, also einer Entropievermehrung, im Laufe des Prozesses zu suchen. Genau wie Gase das Bestreben haben, den ganzen zur Verfügung stehenden Raum gleichmäßig zu erfüllen, sind gelöste Substanzen bestrebt, sich in der ganzen Lösung gleichmäßig zu verteilen.

Die thermische Bewegung der Moleküle des gelösten Stoffes und des Lösungsmittels ermöglicht diesen Konzentrationsausgleich. Da die Wahrscheinlichkeit für den Übertritt von gelösten Molekülen aus einem Volumenelement in ein anderes der Anzahl der gelösten Moleküle (der Konzentration) proportional ist, wandern in der gleichen Zeit mehr Moleküle aus einem Volumenelement höherer Konzentration in eines niedrigerer Konzentration als umgekehrt. Daraus resultiert ein Konzentrationsausgleich. Die Diffusion ist in Lösungen allerdings viel langsamer als in Gasen, da in Flüssigkeiten relativ dichtgepackte Moleküle vorliegen, während in Gasen große Abstände zwischen den Molekülen bestehen.

11.2 Osmotischer Druck

Wie Gase einen Druck auf die Behälterwand ausüben, so verursachen auch gelöste Substanzen einen sog. osmotischen Druck, wenn sich zwischen Lösungen unterschiedlicher Konzentration eine semipermeable Membran befindet. Eine semipermeable (halbdurchlässige) Membran läßt, da sie Poren geeigneter Größe aufweist, nur die kleineren Lösungsmittelmoleküle durch, nicht aber die etwas größeren gelösten Moleküle.

Befindet sich z.B. auf einer Seite einer semipermeablen Membran nur Lösungsmittel, auf der anderen Seite dagegen eine Lösung, so besteht auch hier das Bestreben, die Konzentrationen auszugleichen. Da die gelösten Moleküle die semipermeable Membran nicht passieren können, kann ein Konzentrationsausgleich nur so erfolgen, daß mehr Lösungsmittelmoleküle in die Lösung diffundieren als umgekehrt. Diesen Vorgang bezeichnet man als Osmose.

Die in der Lösung gelösten Moleküle verhalten sich wie Gasmoleküle und üben, genau wie diese gegenüber Vakuum, dem reinen Lösungsmittel gegenüber einen Druck aus, den osmotischen Druck.

Für den osmotischen Druck gilt nach Van't Hoff (analog der allgemeinen Gasgleichung):

$$p_{osm} \cdot V = n \cdot R \cdot T$$

oder, da

$$c = \frac{n}{V},$$

$$p_{osm} = c \cdot R \cdot T$$

Experimentell kann man den osmotischen Druck mit der Pfefferschen Zelle zeigen (Abb. 11.2.1). Die Pfeffersche Zelle besteht aus einem Gefäß mit semipermeablen Wänden, das mit einem Steigrohr versehen ist. Befindet sich in der Zelle eine Lösung und außerhalb der Zelle reines Lösungsmittel, so diffundiert so lange Lösungsmittel in die Zelle (wodurch die Flüssigkeit im Steigrohr hochsteigt), bis der hydrostatische Druck der Flüssigkeitssäule in der Zeiteinheit genauso viele Lösungsmittelmoleküle nach außen drückt wie der osmotische Druck nach innen. In diesem Zustand besteht Gleichgewicht zwischen dem hydrostatischen Druck der Flüssigkeitssäule und dem osmotischen Druck der gelösten Substanz.

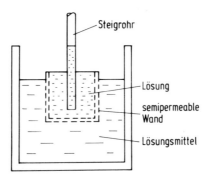

Abb. 11.2.1. Pfeffersche Zelle.

Da der osmotische Druck proportional der Anzahl der gelösten Teilchen ist, muß man bei gelösten Elektrolyten die molare Konzentration mit der Anzahl der Ionen multiplizieren, die der Elektrolyt bei Auflösung in Wasser ergibt. Z.B.

$$NaCl \longrightarrow Na^+ \quad + Cl^-, \quad \text{d.s. 2 Ionen}$$
$$Na_2SO_4 \longrightarrow 2\,Na^+ \quad + SO_4^{2-}, \quad \text{d.s. 3 Ionen}$$

Eine einmolare Natriumchloridlösung hat also einen doppelt so hohen und eine einmolare Natriumsulfatlösung einen dreimal so hohen osmotischen Druck wie eine einmolare Zuckerlösung. Diese Tatsache berücksichtigt man durch den

Begriff der Osmolarität, das ist das Produkt der Molarität und der Anzahl der pro mol gebildeten Partikel.

Ein Osmol sind also $6,022 \cdot 10^{23}$ osmotisch wirksame Teilchen.

11.3 Dialyse

In der Dialyse nützt man die Diffusion niedermolekularer Substanzen durch eine Dialysiermembran zur Trennung niedermolekularer von hochmolekularen Stoffen aus.

Eine Dialysiermembran läßt niedermolekulare gelöste Substanzen und Lösungs-mittelmoleküle durch, nicht aber hochmolekulare Substanzen. Befindet sich auf der einen Seite einer Dialysiermembran eine wäßrige Lösung, die niedermoleku-lare (z.B. NaCl) und hochmolekulare Stoffe (z.B. Proteine) enthält, und auf der anderen Seite fließendes, reines Wasser, so können nur die niedermolekularen Stoffe durch die Membran diffundieren, die makromolekularen Bestandteile bleiben zurück.

11.4 Donnan-Beziehung

Die meisten Proteine liegen bei physiologischem pH-Wert als Anionen vor. Da die Summen der positiven und der negativen Ionenladungen in jedem Volumenelement aus Gründen der Elektroneutralität einander gleich sein müssen, befindet sich in der Nähe der Protein-Anionen eine entsprechende Anzahl von Kationen. Haben wir Protein-Anionen in einer aus einer Dialysiermembran gebildeten Zelle (Abb. 11.4.1), so sind ebenso viele Kationen (z.B. Na^+) in der Zelle.

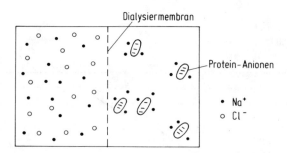

Abb. 11.4.1. Zelle mit Dialysiermembran.

Geben wir in den Außenraum der Zelle eine NaCl-Lösung, so besteht an der Dialysiermembran bezüglich der Chloridionen ein Konzentrationsgefälle von außen nach innen. Deshalb diffundieren Chloridionen in den Innenraum der

Zelle. Die Chloridionen müssen wegen des Erhaltes der Elektroneutralität
Natriumionen mitnehmen, bis gilt:

$$[Na^+]_a \cdot [Cl^-]_a = [Na^+]_i \cdot [Cl^-]_i$$

bzw.

$$\frac{[Na^+]_a}{[Na^+]_i} = \frac{[Cl^-]_i}{[Cl^-]_a}$$

Auf Grund dieser Ionenverteilung, die als Donnan-Verteilung bezeichnet wird,
erklären sich einige Effekte:

Im Innenraum einer solchen Zelle befinden sich mehr Kationen als niedermolekulare Anionen. Als Kationen zählen auch Hydroniumionen, deshalb ist der pH-
Wert im Innern der Zelle niedriger. Aus diesen Gründen ergibt auch die Messung
des osmotischen Druckes von Proteinen in der natürlichen Zelle zu hohe Werte,
wenn man sie nicht am isoelektrischen Punkt des Proteins vornimmt.

11.5 Dampfdruckerniedrigung

Ähnlich wie beim osmotischen Druck besteht bei der Dampfdruckerniedrigung
eine Proportionalität zur Anzahl der gelösten Teilchen.

Der Dampfdruck einer Lösung, die einen nichtflüchtigen Stoff enthält, ist bei
bestimmter Temperatur niedriger als der Dampfdruck des reinen Lösungsmittels.
Bei der graphischen Auftragung des Dampfdruckes gegen die Temperatur (Abb.
11.5.1) von reinem Wasser (und Eis) und von einer wäßrigen Lösung sehen wir,
daß der Schnittpunkt der Dampfdruckkurve des Eises mit der Dampfdruckkurve
der Lösung bei tieferer Temperatur liegt als bei reinem Wasser.

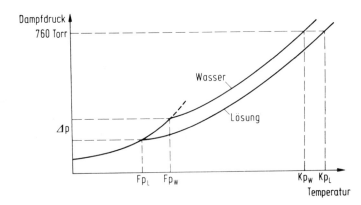

Abb. 11.5.1. Temperaturabhängigkeit des Dampfdruckes von reinem Wasser (Eis) und
            einer wäßrigen Lösung.

Bei der Temperatur des Schnittpunktes der Dampfdruckkurve der festen mit der flüssigen Phase stehen beide im Gleichgewicht nebeneinander, d.h. bei dieser Temperatur liegt der Schmelzpunkt (Gefrierpunkt) des Wassers. Aus den beiden Dampfdruckkurven sehen wir, daß die Lösung einen niedereren Gefrierpunkt hat als reines Wasser.

Ebenso sehen wir daraus, daß die Lösung erst bei höherer Temperatur einen Dampfdruck von 760 mm Hg erreicht, daß also der Siedepunkt der Lösung höher liegt als der von reinem Wasser.

Ein gelöster, nichtflüchtiger Stoff verursacht demnach eine Gefrierpunktserniedrigung ΔFp und eine Siedepunktserhöhung ΔKp.

Die Dampfdruckerniedrigung und die experimentell leichter bestimmbare Gefrierpunktserniedrigung bzw. Siedepunktserhöhung sind proportional der Anzahl der gelösten Teilchen. Äquimolare Lösungen von Nichtelektrolyten und von Elektrolyten enthalten unterschiedliche Teilchenanzahlen und ergeben deshalb abweichende Dampfdruckerniedrigung, Gefrierpunktserniedrigung und Siedepunktserhöhung sowie auch einen abweichenden osmotischen Druck.

$$\Delta Fp = n \cdot E_{Fp}$$

E_{Fp} molare Gefrierpunktserniedrigung des Lösungsmittels

und

$$\Delta Kp = n \cdot E_{Kp}$$

E_{Kp} molare Siedepunktserhöhung des Lösungsmittels

Die Konstanten E_{Fp} und E_{Kp} sind für das jeweilige Lösungsmittel charakteristisch. Für Wasser sind sie:

$$E_{Fp} = -1,86°$$

$$E_{Kp} = +0,51°$$

11.6 Löslichkeit von Gasen in Flüssigkeiten

Gase lösen sich in Flüssigkeit in bestimmtem Ausmaße. Für die Größe der Löslichkeit eines Gases bei konstanter Temperatur gilt das Henrysche Gesetz: Die Löslichkeit eines Gases in Flüssigkeiten ist proportional dem Druck des Gases:

$$c = K \cdot p$$

c   die Konzentration des Gases in der Lösung
p   der Druck des Gases

Die Löslichkeit von Gasen in Flüssigkeiten nimmt mit steigender Temperatur ab.

11.7 Nernstsches Verteilungsgesetz

Das Nernstsche Verteilungsgesetz beschreibt die Verteilung eines gelösten Stoffes zwischen zwei nicht miteinander mischbaren Flüssigkeiten, wie etwa Chloroform und Wasser.

Löst man beispielsweise Jod in Wasser, gibt Chloroform dazu und schüttelt so lange, bis sich das Verteilungsgleichgewicht eingestellt hat, dann ist das Verhältnis der Konzentrationen des Jods in beiden Lösungsmitteln bei bestimmter Temperatur konstant.

Das Nernstsche Verteilungsgesetz besagt: Das Konzentrationsverhältnis eines in zwei flüssigen Phasen gelösten Stoffes ist bei konstanter Temperatur konstant.

$$\frac{c_1}{c_2} = k$$

c_1 Konzentration einer Substanz in der flüssigen Phase 1
c_2 Konzentration einer Substanz in der flüssigen Phase 2

Das Nernstsche Verteilungsgesetz ist für Extraktionsverfahren und für die Chromatographie sehr wichtig.

11.8 Oberflächenspannung

Die Homogenität von Phasen endet an den Grenzschichten. Die Atome oder Moleküle an der Oberfläche einer flüssigen Phase, die an verdünnte Gase grenzt, unterscheiden sich von den Atomen oder Molekülen des Phaseninneren. Da die Oberflächenmoleküle nur einseitig von ihren Nachbarn umgeben sind, unterliegen sie nur Kräften, die nach dem Phaseninneren gerichtet sind.

Solange es möglich ist, geben die Oberflächenmoleküle diesen Kräften nach. Das bedeutet, daß Flüssigkeiten bestrebt sind, eine möglichst kleine Oberfläche zu haben.

Ohne Einwirkung anderer Kräfte (insbesondere der Schwerkraft) nähmen Flüssigkeiten Kugelgestalt an. Dies ist tatsächlich bei sehr kleinen Flüssigkeitsmengen der Fall. Sehr kleine Tropfen sind nahezu kugelförmig.

Vergrößern wir die Oberfläche, so müssen Moleküle aus dem Innern der Flüssigkeit in die Grenzschichte gebracht werden. Gegen die einseitig nach dem Phaseninneren wirkenden Kräfte muß Arbeit geleistet werden. Die Arbeit, die man benötigt, um 1 cm^2 neue Oberfläche zu erzeugen, bezeichnet man als die Oberflächenspannung σ.

Dimension:

$$\sigma = \frac{[\text{Arbeit}]}{[\text{Oberfläche}]} = \frac{[\text{Kraft}]}{[\text{Länge}]}$$

Die Oberflächenspannung kann als die in der Oberfläche je Längeneinheit wirkende Kraft angesehen und auch so gemessen werden. Die Einheit der Oberflächenspannung ist $N \cdot m^{-1}$.

Die Oberflächenspannung ist von den Kräften, die zwischen den Molekülen wirken, abhängig und daher bei Wasser als Folge der Wasserstoffbrückenbindung relativ hoch.

Die Oberflächenspannung nimmt allgemein mit steigender Temperatur ab.

11.9 Oberflächenaktive Substanzen

Die unsymmetrischen Kräfteverhältnisse an den Grenzflächen bewirken, daß sich gelöste Substanzen entweder bevorzugt in den Grenzflächen aufhalten oder diese meiden.

Sind die Kräfte zwischen der gelösten Substanz und dem Lösungsmittel größer als die zwischen den Lösungsmittelmolekülen untereinander, so reichert sich die gelöste Substanz im Phaseninneren an. Beispielsweise finden sich in einer wäßrigen Lösung eines Salzes weniger Ionen in der Grenzschicht gegen Luft, da die Anziehungskräfte zwischen Ionen und Wassermolekülen größer sind als die zwischen Wassermolekülen untereinander.

Gelöste Moleküle, die einerseits stark polare Gruppen (sog. hydrophile Gruppen wie $-OH$, $-COOH$, $-NH_2$), andererseits apolare Gruppen (hydrophobe Gruppen wie längere Kohlenwasserstoffreste) enthalten, reichern sich in wäßriger Lösung in der Grenzfläche gegen Luft an. Solche Moleküle, die aus einem hydrophilen und einem hydrophoben Anteil bestehen, heißen oberflächenaktive Substanzen, Netzmittel oder Tenside.

Die Moleküle oberflächenaktiver Substanzen ordnen sich so an der Wasseroberfläche an, daß die hydrophilen Gruppen in das Wasser eintauchen und die hydrophoben Gruppen nach außen stehen (Abb. 11.9.1). Monomolekulare Schichten oberflächenaktiver Substanzen sind bereits wirksam. Daher sind schon ganz geringe Substanzmengen fähig, die Oberflächenspannung zu erniedrigen.

Die Anwesenheit oberflächenaktiver Substanzen erkennt man an der Neigung einer Flüssigkeit zu schäumen. Seifen und Waschmittel sind oberflächenaktive Substanzen. Seifen bestanden ursprünglich aus Alkalisalzen höherer Fettsäuren. Seifen und Waschmittel enthalten heute überwiegend andere Substanzen wie Alkylarylsulfonate, Arylsulfonate und Alkylsulfate. Auch kationenaktive Verbin-

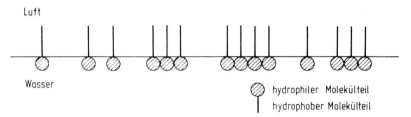

Abb. 11.9.1. Anordnung oberflächenaktiver Substanzen an einer Wasseroberfläche.

Tab. 11.9.1 Die gebräuchlichsten oberflächenaktiven Substanzen

1. Anionenaktive Verbindungen:	Alkalisalze höherer Fettsäuren
	Alkylarylsulfonate
	Arylsulfonate
	Alkylsulfate
2. Kationenaktive Verbindungen:	Langkettig substituierte quartäre Ammoniumsalze

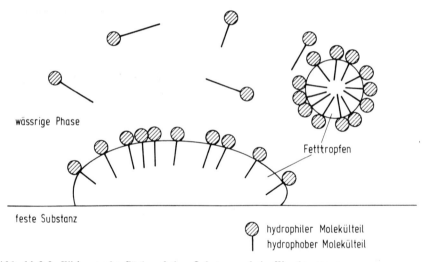

Abb. 11.9.2. Wirkung oberflächenaktiver Substanzen beim Waschvorgang.

dungen wie langkettig substituierte quartäre Ammoniumsalze sind in Gebrauch. Solche kationenaktiven Verbindungen bezeichnet man als Invertseifen, da ein Kation als hydrophile Gruppe wirkt und nicht, wie bei den anderen Seifen, ein Anion (Tab. 11.9.1).

Beim Waschvorgang wirken die oberflächenaktiven Moleküle benetzend, indem sie mit dem hydrophoben Anteil in Fettschichten hineinragen und so eine

Emulgierung des Fettes ermöglichen (Abb. 11.9.2). Die Fettschichten, die den Staub und Schmutz enthalten, können mit der Seifenlösung fortgespült werden.

Oberflächenaktive Substanzen des tierischen und menschlichen Organismus sind die Gallensäuren. Im Darm setzen sie die Oberflächenspannung zwischen dem Nahrungsfett und dem wäßrigen Darminhalt herab, ermöglichen so eine Emulgierung und erleichtern dadurch den Abbau.

11.10 Kolloide

Bei den meisten chemischen Systemen haben die Eigenschaften der Phasengrenzflächen keine große Bedeutung. Werden die Substanzen dagegen sehr fein verteilt, so nimmt die Oberfläche stark zu, und die Eigenschaften der Phasengrenzflächen spielen, verglichen mit den Eigenschaften des Phaseninneren, eine große Rolle. Solche sehr fein verteilten Systeme bezeichnet man als Kolloide bzw. als kolloide Lösungen.

Kolloide Lösungen sind ein Übergangsbereich zwischen molekularen Lösungen und Suspensionen. Suspensionen enthalten feste, makroskopisch beobachtbare Teilchen, Kolloide Partikel des Größenbereiches von 10 − 1000 nm in einer flüssigen Phase.

Diese Partikelgröße wird dadurch erreicht, daß entweder die Moleküle selbst so groß sind (Makromoleküle) oder daß sich viele kleinere Moleküle zusammenschließen.

Natürliche Makromoleküle wie Eiweißstoffe, Nukleinsäuren und Polysaccharide haben eine große Bedeutung in der Biochemie. Zahlreiche andere Makromoleküle erzeugt die chemische Industrie heute synthetisch in großer Menge.

Da Kolloide aus Teilchen einer Phase im entsprechenden Größenbereich bestehen, die in einer anderen Phase verteilt sind, kann man sie nach der Phase des Kolloids und der Phase, in der das Kolloid verteilt ist, ordnen (Tab. 11.10.1).

Tab. 11.10.1 Einteilung der Kolloide

Bezeichnung	Kolloidale Phase	Überschüssige Phase	Beispiel
Aerosol	fest	gasförmig	Rauch
Aerosol	flüssig	gasförmig	Nebel
Sol	fest	flüssig	Goldsol
Emulsion	flüssig	flüssig	Milch
Schaum	gasförmig	flüssig	Schlagrahm
Gel	flüssig	fest	Gallertartige Stoffe

Eine andere Einteilung der Kolloide in hydrophile und hydrophobe berücksichtigt die Kräfte, die verhindern, daß sich die Kolloide zu größeren Partikeln zusammenschließen.

Eine der stabilisierenden Kräfte ist die elektrostatische Abstoßung gleichsinnig geladener Teilchen. Die Kolloidteilchen können entweder selbst Ladungen tragen oder gleichgeladene Ionen an ihrer Oberfläche aufnehmen. Kolloide, die nur durch Aufnahme von Ionen in Lösung gehen können, heißen hydrophobe Kolloide.

Hydrophile Kolloide stabilisieren sich durch Hydratation. Auf Grund polarer Gruppen an ihrer Oberfläche umgeben sie sich mit einem Mantel von Lösungsmittelmolekülen, der ein Ausflocken verhindert.

11.11 Adsorption

Die Oberflächen von Festkörpern können Moleküle oder Atome aufnehmen, adsorbieren. Die Phase, deren Oberfläche Substanzen bindet, heißt Adsorbens, die Substanz, die angelagert werden soll, Adsorptiv. Ist diese Substanz an der Oberfläche adsorbiert, bezeichnet man sie als Adsorbat.

Die Adsorption an Festkörpern verläuft unterschiedlich, je nachdem, ob die Bindungen zwischen Adsorbens und Adsorbat auf van der Waalsschen Kräften oder chemischen Bindungen beruhen.

Chemische Bindungen führen zu chemischer, van der Waalsche Kräfte zu physikalischer Adsorption.

Die Adsorption an festen Oberflächen ist abhängig von der Art und der Oberfläche des Adsorbens, vom Partialdruck oder der Konzentration des Adsorptivs und von der Temperatur.

Untersucht man die Abhängigkeit der adsorbierten Menge bestimmter Adsorbentien vom Partialdruck des Adsorptivs bei konstanter Temperatur, so erhält man die sog. Adsorptionsisothermen.

Die Abhängigkeit der adsorbierten Menge vom Partialdruck oder der Konzentration in der Nachbarphase gibt man gewöhnlich graphisch wieder. Die Adsorptionsisothermen bei chemischer und bei physikalischer Adsorption verlaufen unterschiedlich.

Bei chemischer Adsorption findet man oft bei kleinem Adsorptiv-Partialdruck einen linearen Anstieg der chemisch adsorbierten Menge. Bei höheren Partialdrucken biegt die Adsorptionsisotherme zu einem Sättigungswert um (Abb. 11.11.1).

Nach Langmuir entspricht dieser Sättigungswert einer zusammenhängenden, monomolekularen Schicht des Adsorbats.

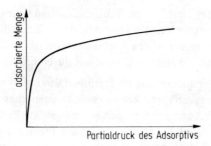

Abb. 11.11.1. Adsorptionsisotherme bei chemischer Adsorption.

Die Isothermen bei physikalischer Adsorption verlaufen nur in ganz kleinen Partialdruckbereichen ähnlich wie die bei chemischer Adsorption, bei hohem Partialdruck des Adsorptivs biegen sie wieder nach oben um (Abb. 11.11.2).

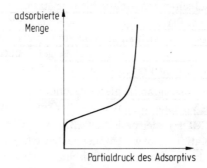

Abb. 11.11.2. Adsorptionsisotherme bei physikalischer Adsorption.

Sind der Druck sowie die Menge des Adsorptivs und des Adsorbens gleich, so nimmt die adsorbierte Menge mit steigender Temperatur gewöhnlich ab.

Adsorptionsvorgänge sind medizinisch bedeutend (z.B. Entfernung schädlicher Substanzen aus dem Darminhalt mit Tierkohle: Tierkohle ist infolge einer sehr großen spezifischen Oberfläche ein gutes Adsorbens).

Besonders wichtig ist die Adsorption für die heterogene Katalyse und für chromatographische Methoden.

11.12 Trennverfahren

Um aus Lösungen oder homogenen Gemischen die reinen Komponenten zu isolieren, nützt man Unterschiede physikalischer Eigenschaften der Reinsubstanzen aus, wobei man gewöhnlich eine Substanz in eine andere Phase überführt.

Die Trennverfahren der Destillation, Sublimation und Gefriertrocknung beruhen auf Dampfdruckunterschieden, die Trennung durch Kristallisation auf unterschiedlicher Löslichkeit. Unterschiedliche Verteilungskoeffizienten ermöglichen die Isolierung von Reinsubstanzen aus Gemischen durch Extraktion.

Für die meisten chromatographischen Trennverfahren sind unterschiedliche Verteilungskoeffizienten von Substanzen in zwei flüssigen Phasen ausschlaggebend. Teilweise haben auch Adsorptionsvorgänge eine gewisse Bedeutung. Bei den üblichen chromatographischen Verfahren erfolgt die Trennung durch sehr oft wiederholte Verteilung des Substanzgemisches zwischen zwei Phasen. Die mobile Phase, die das Substanzgemisch mitführt, bewegt sich über die stationäre Phase. Diese ist gewöhnlich eine dünne Flüssigkeitsschicht, die auf einem Festkörper großer spezifischer Oberfläche haftet.

Je nach Anordnung der stationären Phase bezeichnet man das Verfahren als Säulenchromatographie (die stationäre Phase befindet sich in einer Glas- oder Stahlsäule), als Dünnschichtchromatographie (die stationäre Phase ist in einer dünnen Schicht auf einer Platte aufgetragen) oder als Papierchromatographie (die stationäre Phase befindet sich an geeignetem Papier). Ist die mobile Phase flüssig, so bezeichnet man das Verfahren als Flüssigchromatographie. Bei der Gaschromatographie dient ein Trägergas als mobile Phase.

Die Ionenaustauschchromatographie bietet besonders zur Trennung von Aminosäurengemischen viele Vorteile. Ionenaustauscher sind Kunstharze, die saure (z.B. $-SO_3H$ oder $-COOH$) oder basische (z.B. $-\overset{+}{N}R_3/OH^-$ oder $-NH_2$) Gruppen enthalten (Kationen- bzw. Anionenaustauscher). Die sauren Gruppen bilden mit Wasser Hydroniumionen, die basischen Hydroxidionen. Beide Ionen bleiben am Austauscher gebunden.

Z.B.

$$\text{Festkörper } -SO_3H + H_2O \rightarrow \text{Festkörper } -SO_3^- + H_3O^+$$

$$\text{Festkörper } -NH_2 + H_2O \rightarrow \text{Festkörper } -NH_3^+ + OH^-$$

Strömt eine Lösung, die Kationen enthält, über einen Kationenaustauscher, so bleiben Kationen an Stelle der Hydroniumionen auf dem Austauscher. Diese Kationen lassen sich durch Zugabe starker Säuren wieder durch Hydroniumionen ersetzen. Analog tauschen Anionenaustauscher Anionen gegen Hydroxidionen aus.

Zur Trennung von Aminosäuren bringt man die bei niedrigem pH als Kationen vorliegenden Aminosäuren auf den Kationenaustauscher, der in eine Glassäule gefüllt ist. Die Aminosäuren werden an der Stelle der Hydroniumionen oder anderer Kationen an den Austauscher gebunden. Anschließend überführt man die Aminosäuren durch Eluieren mit einem Puffer, dessen pH kontinuierlich zunimmt, in die Zwitterionenform, wodurch sie in der Reihenfolge zunehmenden isoelektrischen Punktes (siehe Kap. 26.9) eluiert werden. Da sich dieser Vorgang, wie bei allen chromatographischen Verfahren, sehr oft wiederholt, können auch bei geringen Unterschieden des isoelektrischen Punktes gute Trennungen erzielt werden.

Ionenaustauscher sind sehr wichtig zum Entsalzen des Wassers. Mit Kationenaustauschern lassen sich die Kationen durch Hydroniumionen, mit Anionenaustauschern die Anionen durch Hydroxidionen ersetzen. Da Hydroniumionen mit Hydroxidionen praktisch vollständig zu Wasser reagieren, erhält man durch den Ionenaustausch weitgehend elektrolytfreies Wasser.

12. Chemische Kinetik

12.1 Reaktionsgeschwindigkeit

In der Thermodynamik haben wir die freie Enthalpie kennengelernt, die uns sagt, ob eine chemische Reaktion unter den gegebenen Bedingungen ablaufen kann. Die Änderung der freien Enthalpie im Verlaufe der Reaktion gibt uns keine Auskunft, wie rasch die chemische Reaktion abläuft. Mit der tatsächlichen Reaktionsgeschwindigkeit, die angibt, wie schnell sich eine chemische Substanz in eine andere umwandelt, und mit dem genauen Weg der Moleküle bei der Reaktion beschäftigt sich die Reaktionskinetik.

Bei einer chemischen Reaktion nehmen innerhalb eines Zeitintervalls Δt die Konzentrationen der Ausgangsstoffe ab und die der Endprodukte zu. Die Reaktionsgeschwindigkeit RG ist deshalb definiert als:

$$RG = -\frac{d\,[\text{Ausgangsstoffe}]}{dt} = \frac{d\,[\text{Produkte}]}{dt}$$

Ein negatives Vorzeichen eines Reaktanten in der Geschwindigkeitsgleichung bedeutet, daß seine Konzentration bei der Reaktion abnimmt, ein positives, daß sie steigt.

12.2 Reaktionsordnung

Die Abhängigkeit der Reaktionsgeschwindigkeit chemischer Reaktionen von den Konzentrationen der Reaktionspartner ist nicht einheitlich und kann nicht der stöchiometrischen Gleichung entnommen werden.

Es ist daher notwendig, die Reaktionsgeschwindigkeit nach bestimmten Zeitinter-
vallen durch Bestimmen der Konzentrationen eines oder mehrerer Reaktionspartner mit analytischen Methoden zu erfassen. So findet man experimentell die
Reaktionsgeschwindigkeit als Abnahme der Konzentration eines Ausgangsstoffes
oder der Zunahme der Konzentration eines Endproduktes bei konstanter Temperatur in Form des sog. Zeitgesetzes, beispielsweise für die Reaktion:

$$A + B + C \rightleftarrows D + E + F$$

$$RG = -\frac{d[A]}{dt} = k \cdot [A]^n$$

Die Konstante k ist die Geschwindigkeitskonstante der Reaktion. Der Exponent n
der Konzentration von A bestimmt die Reaktionsordnung. Die Reaktionsordnung
ist gewöhnlich ganzzahlig, und zwar 0, 1, 2 oder 3.

Das Zeitgesetz hat in Abhängigkeit von der Reaktionsordnung die Formen:

0. Ordnung: $-\dfrac{d[A]}{dt} = k$

1. Ordnung: $-\dfrac{d[A]}{dt} = k \cdot [A]$

2. Ordnung: $-\dfrac{d[A]}{dt} = k \cdot [A]^2$ oder $-\dfrac{d[A]}{dt} = k \cdot [A] \cdot [B]$

3. Ordnung: $-\dfrac{d[A]}{dt} = k \cdot [A]^3$ oder $-\dfrac{d[A]}{dt} = k \cdot [A] \cdot [B] \cdot [C]$

Die Exponenten der Konzentrationen im Zeitgesetz und die Faktoren der stöchiometrischen Gleichung sind im allgemeinen nicht identisch.

Die experimentelle Bestimmung der Reaktionsordnung ist nicht immer ganz leicht.
Sie erfolgt oft graphisch, indem man die Konzentration in Abhängigkeit von der
Zeit aufträgt, wobei für jede Reaktionsordnung ein bestimmter Kurvenverlauf zu
erwarten ist (Abb. 12.2.1).

Auch eine Auftragung z.B. in logarithmischem Ordinatenmaßstab führt oft zum
Erfolg.

Eine andere Möglichkeit besteht in der Betrachtung der Konzentrationsabhängigkeit der Halbwertszeit der Reaktion. Die Halbwertszeit ist die Zeit, in der die
Hälfte der ursprünglich vorhandenen Ausgangsstoffe umgesetzt ist (vgl. Kap. 3.5).

Die Halbwertszeit ist bei Reaktionen 1. Ordnung unabhängig von der Anfangs-
konzentration.

Hat man die Reaktionsordnung gefunden, so kann man aus ihr nicht ohne weiteres
auf den molekularen Ablauf, auf den Mechanismus der Reaktion schließen.

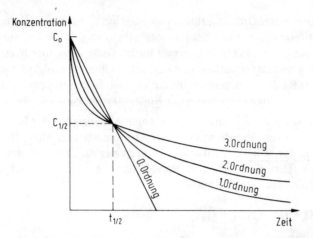

Abb. 12.2.1. Zeitliche Konzentrationsabnahme in Abhängigkeit von der Reaktionsordnung.

Nur wenn eine Reaktion aus einem einzigen Teilschritt besteht, stimmen der Reaktionsmechanismus und die Reaktionsordnung überein. Für diesen Fall wollen wir die molekularen Vorgänge, die zu einer bestimmten Reaktionsordnung führen, besprechen.

1. Reaktionen 0. Ordnung sind unabhängig von der Konzentration der Ausgangsstoffe, die Reaktionsgeschwindigkeit ist also konstant. In der graphischen Auftragung der Konzentration gegen die Zeit erhalten wir eine Gerade. Reaktionen 0. Ordnung finden wir bei einigen katalytischen und enzymatischen Reaktionen in gewissen Konzentrationsbereichen. Die Reaktionsgeschwindigkeit wird von der Katalysator- oder Enzymmenge bestimmt.

2. Bei Reaktionen 1. Ordnung hängt die Reaktionsgeschwindigkeit bei konstanter Temperatur von der Konzentration eines Reaktionspartners ab. Die Konzentration des Reaktionspartners fällt mit der Zeit sehr rasch ab. Trägt man den Logarithmus der Konzentration gegen die Zeit auf, so erhält man bei Reaktionen 1. Ordnung eine Gerade (Abb. 12.2.2). Beispiele für Reaktionen erster Ordnung sind Zerfallsvorgänge (Bsp. radioaktiver Zerfall) oder Umlagerungsreaktionen.

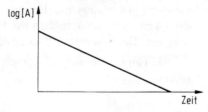

Abb. 12.2.2. Logarithmische Auftragung der Konzentration gegen die Zeit bei einer Reaktion erster Ordnung.

Eine Reaktion erster Ordnung findet man aber auch, wenn eine Konzentration eines Reaktionspartners (z.B. des Lösungsmittels) so groß ist, daß sie während der ganzen Reaktion praktisch konstant bleibt. Diese konstante Konzentration ist in der Geschwindigkeitskonstante enthalten. Obwohl, molekular gesehen, zwei Moleküle zur Reaktion zusammentreffen müssen, finden wir eine Abhängigkeit der Reaktionsgeschwindigkeit von der Konzentration nur eines Reaktanten.

3. Bei Reaktionen 2. Ordnung finden wir eine Abhängigkeit der Reaktionsgeschwindigkeit von dem Produkt zweier Konzentrationen. Diese Reaktionsordnung liegt vor, wenn der Zusammenstoß zweier reaktionsbereiter Moleküle zur Reaktion führt. Sehr viele chemische Reaktionen verlaufen nach der 2. Ordnung. Beispielsweise ist die Reaktion

$$NO + O_3 \rightarrow NO_2 + O_2$$

eine Reaktion 2. Ordnung, die, molekular betrachtet, dann abläuft, wenn ein NO- und ein O_3-Molekül ausreichender Aktivierungsenergie zusammenstoßen.

4. Reaktionen 3. Ordnung sind sehr selten, da die Wahrscheinlichkeit, daß gleichzeitig drei reaktionsbereite Moleküle zusammenstoßen, sehr klein ist. Reaktionen höherer Ordnung, bei denen mehr als drei Moleküle zusammentreffen, wurden nicht beobachtet.

Der Grund dafür, daß die stöchiometrischen Faktoren selten mit der experimentellen Reaktionsordnung übereinstimmen, ist darin zu suchen, daß die meisten chemischen Reaktionen aus mehreren Teilschritten bestehen. Nur der langsamste Teilschritt bestimmt die Reaktionsordnung der Gesamtreaktion. Deshalb erscheinen nur die Konzentrationen der Reaktionspartner des langsamsten Teilschrittes im Zeitgesetz.

12.3 Temperaturabhängigkeit der Reaktionsgeschwindigkeit

Die Geschwindigkeitsgleichung ändert sich meist nicht mit der Temperatur, stark dagegen die Größe der Geschwindigkeitskonstante. Um die Temperaturabhängigkeit der Reaktionsgeschwindigkeit zu erfassen, müssen wir deshalb nur die Temperaturabhängigkeit der Geschwindigkeitskonstante untersuchen.

Empirisch fand Arrhenius (1889) eine exponentielle Temperaturabhängigkeit der Geschwindigkeitskonstante:

$$k = A \cdot e^{-\frac{E_a}{RT}}$$

bzw.

$$\ln k = -\frac{E_a}{RT} + A$$

Die Arrheniusgleichung kann mit der Stoßtheorie gedeutet werden: Moleküle können nur miteinander reagieren, wenn sie direkt miteinander Kontakt haben, wenn sie zusammenstoßen. Die Zahl der Zusammenstöße übersteigt aber meist die Zahl der miteinander reagierenden Moleküle, d.h. die beobachteten Reaktionsgeschwindigkeiten, um ein Vielfaches. Auch ist die starke Zunahme der Reaktionsgeschwindigkeit bei steigender Temperatur durch die schwache Zunahme der Zahl der Zusammenstöße nicht zu erklären.

Nimmt man an, daß nur ein örtlich begrenzter Teil eines größeren Moleküls an der Reaktion beteiligt ist, so führen nur die Zusammenstöße, die direkt auf diesen Molekülausschnitt erfolgen, zu einer Reaktion. Diesen Bruchteil der ,,erfolgreichen Zusammenstöße" berücksichtigt der sogenannte sterische Faktor. Aber auch der sterische Faktor kann die vielen Zehnerpotenzen, um die die tatsächliche Reaktionsgeschwindigkeit kleiner ist als die Zahl der Zusammenstöße, bei weitem nicht erfassen.

Ebenso kann der sterische Faktor die große Temperaturabhängigkeit der Reaktionsgeschwindigkeit nicht erklären. Um die starke Zunahme der Reaktionsgeschwindigkeit zu deuten, nahm Arrhenius an, daß nur die Moleküle bei einem Zusammenstoß reagieren können, die mindestens die Energie $E = E_a$ haben.

Nach Boltzmann ist das der Bruchteil $e^{-\frac{E_a}{RT}}$.

Die Energie E_a bezeichnete Arrhenius als die Aktivierungsenergie der Reaktion.

Die Geschwindigkeitskonstante ist also nach der Stoßtheorie gleich der Zahl der Zusammenstöße, multipliziert mit dem sterischen Faktor und dem Bruchteil der Molekülzusammenstöße, deren Energie die Aktivierungsenergie übersteigt. Es ist also

$$k = Z \cdot P \cdot e^{-\frac{E_a}{RT}}$$

Z	Zahl der Zusammenstöße
P	sterischer Faktor
E_a	Aktivierungsenergie
R	allgemeine Gaskonstante
T	absolute Temperatur

$R = 0,082 \frac{\ell \cdot atm}{mol \cdot Gr.}$

$R = 8,31 \frac{Joule}{mol \cdot Gr.}$

Diese Gleichung geht in die empirisch gefundene über, indem man für $Z \cdot P$ die Konstante A einsetzt.

Den größten Einfluß auf die Geschwindigkeitskonstante chemischer Reaktionen hat meistens die Aktivierungsenergie. Je größer die Aktivierungsenergie ist, desto langsamer verläuft die Reaktion. Je höher die Temperatur ist, desto größer ist der Anteil der Moleküle, deren Aktivierungsenergie den Mindestbetrag überschreitet, und die bei einem Zusammenstoß reagieren können.

Viele chemische Reaktionen haben Aktivierungsenergien in der Größenordnung von 40 − 80 kJ/mol.

Praktisch ergibt sich daraus, daß sich die Reaktionsgeschwindigkeit bei einer Temperaturerhöhung von 10° verdoppelt bis verdreifacht.

Abb. 12.3.1 enthält das Energieprofil einer Reaktion, in dem die Energie der Reaktionspartner im Verlaufe der Reaktion gegen die Reaktionskoordinate aufgetragen ist. Die Reaktionskoordinate ist ein Maß für den Reaktionsablauf (er könnte z.B. die Atomabstände der reagierenden Atome enthalten). Beim Energiemaximum zwischen Ausgangs- und Endzustand entspricht die Atomanordnung der Reaktanten dem „aktivierten Komplex" oder Übergangszustand. Die Energiedifferenz zwischen dem Ausgangszustand und dem Übergangszustand entspricht der Aktivierungsenergie, die Energiedifferenz zwischen Ausgangszustand und Endzustand der Reaktionsenthalpie.

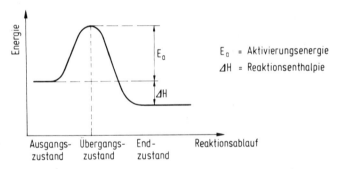

Abb. 12.3.1. Energieprofil einer Reaktion.

Läuft eine Reaktion in mehreren Teilschritten ab, so hat jede Reaktionsstufe eine eigene Aktivierungsenergie. Im Energieprofil einer solchen Reaktion (Abb. 12.3.2) erscheinen die Zwischenstufen als Energieminima. Isolierbare Zwischenstufen bezeichnet man als Zwischenprodukte.

Stehen einem chemischen System unterschiedliche Reaktionsweisen offen, so läuft bei kinetischer Kontrolle diejenige Reaktion ab, für die die niedrigste Aktivierungsenergie aufzuwenden ist.

Dem Übergangszustand entspricht eine bestimmte Atomanordnung der Reaktanten mit genau definierten Atomabständen und Bindungswinkeln. Diese Bindungen sind teilweise anders als in thermodynamisch stabilen Molekülen.

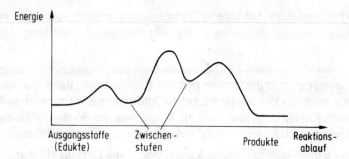

Abb. 12.3.2. Energieprofil einer Reaktion, die in mehreren Teilschritten verläuft.

Der Übergangszustand ist nur kurzzeitig existent, der aktivierte Komplex reagiert sofort weiter.

Beispiele für aktivierte Komplexe sind: Bei der Reaktion von H_2 mit D (Deuterium) $H–H + D \rightleftarrows H \cdots H \cdots D \rightleftarrows H + H–D$ besteht der Übergangszustand in einer linearen Anordnung der 3 Atome mit gleichen Abständen: $H \cdots H \cdots D$.

Beim Jodwasserstoffzerfall sind am aktivierten Komplex 2 Jod- und 2 Wasserstoffatome beteiligt.

$$
\begin{matrix}
H & H & H \cdots H & H–H \\
| \ + \ | & \rightarrow & \vdots \quad \vdots & \rightarrow \quad + \\
J & J & J \cdots J & J–J
\end{matrix}
$$

12.4 Katalyse

Katalysatoren erniedrigen die Aktivierungsenergie einer Reaktion dadurch, daß sie mit den Ausgangsstoffen einen energetisch niedrigeren Übergangszustand bilden (Abb. 12.4.1). Katalysatoren ermöglichen dadurch einen Reaktionsablauf,

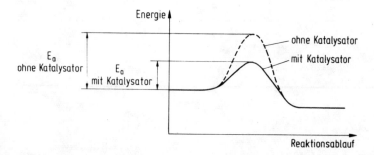

Abb. 12.4.1. Energieprofil einer Reaktion mit und ohne Katalysator.

der sonst entweder erst bei höheren Temperaturen möglich wäre oder, wenn dort die Gleichgewichtslage ungünstig ist, nur sehr langsam oder überhaupt nicht stattfände.

Ein Katalysator hat keinen Einfluß auf die Lage des chemischen Gleichgewichtes, er beschleunigt sowohl die Hin- als auch die Rückreaktion. Beispielsweise katalysieren fein verteiltes Platin oder Nickel die Addition von Wasserstoff an doppelt gebundenen Kohlenstoff, aber auch die Abspaltung von Wasserstoff aus gesättigten Kohlenwasserstoffen, wodurch Verbindungen mit Doppelbindungen entstehen.

Allerdings wirken viele technische Katalysatoren und Enzyme (Biokatalysatoren) sehr spezifisch, indem sie durch Bildung eines sehr reaktiven Komplexes die Reaktion ausschließlich in eine Richtung lenken. Dieselben Ausgangsstoffe können so je nach der Wahl des Katalysators unterschiedliche Endprodukte liefern.

Liegen der Katalysator und die Reaktionspartner in einer Phase vor (Gasphase oder flüssige Phase), so spricht man von Homogenkatalyse. Heterogenkatalyse erfolgt an den Oberflächen fester Substanzen, an denen die Reaktionspartner chemisch oder physikalisch adsorbiert sind.

B. Spezielle anorganische Chemie

B. Spezielle anorganische Chemie

13. Chemie der Elemente und Verbindungen

13.1 Hauptgruppenelemente

Die Hauptgruppenelemente oder s-, p-Elemente enthalten die zur Bildung chemischer Bindungen verfügbaren Elektronen, die Valenzelektronen, ausschließlich in s- und p-Orbitalen. Die Hauptgruppenelemente haben entweder leere oder vollbesetzte d- und f-Schalen. Ausnahmen sind die Elemente Zink, Cadmium und Quecksilber, die, obwohl sie in der Valenzschale zwei s-Elektronen haben, bei den d-Elementen behandelt werden.

Die Einteilung der Elemente in Gruppen berücksichtigt ihre chemische Ähnlichkeit und den weitgehend analogen Bau der Valenzschalen. Die chemische Ähnlichkeit ist innerhalb einer Gruppe ab der zweiten Achterperiode besonders stark. Zwischen der ersten und der zweiten Achterperiode findet man in der gleichen Gruppe teilweise Abweichungen, dagegen gewisse Ähnlichkeiten im Verhalten von Elementen der ersten Achterperiode mit Elementen der zweiten Achterperiode mit einer um eins höheren Gruppennummer. So ist Lithium dem Magnesium ähnlich, Beryllium ähnelt dem Aluminium usw. Diese sog. Schrägbeziehung zwischen Elementen der ersten und der zweiten Achterperiode ist durch ein nur wenig unterschiedliches Verhältnis von Ladung zu Radius bedingt.

13.2 Alkalimetalle (s^1-Elemente)

In der Gruppe der Alkalimetalle stehen die Elemente Lithium (Li), Natrium (Na), Kalium (K), Rubidium (Rb), Cäsium (Cs) und Francium (Fr). Sie enthalten ein s-Valenzelektron. Wasserstoff enthält zwar auch nur ein s-Elektron in der Valenzschale; da er jedoch in seinen Eigenschaften und Reaktionen sehr von den Alkalimetallen abweicht, rechnet man ihn nicht zu diesen.

Die s^1-Elemente haben eine geringe Dichte (Masse der Volumeneinheit) und einen tiefen Schmelzpunkt. Alkalimetalle geben das s-Elektron sehr leicht ab, d.h. sie haben eine niedrige Ionisierungsenergie und sind ausgesprochen elektropositive Metalle. Infolge ihrer großen Neigung zur Elektronenabgabe stehen sie in der elektrochemischen Spannungsreihe weit oben. Bei der Abgabe des s-Elektrons gehen die Alkalimetalle in einfach positiv geladene Ionen über. Die Oxidations-

$\rho = \frac{m}{V} \quad \left[\frac{kg}{m^3} \right]$

zahl dieser Ionen ist also +1. Die Ionen sind farblos, zeigen geringe Neigung, Komplexe zu bilden oder mit Wasser unter Protolyse zu reagieren.

Alkalimetalle reagieren mit Wasser sehr heftig unter Wasserstoffentwicklung. Z.B.:

$$2\,Na + 2\,H_2O \rightarrow 2\,NaOH + H_2$$

Die dabei entstehenden Hydroxide reagieren in wäßriger Lösung infolge ihrer Dissoziation in Ionen stark alkalisch.

Neben den Hydroxiden sind die wichtigsten Verbindungen der Alkalimetalle die Halogenide [NaCl Natriumchlorid (Kochsalz), KCl Kaliumchlorid], die Karbonate [Na_2CO_3 Natriumkarbonat (Soda), K_2CO_3 Kaliumkarbonat (Pottasche)], die Nitrate [$NaNO_3$ Natriumnitrat (Chilesalpeter), KNO_3 Kaliumnitrat] und die Sulfate [Na_2SO_4 Natriumsulfat, $Na_2SO_4 \cdot 10\,H_2O$ (Glaubersalz, Karlsbadersalz, ein Laxans, in vielen Heilquellen enthalten)].

Da die meisten Verbindungen der Alkalimetalle rein ionisch gebaut sind, existieren fast keine in Wasser schwerlöslichen Verbindungen.

Da der Radius mit der Atommasse zunimmt und das s-Elektron der Valenzschale bei den schwereren Elementen weniger stark gebunden ist, nimmt die Ionisierungsenergie zum Francium hin ab und die Reaktionsfähigkeit der s^1-Elemente gegenüber elektronegativen Partnern (Halogene, Sauerstoff und Wasser) zu. Aus dem gleichen Grund nimmt auch die Basizität der Hydroxide vom Lithium zum Francium zu.

13.3 Erdalkalimetalle (s^2-Elemente)

Die Erdalkalimetalle Beryllium (Be), Magnesium (Mg), Calcium (Ca), Strontium (Sr), Barium (Ba) und Radium (Ra) stehen in der zweiten Hauptgruppe des Periodensystems. Verglichen mit den Alkalimetallen haben Erdalkalimetalle ein höheres spezifisches Gewicht und höhere Schmelzpunkte. Die Ionisierungsenergie und der elektropositive Charakter sind geringer. Da sich Beryllium und Magnesium an der Luft mit einer dünnen, undurchlässigen Oxidschicht bedecken (Passivierung), werden sie von Luft und Wasser nicht angegriffen und finden deshalb als Werkstoffe Verwendung.

Ebenso wie bei den Alkalimetallen nimmt die Reaktivität auch der Erdalkalimetalle mit wachsender Ordnungszahl zu. Man erklärt dies mit dem in der gleichen Richtung wachsenden Atomradius. Infolge des größeren Abstandes sind die beiden Valenzelektronen weniger stark gebunden.

In den überwiegend ionischen Verbindungen haben die Erdalkalimetalle die Oxidationsstufe +2.

In Wasser leicht löslich sind die Nitrate und Chloride. Schwer löslich sind die Hydroxide der leichteren Elemente, die Fluoride, die Phosphate, die Karbonate und, mit Ausnahme des Magnesiumsulfats ($MgSO_4$ · 7 H_2O, Bittersalz, laxierend), die Sulfate der Erdalkalimetalle.

Der basische Charakter der Hydroxide nimmt mit steigender Atommasse zu: $Be(OH)_2$ ist amphoter, $Ba(OH)_2$ stark basisch.

$$Be(OH)_2 + 2 H_3O^+ \rightleftarrows Be^{2+} + 4 H_2O$$

$$Be(OH)_2 + 2 OH^- \rightleftarrows Be(OH)_4^{2-}$$

Calcium ist in Form von Hydroxid-Apatit $Ca_5(PO_4)_3OH$ am Aufbau der Knochen beteiligt.

Gelöste Calcium- und Magnesiumsalze [$Ca(HCO_3)_2$, $Mg(HCO_3)_2$, $CaSO_4$ und $MgSO_4$] bedingen die Wasserhärte, die sich beim Erhitzen des Wassers und beim Waschvorgang störend bemerkbar macht.

Die sog. temporäre Härte ist durch die Hydrogenkarbonate verursacht, die beim Erhitzen als unlösliche Karbonate ausfallen, z.B.:

$$Ca(HCO_3)_2 \rightleftarrows CaCO_3 + CO_2 + H_2O$$

Die durch die Sulfate bedingte permanente Härte ändert sich beim Erhitzen des Wassers nicht.

Calciumkarbonat ($CaCO_3$ Kalkstein), Calciumsulfat ($CaSO_4$ · 2 H_2O Gips) und das sehr schwerlösliche Bariumsulfat ($BaSO_4$ Schwerspat; Röntgenkontrastmittel) sind weitere wichtige Erdalkaliverbindungen. Da Ba^{2+}-Ionen außerordentlich toxisch sind, ist sorgfältig darauf zu achten, daß $BaSO_4$ in Röntgenkontrastmitteln frei von löslichen Ba^{2+}-Ionen ist.

13.4 Erdmetalle (p^1-Elemente)

Die Elemente Bor (B), Aluminium (Al), Gallium (Ga), Indium (In) und Thallium (Tl) haben im Grundzustand die Elektronenkonfiguration s^2p^1. Die Ionisierungsenergie der p^1-Elemente ist höher und der metallische Charakter geringer als bei den Erdalkalimetallen.

Bor ist als ein Nichtmetall anzusehen. In elementarer Form leitet es den elektrischen Strom schlecht, da die Boratome weitgehend durch kovalente Bindungen aneinander gebunden sind. Auch in Verbindungen finden wir nur kovalent gebundenes Bor, da seine Ionisierungsenergie zu hoch ist, um Ionen bilden zu können. Mit Wasserstoff bildet Bor zahlreiche Verbindungen, die Borane, die eine besondere Bindungsart haben. Borhydroxid $B(OH)_3$ reagiert mit Wasser als schwache Lewis-Säure:

$$B(OH)_3 + 2 H_2O \rightleftarrows H_3O^+ + B(OH)_4^-$$

Die anderen Elemente der dritten Hauptgruppe kommen als dreifach positiv geladene Kationen vor, die in wäßriger Lösung als Kationsäuren wirken. So ist z.B. das hydratisierte Al^{3+} eine Kationsäure:

$$[Al(H_2O)_6]^{3+} + H_2O \rightleftarrows [Al(OH)(H_2O)_5]^{2+} + H_3O^+$$

Aluminiumhydroxid ist amphoter, es löst sich sowohl in Säuren unter Bildung von hydratisierten Al^{3+}-Ionen, als auch in Laugen unter Entstehung von Hydroxokomplexen:

$$Al(OH)_3 + 3H_3O^+ \rightleftarrows [Al(H_2O)_6]^{3+}$$

$$Al(OH)_3 + 3OH^- \rightleftarrows [Al(OH)_6]^{3-}$$

Aluminium ist trotz seiner Stellung in der Spannungsreihe gegen Luft und Wasser beständig, da es sich mit einer kompakten Oxidschicht gegen weiteren Angriff von Wasser oder Sauerstoff schützt. Deshalb kann Aluminium als Werkstoff verwendet werden.

Die p^1-Elemente haben eine mit zunehmender Ordnungszahl steigende Neigung, in einer um zwei Einheiten niederen Oxidationszahl aufzutreten (träges Elektronenpaar, vgl. Kap. 6.10.2). Bor und Aluminium kommen nur in der Oxidationsstufe +3 vor. Gallium und Indium können schon in der Oxidationsstufe +1 existieren, bei Thallium sind die Stufen +1 und +3 von ähnlicher Beständigkeit. Der Grund hierfür ist das Abnehmen der Bindungsenergien infolge des größeren Atomradius. Die kleinere Bindungsenergie reicht nicht aus, um ein Elektron aus einem s- in ein p-Orbital zu heben. Es resultiert ein inertes Elektronenpaar. Dagegen gibt Thallium das p-Elektron an elektronegative Partner leicht ab, wodurch das Tl^+-Ion entsteht. Das chemische Verhalten des Tl^+ gleicht teilweise dem K^+-Ion: Thalliumhydroxid (TlOH) ist leicht wasserlöslich und eine starke Base. Auch Thalliumkarbonat (Tl_2CO_3) ist wasserlöslich. Tl^+ ist sehr giftig. In Bezug auf Löslichkeit und Farbe der Halogenide gleicht Tl^+ dem Ag^+. Thalliumhalogenide sind schwerlöslich.

13.5 Kohlenstoffgruppe (p^2-Elemente)

In der vierten Hauptgruppe finden wir die Elemente Kohlenstoff (C), Silizium (Si), Germanium (Ge), Zinn (Sn) und Blei (Pb). Der Kohlenstoff ist das wichtigste Element in der organischen Chemie und im Pflanzen- und Tierreich.

Eine ähnliche Bedeutung hat Silizium für die Gesteine, die zum Großteil Silikate (Sauerstoffverbindungen des Siliziums) als Hauptbestandteil enthalten.

Kohlenstoff ist als Nichtmetall anzusehen. Er bildet in seinen Verbindungen überwiegend kovalente Bindungen aus. Silizium und Germanium sind Halbmetalle, Zinn und Blei Metalle. Die Elekronenkonfiguration der Elemente der vierten Hauptgruppe ist $s^2 p^2$. Die maximale Oxidationszahl ist +4, daneben aber auch +2, wobei die Beständigkeit der Verbindungen der Elemente mit der Oxidationszahl +2 mit zunehmender Atommasse steigt. Si(II)- und Ge(II)-Verbindungen sind unbeständiger als die Si(IV)- und Ge(IV)-Verbindungen. Zinn(II)- und Zinn(IV)-Verbindungen sind etwa gleich beständig. Blei(II)-Verbindungen sind bereits stabiler als Blei(IV)-Verbindungen.

Die Elemente der Kohlenstoffgruppe bilden kovalente Hydride, wobei die X—H-Bindungsenergie und damit die Stabilität vom Kohlenstoff zum Blei sehr stark abnimmt. Die große Stabilität der C—H- und der C—C-Bindung ermöglicht die große Zahl der organischen Verbindungen.

Kohlenstoff reagiert bei höherer Temperatur mit Sauerstoff unter Bildung von Kohlendioxid. Da Kohlenstoff bei hoher Temperatur auch vielen Metalloxiden Sauerstoff entziehen kann, wirkt er als Reduktionsmittel. Viele Metalle werden aus den Oxiden durch Reduktion mit Kohlenstoff in Form von Koks gewonnen.

CO_2 ist ein farbloses Gas, das in geringer Menge in der Luft enthalten ist. CO_2 entsteht bei der vollständigen Verbrennung kohlenstoffhaltiger Substanzen. Bei ungenügender Sauerstoffzufuhr bildet sich das giftige, ebenfalls gasförmige und geruchlose Kohlenmonoxid (CO).

Die Giftigkeit des CO ist dadurch bedingt, daß es einen Carbonylkomplex mit dem Eisen des Hämoglobins bildet, der nicht mehr zum Sauerstofftransport fähig ist.

Die Elektronenformeln der beiden Oxide des Kohlenstoffs sind:

und

$$|C=O\rangle \leftrightarrow |\overset{\ominus}{C}\equiv\overset{\oplus}{O}|$$
Kohlenmonoxid

$$\langle O=C=O\rangle \qquad \text{linear}$$
Kohlendioxid

Kohlendioxid löst sich im Wasser zum größten Teil rein physikalisch, nur ein ganz geringer Prozentsatz reagiert mit Wasser unter Bildung von Kohlensäure:

$$CO_2 + H_2O \rightleftarrows H_2CO_3$$
Kohlensäure

Die Salze der Kohlensäure, die Karbonate, enthalten das eben gebaute Karbonation (CO_3^{2-}). Dieses enthält polyzentrische Molekülorbitale.:

Die stabilsten Siliziumverbindungen sind Siliziumdioxid und die Silikate, die Si–O-Bindungen enthalten. Die Siliziumatome sind im Quarz und den Silikaten tetraedrisch von vier Sauerstoffatomen umgeben, die SiO_4-Tetraeder sind über die Ecken zu Ketten, Schichten oder zu einem Raumgitter miteinander verbunden (Abb. 13.5.1).

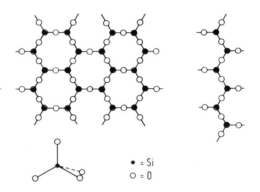

Abb. 13.5.1. Tetraedrische Anordnung der Sauerstoffatome um die Siliziumatome in Ketten-
und Schichtsilikaten.

Die Verbindungen der Elemente Germanium, Zinn und Blei weisen in der Oxidationsstufe +4 mit Ausnahme der Fluoride und Oxide, die salzartigen Charakter haben, weitgehend kovalenten Bindungscharakter auf. Sn(II)-Verbindungen sind überwiegend, Pb(II)-Verbindungen ausschließlich ionisch gebaut.

13.6 Stickstoffgruppe (p^3-Elemente)

In der fünften Hauptgruppe finden sich die Elemente Stickstoff (N), Phosphor (P), Arsen (As), Antimon (Sb) und Wismut (Bi).

Der metallische Charakter der p^3-Elemente nimmt, wie in jeder Hauptgruppe, mit der Atommasse zu. Stickstoff ist ein reines Nichtmetall. Phosphor, Arsen und Antimon existieren in metallischen und nichtmetallischen Modifikationen, Wismut nur in einer metallischen.

Stickstoff (N_2) ist ein Gas, das in der Luft zu 78 Vol.% enthalten ist. Molekularer Stickstoff ist sehr reaktionsträge, da seine beiden Atome durch eine Dreifachbindung besonders hoher Bindungsenergie (945 kJ/mol) verbunden sind.

$|N{\equiv}N|$

Die Elektronenkonfiguration der Valenzschale der atomaren Elemente der Stickstoffgruppe ist $s^2 p^3$. Die Elemente können drei Wasserstoffatome kovalent binden. In den entstehenden Verbindungen des Typs XH_3 haben die p^3-Elemente die Oxidationszahl -3. Die Stabilität dieser Wasserstoffverbindungen nimmt in Richtung zu Wismut hin sehr stark ab.

Ammoniak (NH_3) ist bei Zimmertemperatur thermodynamisch stabil. Auf Grund der Bildung von Wasserstoffbrückenbindungen löst es sich sehr gut in Wasser. Eine wäßrige Ammoniaklösung reagiert infolge Protolyse schwach alkalisch:

$$NH_3 + H_2O \rightleftarrows NH_4^+ + OH^-$$

Starke Säuren ergeben mit NH_3 Ammoniumsalze, die das tetraedrisch gebaute Ammoniumion (NH_4^+) enthalten. Das Ammoniumion hat eine ähnliche Ionengröße wie Kaliumion (K^+) und zeigt deshalb ähnliches Löslichkeitsverhalten.

Basisch reagiert auch eine wäßrige Lösung von Hydrazin, das eine N–N-Einfachbindung hat. Hydrazin (H_2N-NH_2) ist ein schwaches Reduktionsmittel, das den Vorteil bietet, daß ein Überschuß durch Kochen zerstört wird, ohne Rückstände in der Lösung zu hinterlassen, da Hydrazin leicht in seine Elemente zerfällt:

$$H_2N-NH_2 \rightarrow N_2 + 2\,H_2$$

Als weitere Stickstoff-Wasserstoff-Verbindung ist HN_3 (Stickstoffwasserstoffsäure) zu erwähnen. Ihre Salze heißen Azide; Schwermetallazide werden als Initialzünder verwendet.

Die Wasserstoffverbindungen der übrigen p^3-Elemente PH_3, AsH_3, SbH_3 und BiH_3 sind an der Luft selbstentzündlich und mit steigender Atommasse des p^3-Elementes in zunehmendem Ausmaß thermodynamisch instabil.

Die Bindungswinkel von $107°$ bei NH_3, von $93°$ bei PH_3 und von nahezu $90°$ bei den übrigen p^3-Elementhydriden zeigen, daß das Stickstoffatom in NH_3 weitgehend sp^3-hybridisiert ist, während bei den anderen Hydriden der p^3-Elemente die bindenden Elektronen p-Charakter haben und das freie Elektronenpaar sich eher im s-Zustand befindet. Da zur Entkopplung des s-Elektrons Energie aufgewendet werden muß, die X–H-Bindungen aber mit Ausnahme der N–H-Bindung sehr schwach sind, neigen diese Hydride nicht dazu, Protonen anzulagern. Die Verbindungen PH_3, AsH_3 und BiH_3 sind deshalb viel weniger basisch als NH_3.

Die Stabilität der Sauerstoffverbindungen dagegen nimmt in umgekehrter Reihenfolge zu, wobei bei Phosphor die Oxidationsstufe $+5$, bei Wismut $+3$ am stabilsten ist.

Alle Stickstoffoxide (Oxidationsstufe $+1$ bis $+5$) zerfallen beim Erhitzen in die Elemente.

Distickstoffoxid (Lachgas) N_2O ist linear gebaut und enthält polyzentrische Molekülorbitale, die durch die mesomeren Grenzstrukturen

$$\overset{\ominus}{N}=\overset{\oplus}{N}=O \leftrightarrow |N\equiv\overset{\oplus}{N}-\overline{\underline{O}}|^{\ominus}$$

beschrieben werden können. Es ist ein farbloses, reaktionsträges Gas, das als Narkotikum verwendet wird.

Stickstoffmonoxid (NO) ist ein farbloses giftiges Gas, das mit Luft spontan zum braunen gasförmigen Stickstoffdioxid reagiert:

$$2\,NO + O_2 \rightleftarrows 2\,NO_2$$

Stickstoffmonoxid gewinnt man großtechnisch durch katalytische Ammoniakoxidation:

$$4\,NH_3 + 5\,O_2 \rightarrow 4\,NO + 6\,H_2O$$

NO oxidiert man mit Luft zu NO_2, das beim Einleiten in Wasser durch Disproportionierung salpetrige Säure (HNO_2) und Salpetersäure (HNO_3) ergibt:

$$2\,NO_2 + H_2O \rightarrow HNO_3 + HNO_2$$

Salpetrige Säure ist unbeständig. Sie zerfällt in Wasser, Stickstoffmonoxid und Stickstoffdioxid:

$$2\,HNO_2 \rightarrow H_2O + NO + NO_2$$

Die Salze der salpetrigen Säure, die Nitrite, sind beständig. Das Nitrition ist gewinkelt gebaut und in der Schreibweise der Grenzstrukturen anzugeben als:

$$\left[\,|\underline{O}{\diagdown}\overset{\overline{N}}{}{\diagup}\underline{O}|_\ominus \longleftrightarrow {}_\ominus|\underline{O}{\diagdown}\overset{\overline{N}}{}{\diagup}\underline{O}|\,\right]^-$$

Nitrite wirken sowohl als Oxidations- als auch als Reduktionsmittel.

Salpetersäure ist eine starke Säure und ein Oxidationsmittel. In konzentrierter Salpetersäure lösen sich Kupfer und Quecksilber unter Entwicklung von NO, wobei das Nitration zu NO reduziert wird:

$$NO_3^- + 4\,H_3O^+ + 3\,e^- \rightarrow NO + 6\,H_2O$$

Die Salze der Salpetersäure heißen Nitrate und sind alle leicht wasserlöslich. Das Nitration ist eben gebaut und enthält polyzentrische Molekülorbitale:

$$\left[\;\cdots\;\right]^-$$

Die wichtigsten Oxide des Phosphors sind Phosphor(III)-oxid P_4O_6 und Phosphor(V)-oxid P_4O_{10}, in denen der Phosphor die Oxidationszahl +3 bzw. +5 hat. Das feste Phosphor(III)-oxid reagiert mit Wasser unter Bildung der zweiprotonigen phosphorigen Säure (H_3PO_3):

$$P_4O_6 + 6\,H_2O \rightarrow 4\,H_3PO_3$$

Da ein Wasserstoffatom direkt an Phosphor gebunden ist, ist es nicht als Proton abspaltbar und daher nicht sauer.

Strukturformel:

$$\begin{array}{c} H \\ | \\ HO-P-OH \\ \| \\ O \end{array}$$

Phosphorige Säure wirkt stark reduzierend.

Phosphor(V)-oxid ist eines der besten Trockenmittel für Gase und wenig Wasser enthaltende Lösungsmittel. Mit Wasser entsteht über mehrere Zwischenstufen die Orthophosphorsäure (H_3PO_4).

Als dreiprotonige Säure

$$\begin{array}{c} OH \\ | \\ HO-P-OH \\ \| \\ O \end{array}$$

bildet sie drei Reihen von Salzen. Als Beispiel führen wir die Natriumsalze an: Natriumdihydrogenphosphat NaH_2PO_4, Dinatriumhydrogenphosphat Na_2HPO_4 und Natriumphosphat Na_3PO_4. Im Phosphation PO_4^{3-} sind die Sauerstoffatome tetraedrisch um das Phosphoratom angeordnet.

Arsen(III)-oxid As_4O_6, Arsenik, eine weiße feste Substanz, löst sich in Wasser, wobei die schwache arsenige Säure H_3AsO_3 entsteht. As_4O_6 ist ebenso wie Antimon(III)-oxid ein amphoteres Oxid. Denn es löst sich sowohl in Säuren als auch in Basen:

$$As_4O_6 + 12\,H_3O^+ \rightleftarrows 4\,As^{3+} + 18\,H_2O$$

und

$$As_4O_6 + 12\,OH^- \rightleftarrows 4\,AsO_3^{3-} + 6\,H_2O$$

Arsen(III)-oxid kann zu Arsen(V)-oxid As_4O_{10} oxidiert werden. Arsen(V)-oxid reagiert mit Wasser langsam zu H_3AsO_4, das ebenfalls amphoteren Charakter aufweist.

Wismut(III)-oxid (Bi_2O_3) ist ein reines Basenanhydrid, das sich in Säuren unter Bildung von Wismutsalzen löst.

13.7 Chalkogene (p^4-Elemente)

In der sechsten Hauptgruppe stehen die Elemente Sauerstoff (O), Schwefel (S), Selen (Se), Tellur (Te) und Polonium (Po). Sauerstoff und Schwefel sind Nichtmetalle, Selen und Tellur haben Halbleitereigenschaften, Polonium ist ein reines Metall. Die Elemente dieser Gruppe werden Chalkogene genannt.

Sauerstoff kommt in der Atmosphäre zu rund 21 % in Form des Moleküls O_2 (genau: Disauerstoff) vor. Sauerstoff ist als einziges p^4-Element gasförmig, die anderen p^4-Elemente sind fest.

Die Wasserstoffverbindungen XH_2 enthalten kovalente Bindungen. Die thermodynamische Stabilität der Hydride der Chalkogene nimmt mit der Ordnungszahl des p^4-Elementes stark ab, die Säurestärke dagegen zu.

Wasser enthält stark polare, thermodynamisch stabile, kovalente O–H-Bindungen. Zusätzlich zu den kovalenten Bindungen sind zwei benachbarte Wassermoleküle noch über Wasserstoffbrückenbindungen gebunden. Daraus resultieren der außergewöhnlich hohe Schmelz- und Siedepunkt des Wassers. Durch die Polarität der H–O-Bindung und den gewinkelten Bau ($\sphericalangle$ H–O–H = 104,5°) ist das Wassermolekül als Ganzes ein Dipol und daher fähig, Salze und polare Moleküle zu lösen. Der gewinkelte Bau des Wassermoleküls wird durch die angenäherte sp^3-Hybridisierung des Sauerstoffatoms hervorgerufen. Das Sauerstoffatom bindet mit zwei sp^3-Hybridorbitalen zwei Wasserstoffatome über σ-Bindungen, die restlichen zwei sp^3-Hybridorbitale sind jeweils mit einem Elektronenpaar besetzt.

Ähnlich wie Wasser sind auch die kovalenten Sauerstoffverbindungen der anderen Nichtmetalle so polarisiert, daß der stark elektronegative Sauerstoff der negative Pol ist. Nur in Verbindungen mit Fluor ist die Polarisierung umgekehrt.

Die Oxide der Metalle sind großteils salzartig gebaut, d.h. sie enthalten das Oxidion O^{2-}, das ein sehr starker Protonenakzeptor ist. Wenn diese Oxide wasserlöslich sind (das sind die Oxide der ersten und teilweise der zweiten Hauptgruppe), so reagieren die Oxidionen sofort mit Wasser zu Hydroxidionen:

$$O^{2-} + H_2O \rightarrow 2\,OH^-$$

Das Gleichgewicht dieser Reaktion liegt ganz auf der rechten Seite.

Eine weitere Verbindung des Sauerstoffs mit Wasserstoff ist Wasserstoffperoxid (H_2O_2), das Sauerstoff in der Oxidationsstufe −1 enthält. Wasserstoffperoxid zersetzt sich sehr leicht in Wasser und Sauerstoff, da die O–O-Bindung sehr schwach ist:

$$2\,H_2O_2 \rightarrow 2\,H_2O + O_2$$

Wasserstoffperoxid wirkt gegenüber vielen oxidierbaren Substanzen (z.B. SO_3^{2-}, NO_2^-, AsO_3^{3-}, Fe^{2+}) oxidierend:

$$H_2O_2 + 2\,e^- \rightarrow 2\,OH^-$$

Sehr starke Oxidationsmittel wie MnO_4^- und Cl_2 oxidieren H_2O_2 zu Sauerstoff:

$$H_2O_2 + 2\,H_2O \rightarrow O_2 + 2\,H_3O^+ + 2\,e^-$$

Die Peroxide, die sich von der sehr schwachen Säure Wasserstoffperoxid ableiten, enthalten das Peroxidion O_2^{2-} (z.B. Na_2O_2, BaO_2).

Die dem Wasser entsprechende Schwefelverbindung, Schwefelwasserstoff (H_2S), ist ein giftiges, übelriechendes Gas, das sich in Wasser unter schwach saurer Reaktion etwas löst. Die Salze des Schwefelwasserstoffs heißen Sulfide. Die Schwermetallsulfide sind in Wasser schwer löslich.

Die wäßrigen Lösungen der Hydride H_2Se und H_2Te reagieren ebenfalls schwach sauer und, wie auch H_2S, reduzierend. Die Hydride H_2Se und H_2Te sind viel unbeständiger als H_2O und H_2S.

Die thermodynamische Stabilität der Oxide des Typs XO_2 nimmt mit der Ordnungszahl von X zu.

Ozon (O_3) ist thermodynamisch instabil und zerfällt rasch in molekularen Sauerstoff O_2. Ozon ist gasförmig, ein sehr starkes Oxidationsmittel und extrem giftig. Es enthält drei gewinkelt verbundene Sauerstoffatome mit polyzentrischen Molekülorbitalen.

Mesomere Grenzstrukturen:

Schwefeldioxid (SO_2) entsteht beim Erhitzen von Schwefel oder Metallsulfiden an der Luft. Schwefeldioxid ist ein farbloses, für Tiere und Pflanzen giftiges und korrodierend wirkendes Gas. Schwefeldioxid wirkt sowohl reduzierend, wobei es selbst in Schwefeltrioxid übergeht, als auch oxidierend, wobei es zu Schwefel reduziert wird. Schwefeldioxid löst sich gut in Wasser. Die Lösung reagiert infolge eines Protonenüberganges sauer:

$$SO_2 + 2\,H_2O \rightleftarrows H_3O^+ + HSO_3^-$$

Mit Laugen sind die Salze der frei nicht existenten schwefligen Säure (H_2SO_3), die Sulfite, erhältlich, z.B.:

$$SO_2 + 2\,NaOH \rightleftarrows Na_2SO_3 + H_2O$$

Selendioxid (SeO_2) und Tellurdioxid (TeO_2) wirken stärker oxidierend als Schwefeldioxid. Selenige Säure (H_2SeO_3) und tellurige Säure (H_2TeO_3) sind sehr schwache Säuren.

Schwefeltrioxid ist ein starkes Oxidationsmittel und eine Lewis-Säure. Mit Wasser reagiert Schwefeltrioxid unter Bildung von Schwefelsäure:

$$SO_3 + H_2O \rightarrow H_2SO_4$$

Konzentrierte Schwefelsäure wirkt stark wasserentziehend und wird deshalb als Trockenmittel verwendet. Sie entzieht auch vielen organischen Substanzen (z.B. Holz, Papier, Baumwolle) Wasser und verkohlt sie.

Verdünnte Schwefelsäure ist eine starke, zweiprotonige Säure. Ihre Salze heißen Hydrogensulfate bzw. Sulfate. Blei-, Barium-, Strontium- und Calciumsulfat sind in Wasser schwer löslich.

Selentrioxid (SeO_3), Tellurtrioxid (TeO_3), Selensäure (H_2SeO_4) und Orthotellursäure (H_6TeO_6) sind noch stärkere Oxidationsmittel als die entsprechenden Schwefelverbindungen. Die beiden Säuren sind schwächer als H_2SO_4.

13.8 Halogene (p^5-Elemente)

Zu den Halogenen gehören die Elemente Fluor (F), Chlor (Cl), Brom (Br), Jod (J) und Astatium (At).

Astatium ist von geringer Bedeutung, da nur instabile Isotope existieren.

Alle Halogenatome haben in ihrer Valenzschale die Elektronenkonfiguration $s^2 p^5$. Auf Grund dieser Elektronenkonfiguration haben die Halogene eine hohe Elektronegativität, die allerdings in Richtung Astatium stark abnimmt.

Die Halogene sind mit Ausnahme der beiden schwersten als reine Nichtmetalle zu betrachten.

Fluor (F_2) ist das elektronegativste Element und deshalb das stärkste Oxidationsmittel. Es oxidiert z.B. Wasser:

$$2 F_2 + 2 H_2O \rightarrow 4 HF + O_2$$

In Verbindungen hat Fluor stets die Oxidationszahl -1.

Chlor (Cl_2) ist ebenso wie F_2 gasförmig.

Brom (Br_2) ist eine tiefbraune Flüssigkeit mit relativ hoher spezifischer Masse, die rotbraune, stechend riechende, giftige Dämpfe entwickelt.

Jod (J_2) bildet schwarzgraue Kristalle mit teilweise metallischen Eigenschaften.

Die Reaktionsfähigkeit der Halogene gegenüber Wasserstoff, organischen Verbindungen und Metallen nimmt vom Fluor zum Jod hin ab. Fluor reagiert mit H_2 explosionsartig, Jod mit Wasserstoff bei Temperaturen über 200 °C nur bis zu einem Gleichgewicht.

Chlor und Brom sind etwas wasserlöslich. Die Lösungen heißen Chlorwasser bzw. Bromwasser und wirken ebenso wie Chlor und Brom selbst oxidierend.

In den Wasserstoffverbindungen (HX) haben die Halogene die Oxidationszahl −1. Die thermische Beständigkeit dieser HX-Verbindungen nimmt von Fluorwasserstoff (HF) zu Jodwasserstoff (HJ) ab. Im Gegensatz dazu nimmt die Säurestärke zu Jodwasserstoff hin zu. Außer Fluorwasserstoff (die wäßrige Lösung heißt Flußsäure) sind alle Halogenwasserstoffe starke Säuren. Die wäßrige Lösung von HCl heißt Salzsäure.

Die Salze der Halogenwasserstoffsäuren sind meist aus Ionen aufgebaut und wasserlöslich. Ausnahmen sind Silber(I)-, Quecksilber(I)-, Blei(II)- und Thallium(I)-chlorid, -bromid und -jodid.

Außer Fluor kommen die Halogene in Verbindungen mit Fluor oder Sauerstoff auch in positiven Oxidationszahlen (+1 bis +7) vor. Die Beständigkeit der Halogenverbindungen mit positiven Oxidationszahlen steigt in Richtung Jod.

Die wichtigste Sauerstoffsäure der Halogene, die Perchlorsäure, ist eine sehr starke Säure. Ihre Salze enthalten das tetraedrisch gebaute Perchloration (ClO_4^-).

13.9 Edelgase (p^6-Elemente)

Die Edelgase haben mit Ausnahme des Heliums in ihrer äußeren Schale die Konfiguration $s^2 p^6$. Die Edelgase Helium (He), Neon (Ne), Argon (Ar), Krypton (Kr), Xenon (Xe) und Radon (Rn) sind einatomige Gase und in sehr kleinen Mengen in der Luft enthalten. Die Schmelz- und Siedepunkte der Edelgase liegen sehr tief, da zwischen den Atomen nur die van der Waalsschen Kräfte wirksam sind. Die Schmelz- und Siedepunkte nehmen mit der Atommasse des Edelgases zu.

Da die Elektronenkonfiguration $s^2 p^6$ eine vollständig gefüllte Achterschale bedeutet, die keine ungepaarten Elektronen enthält und sehr symmetrisch ist, sind die Edelgase sehr reaktionsträge. Erst seit 1962 ist es gelungen, von den drei schwersten Edelgasen Verbindungen herzustellen.

13.10 Wasserstoff

Wasserstoff ist ein typisches Nichtmetall. In molekularer Form (H_2) ist er gasförmig und reduziert stark elektronegative Elemente (F_2, O_2, Cl_2) unter starker Wärmeentwicklung.

Das Wasserstoffatom (H) ist das kleinste Atom und besitzt nur ein Elektron in der Elektronenhülle. Bei Abgabe dieses Elektrons bleibt der positive Atomkern zurück, der als Proton bezeichnet wird. Das Proton ist frei nur sehr kurzfristig existent, hat aber bei Säure-Base-Reaktionen eine große Bedeutung.

Durch Aufnahme eines Elektrons erreicht das Wasserstoffatom die Elektronenkonfiguration des Heliums, die mit ihrer vollständig besetzten ersten Schale sehr stabil ist. Das entstehende Ion H^- wird als Hydridion bezeichnet.

Wasserstoffverbindungen existieren von den meisten Elementen mit Ausnahme der Edelgase. Man teilt sie gewöhnlich in vier Gruppen ein: kovalente, salzartige, metallische und komplexe Hydride.

Die kovalenten Hydride sind Wasserstoffverbindungen der Nichtmetalle, der Halbmetalle und einiger Metalle, z.B. CH_4, SiH_4, NH_3, H_2O, HF, SnH_4 u.a.

Zahlenmäßig überwiegen hier die zahlreichen organischen Verbindungen.

Salzartige Hydride enthalten in ihrem Kristallgitter das Hydridion (H^-). Es sind dies die Hydride der Alkalimetalle (z.B. LiH) und der schwereren Erdalkalimetalle (z.B. CaH_2).

Beispiele für komplexe Hydride sind $NaBH_4$ und $LiAlH_4$. Sie sind wichtige Reduktionsmittel der organischen Chemie.

Schwermetalle (Pd, Pt) besitzen die Fähigkeit, Wasserstoff in großer Menge molekular zu lösen.

Viele Übergangselemente bilden metallische Hydride mit weitgehend veränderlicher Zusammensetzung und metallischen Eigenschaften.

13.11 Übergangselemente (d- und f-Elemente)

Beim gedanklichen Aufbau der Elektronenhüllen der Übergangselemente tritt das zuletzt hinzukommende Elektron in ein d- bzw. f-Orbital ein. Als Ausnahmen rechnet man auch Zink, Cadmium und Quecksilber zu den Übergangselementen, obwohl bei den vorherigen Elementen (Kupfer, Silber und Gold) die d-Orbitale schon voll besetzt sind, und das neu hinzukommende Elektron daher ein s-Orbital besetzt. Im Unterschied zu allen anderen d- und f-Elementen sind Zink, Cadmium und Quecksilber weich und haben niedere Schmelzpunkte.

Technisch werden Übergangsmetalle durch Reduktion der Oxide mit Kohlenstoff, Wasserstoff oder Aluminium gewonnen.

Alle Übergangselemente sind Metalle und bilden Verbindungen mehrerer Oxidationsstufen. Die Ionisierungsenergien der d- und f-Elemente sind höher als die der s-Elemente.

Scandium (Sc), Yttrium (Y) und Lanthan (La) erreichen höchstens die Oxidationszahl +3. Bei Titan (Ti), Vanadin (V), Chrom (Cr) und Mangan (Mn) ist die höchste Oxidationszahl gleich der Summe der 3d- und 4s-Elektronen. Die jeweils höchste Oxidationszahl ist also: Ti +4, V +5, Cr +6 und Mn +7.

Diese Ionen werden mit zunehmender Oxidationszahl instabiler. V +5, Cr +6 und Mn +7 kommen nur in kovalenten Verbindungen und mit den am stärksten elektronegativen Elementen Sauerstoff oder Fluor vor, z.B. K_2CrO_4 und $KMnO_4$. Ganz gleich verhalten sich auch die Oxidationszahlen der Elemente, die im Periodensystem unter diesen stehen. Die höchsten Oxidationszahlen der rechts von Mangan stehenden Übergangselemente nehmen mit einigen Unregelmäßigkeiten wieder teilweise ab.

Die vierzehn auf das Lanthan (Z = 57) folgenden Elemente heißen Lanthanide oder seltene Erden, die vierzehn auf das Actinium folgenden Actinide. Da sich diese Elemente (mit einigen Ausnahmen) nur im Aufbau der drittäußersten Schale unterscheiden, die nur einen geringen Einfluß auf die chemischen Eigenschaften hat, sind sie sich sehr ähnlich.

Die Farbe der hydratisierten Ionen in wäßriger Lösung steht mit der Elektronenkonfiguration in Zusammenhang. Ionen mit unkompletten d- und f-Niveaus sind farbig, Ionen mit edelgasähnlichem Bau farblos oder nur sehr schwach farbig, z.B.: Cr^{3+} ist schwach grün, Mn^{2+} rosa, Fe^{3+} gelb, Fe^{2+} hellgrün, Co^{2+} rosa, Ni^{2+} grün, Cu^{2+} hellblau und Zn^{2+} farblos.

Die Verbindungen der Übergangsmetalle haben nur in niedrigen Oxidationsstufen salzartigen Charakter. Bei den höheren Oxidationsstufen steigt der kovalente Bindungsanteil. Infolge ihrer teilweise besetzten d- und f-Orbitale neigen die Übergangsmetalle zur Komplexbildung.

14. Komplexverbindungen

Komplexverbindungen sind bei den Übergangsmetallen von besonderer Bedeutung. Auch die Metallionen der Hauptgruppenelemente liegen in wäßriger Lösung als vergleichsweise schwächere Solvationskomplexe (Aquokomplexe) vor, z.B. hydratisierte Metallkationen wie $[Ca(H_2O)_6]^{2+}$ oder $[Al(H_2O)_6]^{3+}$. Solche Solvationskomplexe (Solvate) entstehen beim Auflösen von salzartigen Verbindungen in Wasser oder polaren Lösungsmitteln. Die Solvation der Ionen und damit die Löslichkeit des Salzes ist um so besser, je kleiner die geladenen Teilchen (Kationen und Anionen) und je höher ihre Ladungen sind. Die Solvation salzartiger Stoffe ist in stark polaren Lösungsmitteln stärker ausgeprägt als in weniger polaren.

Komplexionen oder Komplexverbindungen enthalten ein zentrales Atom (meistens ein Kation), an das ein oder mehrere Ionen oder Moleküle, die als Liganden bezeichnet werden, angelagert sind. Die Zahl der Liganden, die um das Zentralteilchen angeordnet sind, heißt Koordinationszahl. Die Bindung zwischen dem Zentralatom und den Liganden erfolgt durch semipolare (koordinative) Bindungen in der Art, daß ein Partner ein Elektronenpaar, der andere ein unbesetztes Orbital zur Verfügung stellt.

Prinzipiell können alle Metallkationen Komplexe bilden. Die Neigung dazu ist bei den Übergangsmetallen besonders ausgeprägt, da diese teilweise gefüllte d- oder f-Orbitale enthalten.

Als Liganden finden wir sowohl neutrale Moleküle mit einem freien Elektronenpaar (z.B. H_2O, NH_3, NO) als auch Anionen (z.B. OH^-, F^-, Cl^-, J^-, CN^-, SCN^-) und in selteneren Fällen Kationen (z.B. NO^+).

Manche Liganden, besonders organische, besitzen mehrere koordinationsfähige Atome und können dadurch mehrere Koordinationsstellen besetzen. Derartige Liganden heißen mehrzähnige Liganden, Komplexe mit mehrzähnigen Liganden Chelatkomplexe.

Beispiele für mehrzähnige Liganden sind:

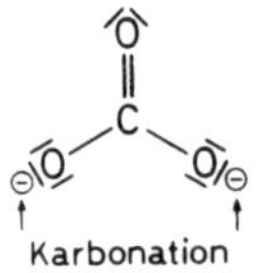

Karbonation

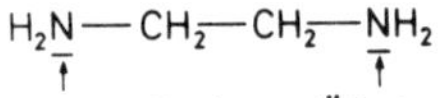

$H_2N - CH_2 - CH_2 - NH_2$

1,2 - Diaminoäthan (Äthylendiamin)

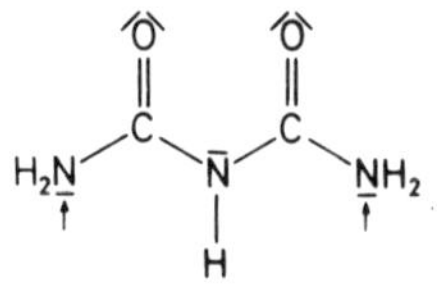

Biuret

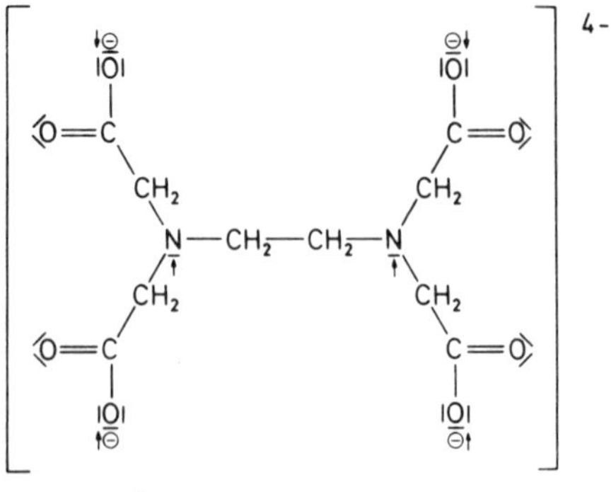

Anion der Äthylendiamintetraessigsäure

Die Pfeile bezeichnen die freien Elektronenpaare, die die Koordinationsstellen besetzen können.

Die Benennung der Komplexverbindungen erfolgt nach folgenden Regeln:

1. An das positive Ion hängt man den Namen des negativen Ions an.

2. Das Anion erhält die Endung -at, wobei man die Oxidationszahl des Zentralatoms als römische Ziffer anfügt.

3. Die Zahl der Liganden wird in Form eines griechischen Präfixes mit dem Namen des Liganden verbunden.

4. Anionische Liganden erhalten die Endung -o.

5. Enthält das komplexe Anion als Zentralteilchen ein Metallatom, benennt man dieses oft mit einem abgekürzten lateinischen Namen.

6. Komplexe Anionen oder Kationen werden in eckige Klammern geschrieben.

Einige Namen häufiger Liganden enthält die Tab. 14.1, einige Benennungsbeispiele von Komplexen Tab. 14.2.

Tab. 14.1 Namen häufiger Liganden

H_2O	Aquo-
OH^-	Hydroxo-
NH_3	Ammin-
NO	Nitrosyl-
Cl^-	Chloro-
CN^-	Cyano-
SCN^-	Thiocyanato-

Tab. 14.2 Namen einiger Komplexverbindungen

$[Al(H_2O)_6]Cl_3$	Hexaquoaluminiumchlorid
$Na_3[Al(OH)_6]$	Natriumhexahydroxoaluminat
$[Cu(NH_3)_4]SO_4$	Tetramminkupfer(II)-sulfat
$[Ag(NH_3)_2]Cl$	Diamminsilberchlorid
$K_4[Fe(CN)_6]$	Kaliumhexacyanoferrat (II)
$K_3[Fe(CN)_5(NO)]$	Kaliumpentacyanonitrosylferrat (II)
$K_2[H_g(J_4)]$	Kaliumtetrajodomercurat (II)

Die Reaktivität der Komplexverbindungen ist sehr unterschiedlich. Manche Lösungen von Komplexen geben fast ausschließlich die Reaktionen des komplexen Ions. In Lösungen des komplexen Ions $[Fe(CN)_6]^{4-}$ z.B. kann man mit den üblichen Fällungsreaktionen weder Fe^{2+}- noch CN^--Ionen nachweisen. Dagegen lassen sich aus Lösungen des komplexen Ions $[Ag(NH_3)_2]^+$ Ag^+-Ionen als AgBr oder

AgJ ausfällen. In welchem Ausmaße in einer Lösung des Komplexes noch die einfachen Ionen vorhanden sind, richtet sich danach, wie vollständig die umkehrbaren Reaktionen, die zur Bildung der Komplexionen aus den Einzelionen bzw. dem Aquokomplex führen, nach der Seite der Komplexbildung ablaufen; z.B.:

$$[Fe(H_2O)_6]^{2+} + 6\,CN^- \rightleftarrows [Fe(CN)_6]^{4-} + 6\,H_2O$$

Wendet man das Massenwirkungsgesetz auf dieses Gleichgewicht an (die praktisch konstante Wasserkonzentration nimmt man mit in die Konstante), so erhält man die Konstante K_K:

$$K_K = \frac{[Fe(CN)_6]^{4-}}{[Fe^{2+}] \cdot [CN^-]^6}$$

Die Konstante K_K, die die Lage des Gleichgewichtes zwischen dem Aquokomplex und dem Komplex mit anderen Liganden angibt, heißt Komplexbildungskonstante oder Stabilitätskonstante des Komplexes. Je größer die Komplexbildungskonstante ist, desto stabiler ist der Komplex. Oft gibt man die negativen dekadischen Logarithmen der Stabilitätskonstanten, die pK_K-Werte, an.

Tab. 14.3 enthält die pK_K-Werte einiger Komplexe.

Tab. 14.3 pK_K-Werte einiger Komplexe

Komplexe	pK_K-Wert
$[Ag(NH_3)_2]^+$	$-\,8$
$[Cu(NH_3)_4]^{2+}$	-12
$[HgJ_4]^{2-}$	-30
$[Al(OH)_4]^-$	-30
$[Fe(CN)_6]^{3-}$	-31

C. Spezielle organische Chemie

C. Spezielle organische Chemie

15. Allgemeines zur organischen Chemie

15.1 Sonderstellung der Chemie des Kohlenstoffs

Ursprünglich trennte man die organische Chemie von der anorganischen, da man glaubte, daß sich die Materie lebender Organismen prinzipiell von der unbelebten Materie unterscheide. Diese Unterscheidung erwies sich als nicht stichhaltig.

Heute definiert man die organische Chemie als die Chemie der Kohlenstoffverbindungen, wobei man einige einfache Kohlenstoffverbindungen wie Kohlenstoffoxide, Carbide und teilweise die Kohlensäurederivate ausnimmt und diese in der anorganischen Chemie behandelt.

Die Abgrenzung der Chemie der Kohlenstoffverbindungen erwies sich als sehr zweckmäßig, da man schon mehr als zwei Millionen Kohlenstoffverbindungen kennt und da organische Verbindungen sich von anorganischen durch ein typisches Reaktionsverhalten unterscheiden.

Die Sonderstellung der Chemie des Kohlenstoffs beruht auf dessen Fähigkeit, sich beliebig mit anderen C-Atomen zu Ketten, Ringen, Schichten oder dreidimensionalen Gebilden zu vereinigen, und auf seiner geringen Neigung zur Ionenbildung.

Kettenförmige Verbindungen kennt man zwar auch bei Schwefel, Bor, Silizium oder Stickstoff, aber diese Bindungen sind deutlich schwächer als bei Kohlenstoff. Dazu kommt, daß die C—H-Bindung noch etwas stärker ist als die C—C-Bindung und daß die Stabilität der C—C-Bindung meist wenig geschwächt wird, wenn die C-Atome an Stelle der H-Atome andere Partner binden.

15.2 Reaktionstypen in der organischen Chemie

Bei den Reaktionen organischer Moleküle verändern sich meistens nur relativ kleine Bereiche des Moleküls, während der Rest des Moleküls nicht an der Reaktion teilnimmt. Je nach der Art der Veränderung unterscheidet man Substitutions-, Additions-, Eliminierungs- und Umlagerungsreaktionen.

Den Austausch eines Atoms oder einer Atomgruppe gegen einen anderen Substituenten bezeichnet man als eine Substitution.

Allgemein ist eine Substitution:

$$-\overset{|}{\underset{|}{C}}-X + Y \rightarrow -\overset{|}{\underset{|}{C}}-Y + X$$

Bei Additionsreaktionen lagert sich ein Molekül an ein anderes an, das eine Doppelbindung enthält:

$$A-B + \,\,\overset{\diagdown}{\diagup}C=C\overset{\diagup}{\diagdown}\, \rightarrow -\overset{|}{\underset{\underset{A}{|}}{C}}-\overset{|}{\underset{\underset{B}{|}}{C}}-$$

Die umgekehrte Reaktion, die Abspaltung eines Moleküls unter Entstehung einer Doppelbindung, ist eine Eliminierung:

$$-\overset{|}{\underset{\underset{A}{|}}{C}}-\overset{|}{\underset{\underset{B}{|}}{C}}- \rightarrow \,\,\overset{\diagdown}{\diagup}C=C\overset{\diagup}{\diagdown}\, + A-B$$

Bei Umlagerungsreaktionen tauschen zwei Substituenten ihre Plätze, oder ein Substituent wandert, wobei sich gleichzeitig eine Doppelbindung verschiebt:

$$-\overset{|}{\underset{\underset{A}{|}}{C}}-\overset{|}{\underset{\underset{B}{|}}{C}}- \rightarrow -\overset{|}{\underset{\underset{B}{|}}{C}}-\overset{|}{\underset{\underset{A}{|}}{C}}- \quad \text{oder} \quad A=\overset{|}{C}-\overset{|}{\underset{\underset{B}{|}}{C}}- \rightarrow B-A-\overset{|}{C}=C\overset{\diagup}{\diagdown}$$

Bei organischen Reaktionen unterscheiden wir zwischen dem angreifenden Reaktionspartner, dem Reagens, und dem angegriffenen, dem Substrat. Obwohl diese Unterscheidung prinzipiell willkürlich ist und nur unter dem Gesichtspunkt erfolgt, welches der reagierenden Moleküle uns in dem gegebenen Falle mehr interessiert, ist sie meist recht praktisch. Das Substrat ist gewöhnlich das größere organische Molekül.

Nach der Art des Reagens teilen wir die organischen Reaktionen weiter in elektrophile, nukleophile und radikalische Reaktionen ein.

Ein elektrophiles Reagens (Elektrophil, ein Reagens mit einem Elektronenmangel-Zentrum, ein Kation), greift an den Stellen hoher Elektronendichte des Substrates an. Ist das Elektrophil eine Kohlenstoffverbindung, so heißt das positive Zentrum Carbenium- (früher Carbonium) -Kohlenstoff:

$$-\overset{|}{\underset{|}{C}}^{\oplus}$$

Kohlenstoff mit einem Elektronensextett ist sehr reaktiv, da er bestrebt ist, ein Elektronenoktett zu bekommen, und tritt daher nur als kurzlebige Zwischenstufe auf.

Nukleophile Reagenzien (Nukleophile, Reagenzien mit einem Elektronenüberschuß-Zentrum, Anionen) reagieren bevorzugt mit den Stellen geringer Elektronendichte im Substrat. Der Kohlenstoff mit einem freien Elektronenpaar heißt Carbeniatkohlenstoff

$$-\overset{|}{\underset{|}{C}}:^{\ominus} \qquad \text{oder} \qquad -\overset{|}{\underset{|}{C}}|^{\ominus}$$

und ist ebenfalls sehr reaktiv. Er sucht für das freie Elektronenpaar einen Atomkern mit einer Elektronenlücke.

Ein Reagens mit einem ungepaarten Elektron, ein freies Radikal, ist im allgemeinen besonders reaktionsfähig.

Kohlenstoffradikal:

$$-\overset{|}{\underset{|}{C}}\cdot$$

Die Bildung freier Radikale erfolgt durch homolytische Spaltung einer kovalenten Bindung.:

$$A-B \rightarrow A\cdot + B\cdot$$

Erfolgt die Trennung einer kovalenten Bindung so, daß zwei entgegengesetzt geladene Ionen entstehen, bezeichnet man sie als heterolytische Trennung:

$$A-B \rightarrow :A^- + B^+$$

oder

$$A-B \rightarrow A^+ + :B^-$$

Die Richtung einer heterolytischen Trennung wird von der Elektronegativität der verbundenen Atome bestimmt.

Organische Reaktionen charakterisiert man weiter, indem man angibt, ob sie unimolekular oder bimolekular ablaufen. Die Geschwindigkeit unimolekularer Reaktionen ist proportional der Konzentration eines Reaktionspartners, die Geschwindigkeit bimolekularer Reaktionen ist proportional dem Produkt der Konzentrationen beider Partner (vgl. Kap. 12.2).

Zur kurzen Beschreibung des Reaktionsablaufes ist eine Symbolik üblich: Der erste Großbuchstabe gibt an, ob es sich um eine Substitution (S), eine Addition (A) oder eine Eliminierung (E) handelt. Umlagerungsreaktionen werden nicht gesondert bezeichnet. Ein tiefgestellter Index N (für nukleophil), E (für elektrophil) oder R (für radikalisch) kennzeichnet das angreifende Reagens. Nach dem Index erfolgt die Angabe der Reaktionsordnung durch eine arabische Ziffer.

Beispielsweise bedeutet eine S_N1-Reaktion eine unimolekulare Substitutionsreaktion, wobei das angreifende Reagens ein Nukleophil ist.

Diese Kurzbeschreibung liefert uns den vereinfachten Mechanismus der Reaktion.
Der Mechanismus ist an sich das genaue Verhalten aller an der Reaktion beteiligten
Atome. Man müßte die Abstände aller Atome, ihre Bindungen und ihre
Elektronen während der Reaktion verfolgen können, was natürlich nicht möglich
ist. Man muß sich in der Praxis mit der Kenntnis von Zwischenstufen und der
Abschätzung der Struktur des Übergangszustandes zufrieden geben (Abb. 12.3.1
u. 12.3.2).

Aber auch Informationen über reaktive Zwischenstufen sind nicht leicht zu
erhalten. Voraussetzung ist die genaue Kenntnis aller Ausgangsstoffe und Produkte.

Die Bestimmung des Zeitgesetzes und damit der Reaktionsordnung kann ein Hin-
weis auf einen möglichen Mechanismus sein. Der mögliche Mechanismus muß nun
durch Beobachtung der Katalyse (besonders, ob die Reaktion sauer oder basisch
katalysiert ist) und durch chemischen oder physikalischen Nachweis von Zwischenstufen wahrscheinlich gemacht werden. Auch Untersuchungen mit radioaktiven
Isotopen können wichtige Hinweise liefern („Isotopenmarkierung").

15.3 Einteilung organischer Verbindungen

Die organischen Verbindungen ordnet man gewöhnlich nach der Art des Kohlen-
stoffgerüstes in Gruppen:

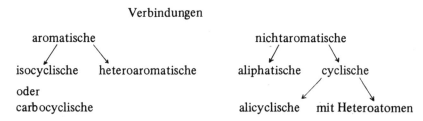

Aliphatische und alicyclische Verbindungen enthalten Kohlenstoffketten oder
ausschließlich C-Atome enthaltende Ringe, deren C-Atome durch Einfach- oder
Mehrfachbindungen verbunden sind.

Aromatische Verbindungen sind Ringe mit polyzentrischen Molekülorbitalen.
Sie zeichnen sich durch ein besonderes Reaktionsverhalten aus.

Heterocyclische Verbindungen (Heteroaromaten und cyclische Verbindungen
mit Heteroatomen) enthalten im Unterschied zu den anderen cyclischen Verbindungen auch andere Atome außer Kohlenstoff als Ringglieder (meist N, O oder S).

Zusätzlich zu dieser Einteilung unterscheidet man organische Verbindungen nach den vorhandenen funktionellen Gruppen. Funktionelle Gruppen sind bestimmte Atomgruppierungen im Molekül, die das reaktive Verhalten entscheidend prägen.

16. Gesättigte Kohlenwasserstoffe (Alkane)

16.1 Struktur und Nomenklatur

Alkane sind die einfachsten Kohlenstoffverbindungen, die außer Kohlenstoff nur noch Wasserstoff enthalten. Sie leiten sich vom Methan (CH_4) durch Einfügen von CH_2-Gruppen zwischen Kohlenstoff und Wasserstoff ab.

Für die ersten drei Alkane erhalten wir so:

$$
\begin{array}{ccc}
\text{H} & \text{H H} & \text{H H H} \\
| & |\ \ | & |\ \ |\ \ | \\
\text{H—C—H} & \text{H—C—C—H} & \text{H—C—C—C—H} \\
| & |\ \ | & |\ \ |\ \ | \\
\text{H} & \text{H H} & \text{H H H} \\
\text{Methan} & \text{Äthan} & \text{Propan}
\end{array}
$$

An Stelle der ausführlichen Strukturformeln verwendet man meist Halbstrukturformeln, in denen man nur das Kohlenstoffgerüst und die funktionellen Gruppen durch Strukturformeln wiedergibt.

Für die obigen Verbindungen schreibt man also:

$$
\begin{array}{ccc}
CH_4 & CH_3\text{—}CH_3 & CH_3\text{—}CH_2\text{—}CH_3 \\
\text{Methan} & \text{Äthan} & \text{Propan}
\end{array}
$$

Da jedes Kohlenstoffatom zwei H-Atome bindet und die beiden endständigen drei, ist die allgemeine Summenformel der Alkane C_nH_{2n+2}.

Verbindungen, die sich nur durch CH_2-Gruppen unterscheiden, bezeichnet man als Homologe.

Die chemischen Eigenschaften von Homologen sind wenig unterschiedlich. Die physikalischen Eigenschaften (insbesondere Schmelzpunkt und Siedepunkt) ändern sich wegen eines Mehrgehaltes von CH_2-Gruppen regelmäßig.

Von den höheren Homologen des Propans existieren Strukturisomere (Gerüstisomere), deren Anzahl mit der Zahl der Kohlenstoffatome sehr rasch ansteigt.

So gibt es zwei strukturisomere Alkane mit vier Kohlenstoffatomen. Den Kohlenwasserstoff mit unverzweigter C-Kette bezeichnet man als normal-Butan.

$$CH_3$$
$$|$$
$$CH_3-CH_2-CH_2-CH_3 \qquad CH_3-CH-CH_3$$

n-Butan   2-Methylpropan (Isobutan)

Entsprechend gibt es drei strukturisomere Pentane und fünf strukturisomere Hexane. Bei zehn C-Atomen sind es bereits fünfzehn Isomere und für zwanzig C-Atome 366319.

Die Namen, Halbstrukturformeln, Schmelzpunkte und Siedepunkte der normalen (unverzweigten) Alkane bis zu zehn C-Atomen sind in Tab. 16.1.1 enthalten.

Tab. 16.1.1 Siedepunkte und Schmelzpunkte der unverzweigten Alkane

Name	Halbstrukturformel	Schmelzpunkt °C	Siedepunkt °C
Methan	CH_4	−183	−162
Äthan	CH_3-CH_3	−172	− 88
Propan	$CH_3-CH_2-CH_3$	−187	− 42
Butan	$CH_3-CH_2-CH_2-CH_3$	−135	− 0,5
Pentan	$CH_3-CH_2-CH_2-CH_2-CH_3$	−131	36
Hexan	$CH_3-(CH_2)_4-CH_3$	− 94	69
Heptan	$CH_3-(CH_2)_5-CH_3$	− 91	99
Octan	$CH_3-(CH_2)_6-CH_3$	− 57	126
Nonan	$CH_3-(CH_2)_7-CH_3$	− 54	151
Decan	$CH_3-(CH_2)_8-CH_3$	− 30	174

Heute benennt man Alkane fast ausnahmslos nach dem Genfer Nomenklatur-System. Die ersten Regeln wurden auf einer Tagung der IUPAC (International Union of Pure and Applied Chemistry) 1892 in Genf vorgeschlagen.

Für die Benennung gelten heute folgende Regeln:

1. Man sucht die längste unverzweigte Kohlenstoffkette und gibt ihr den Namen des entsprechenden Alkans, d.h. die Abkürzung eines lateinischen oder griechischen Zahlwortes mit der Endung -an. Sind mehrere gleichlange Ketten vorhanden, wählt man diejenige, die die meisten Verzweigungen hat.

2. Die Kohlenstoffatome dieser Kette numeriert man, an einem Ende beginnend, so, daß die erste Verzweigungsstelle eine möglichst kleine Ziffer erhält.

3. Die von den Verzweigungsstellen ausgehenden Seitenketten faßt man als Substituenten auf und benennt sie mit dem Namen des Alkans gleicher Kohlenstoffanzahl, wobei die Endung -an des Alkans durch die Endung -yl

ersetzt wird. Vor jedem Substituenten nennt man die Nummer des Atoms, an das er gebunden ist. Die Substituenten werden in alphabetischer Reihenfolge (ohne Berücksichtigung der Zahlworte) vor den Namen der Hauptkette gesetzt. Sind mehrere gleiche Substituenten vorhanden, so verwendet man griechische Zahlworte und trennt die Nummern der C-Atome durch Komma. Zwischen den Zahlen und den Substituenten schreibt man Bindestriche.

Zum Beispiel wäre das folgende Alkan nach der Genfer Nomenklatur als 6-Äthyl-2,2,4-trimethyl-4-propyl-octan zu bezeichnen:

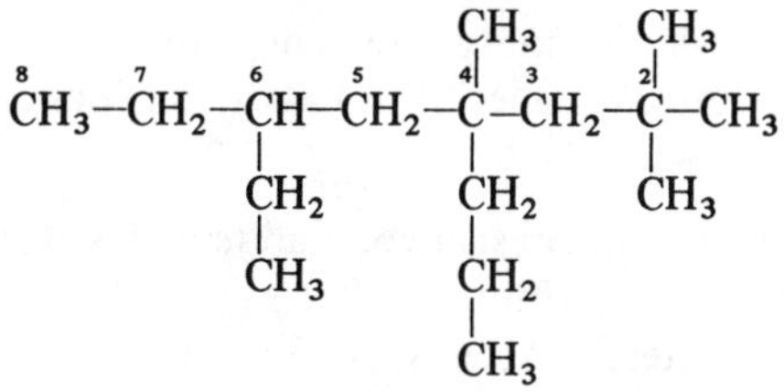

$$\begin{array}{ccccccc}
& & & & CH_3 & & CH_3 \\
& & & & | & & | \\
\overset{8}{C}H_3-\overset{7}{C}H_2-\overset{6}{C}H-\overset{5}{C}H_2-\overset{4}{C}-\overset{3}{C}H_2-\overset{2}{C}-CH_3 \\
& & | & & | & & | \\
& & CH_2 & & CH_2 & & CH_3 \\
& & | & & | & & \\
& & CH_3 & & CH_2 & & \\
& & & & | & & \\
& & & & CH_3 & &
\end{array}$$

Obwohl die Strukturformeln (auch die Halbstrukturformeln) sehr praktisch und für die meisten Zwecke ausreichend sind, geben sie die räumlichen Verhältnisse nicht richtig wieder. Die Kohlenstoffatome der Alkane benützen zu ihren Bindungen sp^3-Hybridorbitale. Die Bindungswinkel liegen deshalb nahe bei dem Tetraederwinkel von $109°28'$.

Da die C—C-Bindungen in Alkanen rotationssymmetrische σ-Bindungen sind, sollten beispielsweise im Äthan die H-Atome jedes C-Atoms zueinander jede beliebige Stellung, die durch Rotation um die Kernverbindungsachse der C-Atome möglich ist, einnehmen können. Da sich bei dieser Rotation die Abstände der H-Atome, die nicht am selben C-Atom gebunden sind, ändern, ändert sich dabei auch die Energie des Moleküls.

Die Unterschiede der Abstände und damit die Energiedifferenzen sind zwischen den als ekliptisch und als gestaffelt bezeichneten Stellungen des Äthans am größten (Abb. 16.1.1 u. 16.1.2).

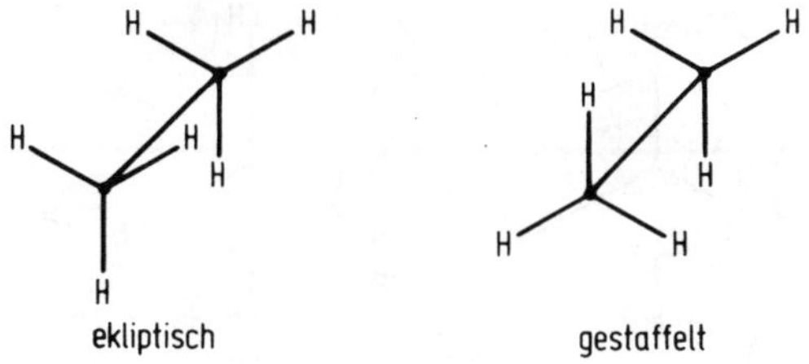

ekliptisch   gestaffelt

Abb. 16.1.1. Perspektivische „Sägebock-" (Saw-Horse-) Formeln des Äthans.

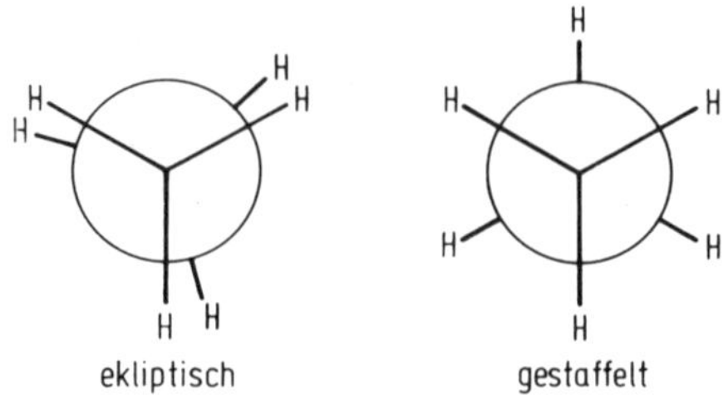

ekliptisch   gestaffelt

Abb. 16.1.2. Newman-Projektionsformeln des Äthans.

Die Saw-horse-(Sägebock-)Formeln sind als perspektivische Darstellungen aufzufassen. Man denkt sich die unteren Atome näher beim Betrachter (das C-Atom ist als Punkt gezeichnet).

Bei der Newman-Projektionsformel stellt man sich vor, daß man das Molekül in Richtung der C—C-Verbindungsachse betrachtet. Der Kreis symbolisiert das vordere C-Atom und verdeckt das hintere C-Atom so, daß nur noch die daran gebundenen H-Atome seitlich sichtbar sind.

Atomanordnungen, die sich durch Drehung um σ-Bindungen ineinander umwandeln lassen, bezeichnet man als Konformationen, die Moleküle als Konformere. Die Energiedifferenzen zwischen den Konformationen sind meistens so klein, daß die Energie der thermischen Bewegung ausreicht, um Übergänge zu bewirken, so daß Konformere meist nicht getrennt isoliert werden können.

Bei Äthan ist die gestaffelte Konformation etwa um 12 kJ/mol energieärmer als die ekliptische. Die gestaffelte Atomanordnung ist deshalb bevorzugt, aber auch die ekliptische und alle Zwischenformen zwischen beiden Extremstellungen sind möglich.

Bei Butan finden wir etwas größere Energiedifferenzen zwischen den verschiedenen Atomanordnungen, da Methylgruppen größer sind als H-Atome und sich deshalb etwas stärker beeinflussen. Betrachten wir die beiden mittleren C-Atome des Butans in den Newman-Projektionsformeln (Abb. 16.1.3), so erhalten wir für zwei Konformationen Energieminima, die als gauche- und als antiplanare- (oder einfach anti-) Konformation bezeichnet werden.

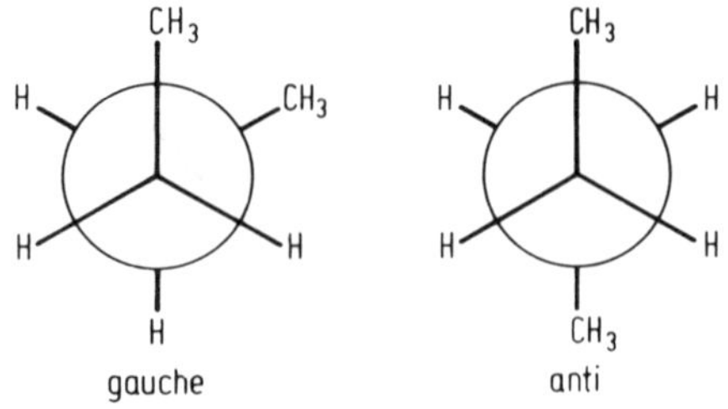

gauche   anti

Abb. 16.1.3. Newman-Projektion des Butans.

Da in der anti-Konformation die beiden größten Gruppen am weitesten voneinander entfernt sind, ist sie etwas stabiler als die gauche-Form.

Die anti-Form des Butans erscheint in seitlicher Aufsicht als zick-zack-förmige Kohlenstoffkette, die auch bei den längeren n-Alkanen die energetisch niedrigste Konformation darstellt. Im festen Zustand ist diese Konformation bei n-Alkanen bevorzugt.

16.2 Physikalische Eigenschaften

Da zwischen den Molekülen der Alkane nur schwache van der Waalssche Kräfte wirken, liegen ihre Schmelz- und Siedepunkte tief und steigen regelmäßig mit zunehmender Molekularmasse.

Alkane lösen sich praktisch nicht in Wasser. Alkane haben nur unpolare, kovalente Bindungen und sind deshalb völlig unpolare Moleküle. Zwischen Alkanen und Wassermolekülen wirken viel schwächere Anziehungskräfte als zwischen Wassermolekülen untereinander. Dagegen lösen sich Alkane gut in apolaren Lösungsmitteln wie Kohlenwasserstoffen, Äthern oder Chloroform ($CHCl_3$). Solche apolaren Substanzen bezeichnet man als lipophil oder als hydrophob, da sie sich gut in fettähnlichen Lösungsmitteln und schlecht in Wasser lösen.

Ionische Verbindungen und polare Substanzen, die gut wasserlöslich sind, heißen hydrophile Substanzen.

16.3 Chemische Eigenschaften

Man bezeichnet die Alkane auch als Paraffine (lateinisch: parum affinis). Wie dieser Name andeutet, reagieren Alkane bei Raumtemperatur nur mit sehr wenigen Reagenzien.

Die Wasserstoffatome in Alkanen sind durch Chlor oder Brom substituierbar. Die Reaktion verläuft jedoch nur, wenn man eine Mischung aus Alkan und Halogen auf 300 °C erhitzt oder mit blauem (kurzwelligem, energiereichem) Licht bestrahlt oder mit Bleitetramethyl ($Pb(CH_3)_4$) erwärmt. Bei dieser Substitution erhält man neben Halogenwasserstoff Mischungen von verschiedenen, halogenierten Kohlenwasserstoffen.

Die Reaktionsbedingungen und Reaktionsprodukte sind typisch für eine radikalische Kettenreaktion. Wir wollen uns die radikalische Substitution des Methans durch Chlor als charakteristische Kettenreaktion etwas näher betrachten.

Bei radikalischen Reaktionen müssen im ersten Schritt durch eine homolytische Spaltung einer kovalenten Bindung freie Radikale entstehen. Gewöhnlich bestimmt die Bindungsenergie, welche Bindung aufgebrochen wird. Im Gemisch von Methan und Chlor ist die Cl–Cl-Bindung mit 243 kJ/mol die schwächste. Die Zufuhr der Energie zur Spaltung der Cl–Cl-Bindung kann thermisch durch Erhitzen auf 300 °C oder durch Bestrahlen mit blauem Licht erfolgen, dessen Energie (E = h · ν) größer ist als die Cl–Cl-Bindungsenergie:

$$Cl-Cl \xrightarrow{\text{Energie}} Cl \cdot + Cl \cdot$$

Das Chloratom ist als freies Radikal sehr reaktionsfähig. Es kann einem Methanmolekül ein Wasserstoffatom entziehen. Bei dieser Reaktion bilden sich Chlorwasserstoff und ein Methylradikal:

$$Cl \cdot + H-CH_3 \rightarrow Cl-H + \cdot CH_3$$

Bringt man die Reaktion durch Zugeben von Bleitetramethyl und Erwärmen in Gang, so entstehen aus $Pb(CH_3)_4$ 4 Methylradikale, da die Pb–C-Bindung sehr schwach ist:

$$Pb(CH_3)_4 \xrightarrow{\text{Energie}} Pb + 4 \cdot CH_3$$

Der erste Schritt der radikalischen Kettenreaktion besteht also in der Erzeugung von freien Radikalen durch eine homolytische Trennung einer kovalenten Bindung. Diese Reaktion bezeichnet man allgemein als Startreaktion oder Kettenstart.

Auf die Startreaktion folgt ein Zyklus von sehr rasch ablaufenden und sich oft wiederholenden Reaktionsschritten, die Kettenfortpflanzung. Diese Kettenfortpflanzung ist möglich, weil die meisten freien Radikale so reaktionsfähig sind, daß praktisch jeder Zusammenstoß mit einem Molekül zu einer Reaktion führt und dabei wieder ein neues reaktives Radikal entsteht.

So sind Kettenlängen bis zu mehreren Millionen möglich. Die Kettenlänge bezeichnet die Zahl der Fortpflanzungsreaktionen.

Das durch die Startreaktion gebildete Methylradikal setzt sich mit Chlor zu Methylchlorid und Chloratom um:

$$H_3C \cdot + Cl-Cl \rightarrow H_3C-Cl + Cl \cdot$$

Das Chloratom reagiert wieder mit Methan unter Bildung von Chlorwasserstoff und Methylradikal usw.

Da die Chloratome auch mit den bereits substituierten Molekülen reagieren, finden wir als Reaktionsprodukte alle theoretisch möglichen Derivate: CH_3Cl, CH_2Cl_2, $CHCl_3$ und CCl_4.

Die Kettenreaktion bricht ab, wenn zwei freie Radikale zusammentreffen und miteinander reagieren. Diese Reaktionen bezeichnet man als Abbruchreaktionen.

Beispielsweise sind bei der Reaktion von Methan mit Chlor folgende Abbruch-reaktionen möglich:

$$Cl \cdot + Cl \cdot \rightarrow Cl-Cl$$

$$Cl \cdot + \cdot CH_3 \rightarrow Cl-CH_3$$

$$H_3C \cdot + \cdot CH_3 \rightarrow H_3C-CH_3$$

Da freie Radikale bei der Kettenreaktion nur in sehr kleinen Konzentrationen vorhanden sind, ist die Wahrscheinlichkeit eines Zusammentreffens von freien Radikalen sehr gering, und die wichtigste Form der Desaktivierung ist eine Adsorption an der Wand (Wandreaktion). Freie Radikale können daher sehr viele Fortpflanzungsreaktionen eingehen, bevor sie zu unreaktiven Molekülen rekombinieren.

Andere Reaktionen von Alkanen verlaufen ebenfalls radikalisch.

Bei hoher Temperatur verbrennen Alkane mit Sauerstoff oder Luft zu Kohlendioxid und Wasser. Da diese Verbrennung eine hohe Reaktionswärme liefert, dient die Oxidation der Alkane zur Erzeugung von Energie, z.B. die Verbrennung von Erdgas, Benzin, Dieselöl und Heizöl, die meistens Alkane als Hauptbestandteil enthalten.

Bei ungenügender Sauerstoffzufuhr entsteht bei der Verbrennung der Alkane neben Wasser auch das giftige Kohlenmonoxid.

Beim Erhitzen (Pyrolyse, Cracken) von Alkanen unter Sauerstoffausschluß spalten sich bevorzugt C–C-Bindungen homolytisch, da die C–H-Bindungen eine höhere Bindungsenergie haben (Tab. 6.4.1). Die durch thermische Spaltung entstehenden freien Radikale sind sehr reaktionsfähig.

Z.B.:

Start $CH_3-CH_2-CH_2-CH_2-CH_2-CH_3 \xrightarrow{z.B.} 2\ CH_3-CH_2-CH_2 \cdot$

Folgereaktionen

$$CH_3-CH_2-CH_2 \cdot \rightarrow CH_3-CH=CH_2 + H \cdot$$
(Fragmentierung)

oder

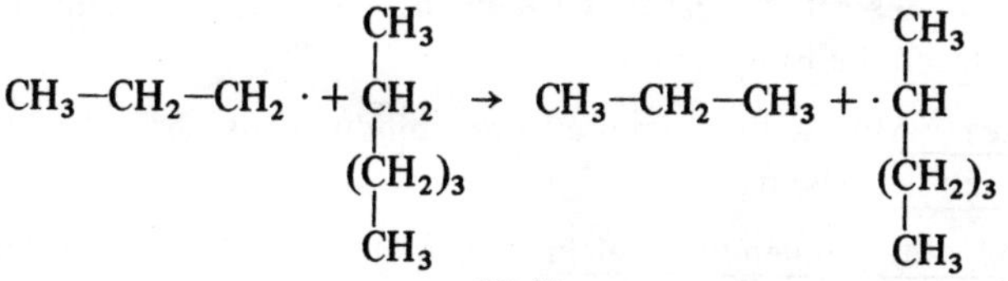

$$
\begin{array}{c}
CH_3CH_3 \\
| | \\
CH_3-CH_2-CH_2 \cdot + CH_2 \rightarrow CH_3-CH_2-CH_3 + \cdot CH \\
| | \\
(CH_2)_3 (CH_2)_3 \\
| | \\
CH_3 CH_3
\end{array}
$$
(H-Übertragung)

oder

$$2\,CH_3{-}CH_2{-}CH_2\cdot \;\rightarrow\; CH_3{-}CH_2{-}CH_3 + CH_3{-}CH{=}CH_2$$

(Disproportionierung)

17. Alkene (Olefine)

17.1 Struktur und Nomenklatur

Alkene haben in ihren Molekülen zwei Wasserstoffatome weniger als Alkane. Die Homologen sind Verbindungen der allgemeinen Summenformel C_nH_{2n}. Alkene haben zwischen zwei ihrer Kohlenstoffatome eine aus einer σ- und einer π-Bindung gebildete C—C-Doppelbindung (siehe Kap. 6.4).

Da die π-Bindung nur entstehen kann, wenn die p-Orbitale achsenparallel stehen (Koplanarität der beteiligten Atome), besteht bei Doppelbindungen keine freie Drehbarkeit um diese Achse. Befinden sich an jedem der doppelt gebundenen C-Atome zwei verschiedene Bindungspartner, so existieren zwei stereoisomere Moleküle. Das Isomere, das die Substituenten auf einer Seite der C-Atome trägt, bezeichnet man als die cis-Form. Bei der trans-Form stehen die Substituenten auf entgegengesetzten Seiten der Doppelbindung.

Z.B.:

cis-1,2-Dibromäthen   trans-1,2-Dibromäthen

Zur Benennung der Alkene nach der Genfer Nomenklatur wendet man folgende Regeln an:

1. Man wählt die längste Kohlenwasserstoffkette aus, die die Doppelbindung enthält, und numeriert sie, an einem Ende beginnend, so, daß die doppelt gebundenen C-Atome möglichst niedrige Ziffern bekommen.

2. Die Endung -an des Alkans, das dieser Kohlenwasserstoffkette entspricht, ersetzt man durch die Endung -en.

   Die Ziffer des C-Atoms, von dem die Doppelbindung ausgeht, schreibt man vor den Namen des Alkens.

3. Mehrere Doppelbindungen kennzeichnet man durch die vor -en stehenden Vorsilben di, tri, tetra usw.

Beispiele:

$$H_2C=CH_2 \qquad H_2\overset{1}{C}=\overset{2}{C}H-\overset{3}{C}H=\overset{4}{C}H_2$$

Äthen   1,3-Butadien

$$H_3\overset{7}{C}-\overset{6}{C}H_2-\overset{5}{C}H-\overset{4}{C}H=\overset{3}{C}H-\overset{2}{C}H=\overset{1}{C}H_2$$
$$| \atop CH_3$$

5-Methyl-1,3-heptadien

In älteren Büchern sind Alkene noch als Alkylene bezeichnet: z. B. Äthylen, Propylen u.a.

17.2 Physikalische und chemische Eigenschaften

Die physikalischen Eigenschaften der Alkene sind den Eigenschaften der Alkane sehr ähnlich. Die zwischenmolekularen Kräfte sind etwas größer, da Alkene ganz schwach polar sind. Sie haben deshalb etwas höhere Schmelz- und Siedepunkte als Alkane.

Alkene unterscheiden sich in ihren chemischen Eigenschaften von den Alkanen infolge der Doppelbindung durch ihre Bereitschaft zu Additionsreaktionen.

Da die π-Molekülorbitale in der C—C-Kernverbindungslinie eine Knotenebene haben, sind die π-Elektronen den positiven Ladungen der Atomkerne nicht im selben Maße ausgesetzt wie Elektronen in σ-Molekülorbitalen. Die π-Elektronen der C—C-Doppelbindungen können deshalb leicht von Elektrophilen angegriffen werden.

Nach einem Mechanismus der elektrophilen Addition reagieren Alkene mit Halogenen, Ozon, Halogenwasserstoff und wäßriger Permanganatlösung.

Die Halogenaddition an Alkene gelingt teilweise schon bei Zimmertemperatur in apolaren Lösungsmitteln. Eine typische elektrophile Reaktion ist die Addition von Brom an Äthen. Nähert sich das Brommolekül dem π-Molekülorbital des Äthens, so polarisieren sich beide Moleküle gegenseitig:

(δ₋ und δ₊ symbolisieren eine Teilladung)

Im Verlaufe der sich verstärkenden Polarisation bindet das π-Elektronenpaar den positiven Reaktanten, und die Br—Br-Bindung spaltet sich so, daß ein Bromidion entsteht:

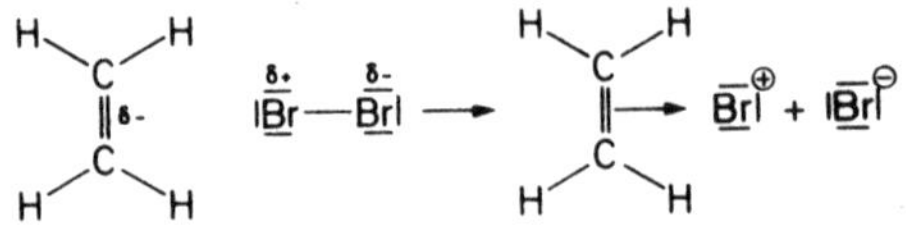

Der entstehende π-Komplex reagiert zu einem Carbeniumion, das mit dem Bromoniumion in Mesomerie steht:

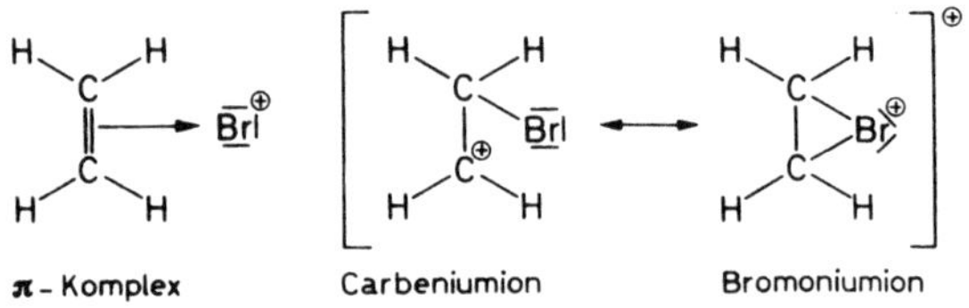

π - Komplex   Carbeniumion   Bromoniumion

Im abschließenden Reaktionsschritt lagert sich das Bromidion an das Carbeniumion von der anderen Seite, von „rückwärts", an, da das Bromatom infolge seiner großen Raumerfüllung eine Annäherung von der gleichen Seite nicht zuläßt:

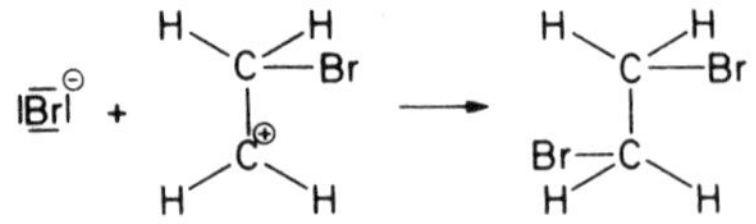

Die Reaktion von Alkenen mit Ozon dient vor allem dazu, die Lage der Doppelbindung in ungesättigten Verbindungen festzustellen. Die Ozonaddition verläuft über mehrere Schritte und ist als Cycloaddition zu klassifizieren. Sie wird durch einen elektrophilen Angriff des Ozons eingeleitet.

Mesomere Strukturen des Ozons:

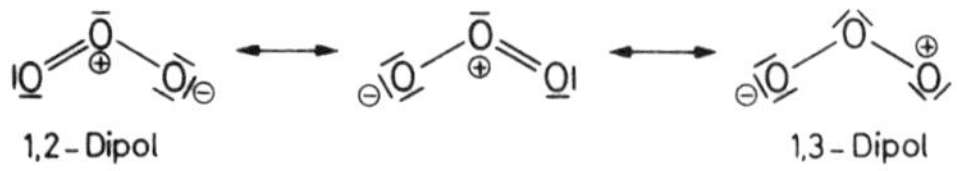

1,2-Dipol   1,3-Dipol

Elektrophiler Angriff an ein Alken (hier Propen):

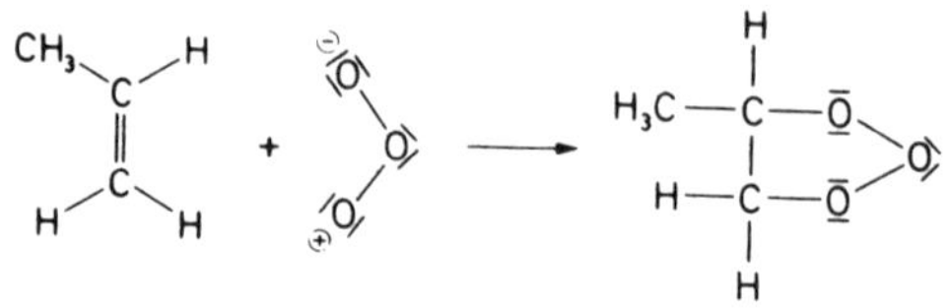

Da dieses Zwischenprodukt Isoozonid eine schwache O—O-Bindung enthält, reagiert es leicht weiter, indem eine dieser Bindungen aufbricht:

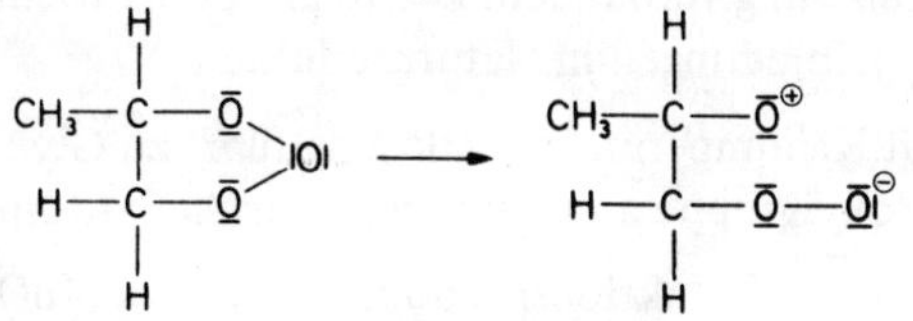

Ein Sauerstoff mit einem Elektronensextett ist äußerst elektronenaffin. Er nimmt das bindende Elektronenpaar der C—C-Bindung auf:

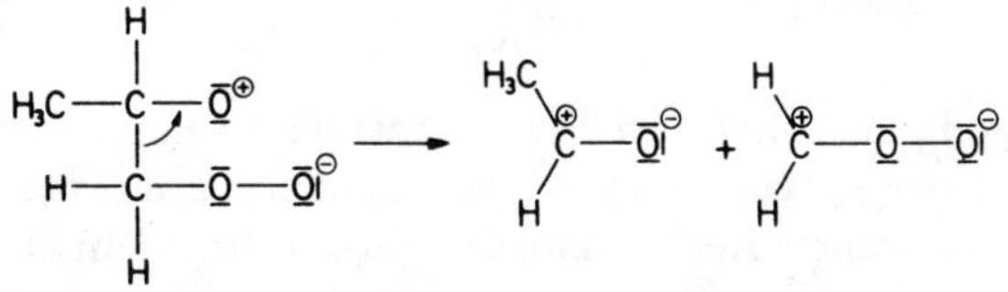

Die beiden Bruchstücke reagieren miteinander zum Ozonid:

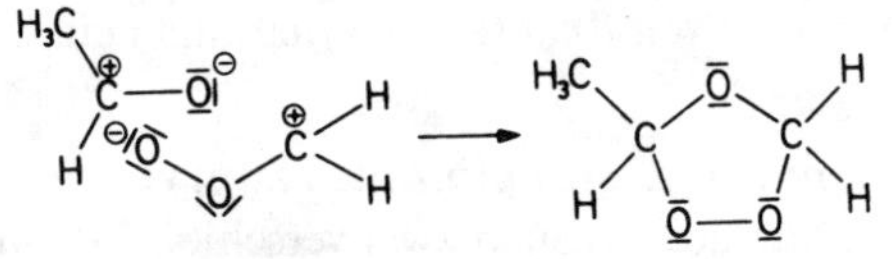

Ozonid

Das Ozonid wird durch Wasser hydrolytisch gespalten ($H_2O \rightleftarrows H^+ + OH^-$):

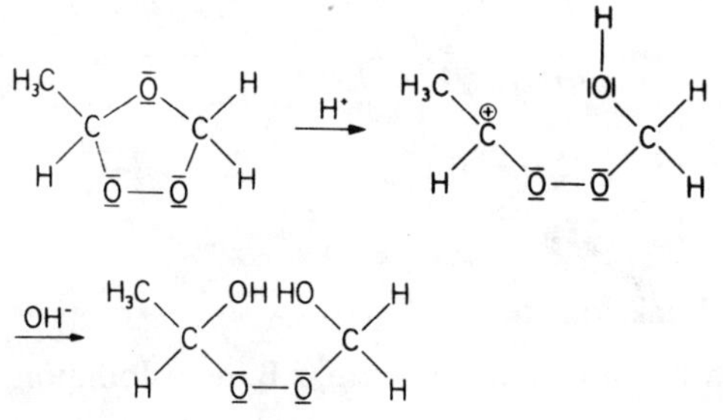

Bis - hydroxyalkylperoxid

Aus dem Bis-hydroxyalkylperoxid entstehen durch Reaktion mit Wasser Aldehyde bzw. Ketone, wenn man — um eine Oxidation der Aldehyde zu verhindern — das gleichzeitig gebildete Wasserstoffperoxid reduziert:

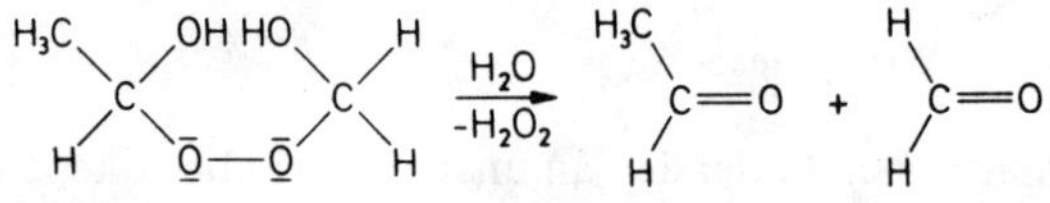

Acetaldehyd   Formaldehyd

Die Kohlenstoffatome, die nach der Reaktion mit Ozon und der anschließenden Hydrolyse den Aldehyd- bzw. Ketosauerstoff tragen, waren in dem ursprünglichen Alken durch eine C—C-Doppelbindung verbunden. Die Reaktion ist wichtig zur Bestimmung der Lage von Doppelbindungen in Naturprodukten.

Die Oxidation von Alkenen mit Kaliumpermanganatlösung führt zu Glykolen. Glykole enthalten je eine Hydroxylgruppe an zwei benachbarten C-Atomen.

In alkalischer Lösung erhält man als Reduktionsprodukt Braunstein MnO_2:

$$3\ \underset{H}{\overset{H}{\diagup}}C{=}C\underset{H}{\overset{H}{\diagdown}}\ +\ 2\,MnO_4^-\ +\ 4\,H_2O \longrightarrow 3\ \underset{\underset{OH}{H|}}{\overset{H}{\diagup}}C{-}C\underset{\underset{OH}{|H}}{\overset{H}{\diagdown}}\ +\ 2\,MnO_2\ +\ 2\,OH^-$$

Da bei dieser Reaktion die stark violetten Permanganationen verbraucht werden, kann man sie zum qualitativen Nachweis von Doppelbindungen verwenden. Diese als Baeyersche Probe bezeichnete Reaktion ist allerdings nicht spezifisch.

Ebenfalls nach einem Schema der elektrophilen Addition verläuft die Anlagerung von Halogenwasserstoffverbindungen und anderen starken Säuren an Alkene. Durch die primäre Addition eines positiven Reaktanten erhält man ein Carbeniumion als Zwischenstufe.

Bei unsymmetrischen Olefinen könnte man sich prinzipiell zwei verschieden substituierte Carbeniumionen — und dadurch auch zwei verschiedene Endprodukte — vorstellen, z.B.:

$$H_3C{-}CH{=}CH_2 \underset{H^{\cdot}}{\overset{H^{\cdot}}{\diagup\diagdown}} \begin{array}{l} \left[H_3C-\underset{\oplus}{\overset{H}{\underset{|}{\overset{|}{C}}}}-CH_3\right]^{\oplus} \\ \text{sekundäres} \\ \text{Carbeniumion} \\[4pt] \left[H_3C-CH_2-\overset{\oplus}{C}H_2\right]^{\oplus} \\ \text{primäres} \\ \text{Carbeniumion} \end{array}$$

Propen

Es läuft bevorzugt die obere Reaktion ab.

Das Carbeniumion reagiert mit dem Anion der Säure, z.B. dem Jodidion J^-, weiter zu:

$$H_3C{-}\underset{\oplus}{\overset{H}{\underset{|}{\overset{|}{C}}}}{-}CH_3 \overset{J^-}{\to} H_3C{-}\underset{\underset{J}{|}}{\overset{H}{\overset{|}{C}}}{-}CH_3$$

2-Jodpropan

Die Anlagerung unsymmetrischer Addenden an unsymmetrische Alkene erfolgt nach der von Markownikoff gefundenen Regel so, daß das Wasserstoffatom (oder ein anderer positivierter Reaktant) an das C-Atom gebunden wird, das bereits die größere Zahl von Wasserstoffatomen aufweist.

Wie erklärt man diese empirische Regel? Die Addition des Elektrophils, einer Lewis-Säure, erfolgt so, daß das energetisch niedrigste, also stabilste Carbeniumion als reaktive Zwischenstufe entsteht.

Vergleicht man die Stabilität folgender Carbeniumionen:

$$
\underset{\text{primäres}}{H_3C\overset{H}{\underset{\oplus}{-C-}}H}
\qquad
\underset{\text{sekundäres}}{H_3C\overset{H}{\underset{\oplus}{-C-}}CH_3}
\qquad
\underset{\text{tertiäres Carbeniumion}}{H_3C\overset{CH_3}{\underset{\oplus}{-C-}}CH_3}
$$

so findet man, daß allgemein tertiäre stabiler als sekundäre und diese stabiler als primäre sind. (Man bezeichnet Kohlenstoffatome, die mit keinem oder nur einem weiteren C-Atom direkt verbunden sind, als primäre, mit zwei C-Atomen verbundene als sekundäre, mit drei C-Atomen verbundene als tertiäre und mit vier C-Atomen verbundene als quartäre Kohlenstoffatome.) Da die CH_3-Gruppe größer als das H-Atom ist, ist sie leichter polarisierbar. Die positive Ladung des Carbeniumions kann leichter aus benachbarten Methylgruppen als aus H-Atomen negative Ladung zu sich herüberziehen.

Die CH_3-Gruppen können also die positive Ladung des C-Atoms kompensieren. Je weniger ausgeprägt die positive Ladung am Kohlenstoffatom ist, desto höher ist die Stabilität des Carbeniumions.

Eine größere Stabilität der reaktiven Zwischenstufe bedeutet eine geringere Aktivierungsenergie der Reaktion.

Zur quantitativen Bestimmung von Alkenen oder zur Bestimmung der Zahl der Doppelbindungen sowie für präparative Zwecke ist die Addition von Wasserstoff, die Hydrierung, wichtig. Die Hydrierung gelingt nur mit fein verteilten Metallkatalysatoren (Platin, Palladium oder Nickel):

$$
H_2 + H_2C = CH_2 \xrightarrow{\text{Pt, Pd, Ni}} H_3C-CH_3
$$

Eine technisch wichtige Additionsreaktion ist die Vereinigung von Äthen oder substituierten Äthenen zu sehr großen Molekülen, zu Polymeren, nach der formalen Reaktionsgleichung:

$$
n\ \underset{X}{H_2C=CH} \rightarrow \underset{X}{-CH_2-CH}-\underset{X}{(CH_2-CH)}_{n-2}-\underset{X}{CH_2-CH}-
$$

Diese Polymerisationsreaktion kann je nach Temperatur, Lösungsmittel, Katalysator und der Art des Substituenten X radikalisch oder ionisch verlaufen.

Makromolekulare Substanzen, d.h. Substanzen sehr hoher Molekülmasse, die man sich aus vielen gleichen Einzelmolekülen (Monomeren) aufgebaut vorstellen kann, heißen Polymere.

Die Bildung von Polymeren aus Monomeren bezeichnet man als Polymerisation. Die Polymerisationen unterteilt man in Polyadditionen, bei denen das Makromolekül durch wiederholte Additionsreaktionen entsteht, und in Polykondensationen, die eine Folge von Kondensationen darstellen. Kondensationen sind Reaktionen, bei denen sich zwei Moleküle unter Austritt eines kleineren Moleküls (meist H_2O) zusammenschließen.

17.3 Polyene

Befinden sich in Alkenen mehrere Doppelbindungen, so muß man drei Typen unterscheiden. Nur wenn die Doppelbindungen durch zwei oder mehr Einfachbindungen voneinander getrennt sind, reagieren sie unabhängig voneinander. Solche Doppelbindungen bezeichnet man als isoliert. Die chemischen Eigenschaften von Alkenen mit isolierten Doppelbindungen sind praktisch identisch mit denen von Alkenen, die nur eine Doppelbindung im Molekül haben. Bei Molekülen mit kumulierten Doppelbindungen gehen zwei Doppelbindungen vom gleichen Kohlenstoffatom aus. Alkene mit kumulierten Doppelbindungen haben nur wenig Bedeutung.

Polyene, deren Doppelbindungen durch je eine Einfachbindung getrennt sind (konjugierte Polyene), unterscheiden sich durch einen geringeren Energieinhalt, eine größere Stabilität und durch ein anderes Reaktionsverhalten von den übrigen Alkenen. Die π-Bindungen in Alkenen entstehen durch die seitliche Überlappung von p-Orbitalen der sp^2-hybridisierten Kohlenstoffatome. Liegen bei konjugierten Doppelbindungen alle p-Orbitale der sp^2-hybridisierten C-Atome in einer Ebene, können sie sich alle überlappen und ein polyzentrisches Molekülorbital bilden. Diese Ausbildung von polyzentrischen MO setzt die Energie des konjugierten Polyens herab. Die C–C-Bindungslängen von Molekülen mit konjugierten Doppelbindungen zeigen tatsächlich, daß die zwischen den Doppelbindungen liegenden Einfachbindungen kürzer sind als gewöhnliche C–C-Einfachbindungen.

Konjugierte Diene können einerseits die gleichen Additionsreaktionen (1,2-Addition) ergeben wie einfache Alkene, andererseits auch die sogenannten 1,4-Additionsreaktionen. Oft erhält man auch beide Reaktionen nebeneinander.

So reagiert 1,3-Butadien mit Brom zu:

$$H_2C = CH—CH = CH_2 + Br_2$$

$$\begin{array}{c} H \qquad CH_2—Br \\ \diagdown C = C \diagup \\ Br—H_2C \qquad H \end{array}$$
trans, 1,4 – Dibrom – 2 – buten

$$\underset{\underset{Br}{|}}{CH_2} — \underset{\underset{Br}{|}}{CH} — CH = CH_2$$
3,4 – Dibrom – 1 – buten

Unter Einwirkung von freien Radikalen (R ·) polymerisiert 1,3-Butadien zu kautschukartigen Produkten:

$$R · + H_2C=CH–CH=CH_2 \rightarrow R–CH_2 –CH=CH–CH_2 ·$$

Das durch diese Reaktion gebildete Radikal reagiert in einer Kettenreaktion mit weiterem Butadien und in der Abbruchphase mit einem zweiten Radikal:

$$R–CH_2 –CH=CH–CH_2 · + n H_2C=CH–CH=CH_2 + R · \rightarrow$$

$$R–CH_2 –CH=CH–CH_2 (–H_2C–CH=CH–CH_2)_n–R$$

2-Methyl-1,3-butadien (Isopren) ist das Monomere des Naturkautschuks und ein wichtiger Baustein vieler anderer Naturprodukte.

18. Alkine (Acetylenkohlenwasserstoffe)

18.1 Struktur und Benennung

Alkine enthalten durch eine Dreifachbindung verbundene Kohlenstoffatome. Diese Dreifachbindung wird zwischen sp-hybridisierten C-Atomen durch eine σ- und zwei π-Bindungen gebildet. Die Bindungswinkel der sp-hybridisierten C-Atome betragen $180°$, diese liegen also gemeinsam mit ihren beiden Bindungspartnern auf einer Geraden.

Die Namen der Alkine bildet man durch Hinzufügen der Endung -in an die Stammbezeichnung der entsprechenden Alkane.

18.2 Chemische Eigenschaften

Äthin (Acetylen) ist gasförmig und thermodynamisch instabil. Es zerfällt unter
Druck explosionsartig in seine Elemente:

$$H-C\equiv C-H \rightarrow 2\,C + H_2 \quad \Delta H = -226{,}9 \text{ kJ/mol}$$

Mit Sauerstoff oder Luft verbrennt Äthin mit sehr heißer Flamme, die zum
Schweißen und Schneiden von Metallen ausgenützt wird:

$$2\,C_2H_2 + 5\,O_2 \rightarrow 4\,CO_2 + 2\,H_2O \quad \Delta H = -2612{,}6 \text{ kJ/mol}$$

Eine wichtige Reaktion ist die katalytische Anlagerung von Wasser an Äthin:

$$H-C\equiv C-H + H_2O \xrightarrow{80\,^\circ C,\ Hg^{2+}} \left(\begin{array}{c} H-C=C-H \\ \mid\quad\mid \\ H\quad OH \end{array}\right) \rightleftharpoons \begin{array}{c} H \\ \mid \\ H-C-C=O \\ \mid\quad\mid \\ H\quad H \end{array}$$

Vinylalkohol Äthanal, Acetaldehyd

Die Gruppe $H_2C=CH-$ heißt nach der Genfer Nomenklatur Äthenylgruppe,
doch verwendet man fast ausschließlich ihren Trivialnamen: Vinylgruppe.

Vinylalkohol (Äthenylalkohol) lagert sich in einer Gleichgewichtsreaktion in
Äthanal (Acetaldehyd) um. Diese Umlagerung eines Enols, d.h. einer Verbindung
mit einer Hydroxylgruppe an einer Doppelbindung, in ein Keton bezeichnet man
als Keto-Enol-Tautomerie.

Derartige miteinander im Gleichgewicht befindliche Isomere bezeichnet man als
Tautomere. Meistens erfolgt der Übergang der tautomeren Formen durch 1,3-
Verschiebung eines Protons (vom Atom 1 zum Atom 3) und einer Doppelbindung.
Beispielsweise wandert beim Gleichgewicht des Äthenylalkohols mit dem Acetal-
dehyd das Proton vom O zum C, und aus der C=C-Doppelbindung wird eine
C=O-Doppelbindung:

$$H_2C=CH \rightleftharpoons H_3C-\overset{\displaystyle O}{\overset{\|}{C}}-H$$
$$\underset{\displaystyle H}{\overset{\displaystyle |}{}}{\overset{O}{\diagdown}}$$

Während Alkene normalerweise nur Elektrophile addieren, reagieren Alkine
leichter mit Nukleophilen.

Diese Reaktionsweise ist überraschend, denn man würde sich vorstellen, daß bei
Dreifachbindungen noch mehr negative Ladung vorhanden und die negative
Ladungsdichte noch größer ist als bei Doppelbindungen. In Wirklichkeit sind bei
der Dreifachbindung als Folge der geringeren Bindungslänge und einer gegen-

seitigen Überlappung der π-Molekülorbitale die Elektronen weniger leicht von elektropositiven Reaktanten (Lewis-Säuren) angreifbar als bei der Doppelbindung. Dadurch sind nukleophile Additionen an Alkine begünstigt.

Äthin lagert Alkohole nach einem nukleophilen Reaktionsmechanismus an. Als Katalysator wirkt dabei das Alkoholation $R-\underline{\bar{O}}|^{\ominus}$. Im ersten Reaktionsschritt lagert sich das Alkoholation an Äthin an. Es entsteht dabei ein Carbeniation:

$$
\begin{array}{c}
H-C\equiv C-H \\
+ \;\; |\overset{\ominus}{\underset{\displaystyle R}{\overline{O}}}|
\end{array}
\rightarrow
\left[
\begin{array}{c}
H-C=\overset{\ominus}{\bar{C}}-H \\
|\underset{\displaystyle R}{O}|
\end{array}
\right]^{\ominus}
$$

Das Carbeniation reagiert mit Alkohol, wobei sich der Katalysator, das Alkoholation RO^-, zurückbildet:

$$
\left[
\begin{array}{c}
H-C=\overset{\ominus}{\bar{C}}-H \\
|\underset{\displaystyle R}{O}|
\end{array}
\right]^{\ominus}
+ \; H-\underline{\bar{O}}-R \;\rightarrow\;
\begin{array}{c}
H-C=C-H \\
\;\;\; | \;\;\;\; | \\
OR \;\; H
\end{array}
+ |\overset{\ominus}{\underline{\bar{O}}}-R
$$

Vinyläther

Die Anlagerung von Alkoholen an Äthin führt zu Vinyläthern (Äthenyläthern).

Weiter reagiert Äthin mit Essigsäure zu Vinylacetat (Äthenylacetat):

$$
H-C\equiv C-H + H_3C-\underset{\displaystyle \underset{O}{\|}}{C}-OH
\;\xrightarrow{R-COO^-}\;
\begin{array}{c}
H-C=CH_2 \\
| \\
O \\
| \\
O=C-CH_3
\end{array}
$$

Vinylacetat

Vinylacetat und Vinyläther sind Ausgangsstoffe für Kunststoffe.

Im Gegensatz zu Alkanen und Alkenen kann von Äthin relativ leicht ein H^+-Ion abgetrennt werden. Es besteht eine C–H-Acidität: Mit metallischem Natrium bildet sich unter Wasserstoffentwicklung Dinatriumacetylid:

$$
H-C\equiv C-H + 2\,Na \rightarrow Na^{\oplus}\;|\overset{\ominus}{C}\equiv \overset{\ominus}{C}|\;Na^{\oplus} + H_2
$$

Das Acetylidion C_2^{2-} entsteht auch bei der Reaktion von Äthin mit ammoniakalischen Lösungen von Cu^+- und Ag^+-Salzen. Die schwerlöslichen Verbindungen Cu_2C_2 und Ag_2C_2 sind in trockenem Zustand explosiv.

Die Erklärung der C–H-Acidität des Äthins ergibt sich daraus, daß das bindende Elektronenpaar zwischen dem C- und dem H-Atom mehr s-Charakter hat als bei Alkenen oder Alkanen (Tab. 18.2.1). Da das bindende Elektronenpaar im Äthin infolge seines hohen s-Anteiles sehr stark vom Kohlenstoffatom beansprucht wird, kann es das Wasserstoffatom weniger gut binden.

Tab. 18.2.1 Vergleich des s-Anteils in Alkinen, Alkenen und Alkanen

Bindung	Hybrid	s-Anteil
H–C≡	sp	50 %
H–C=	sp^2	33 %
H–C–	sp^3	25 %

19. Cycloalkane

19.1 Struktur und Benennung

Durch den Ringschluß haben Cycloalkane eine C–C-Bindung mehr als Alkane gleicher Kohlenstoffzahl. Ihre allgemeine Summenformel C_nH_{2n} zeigt eine Isomerie mit den Alkenen.

Man benennt die ringförmigen Kohlenwasserstoffe so, daß man vor dem Namen des entsprechenden Alkans das Präfix Cyclo- setzt.

Cyclopropan   Cyclobutan   Cyclopentan   Cyclohexan

19.2 Physikalische und chemische Eigenschaften

Die physikalischen Eigenschaften sind denen der Alkane sehr ähnlich.

Auch in ihren chemischen Eigenschaften gleichen sie meistens den Alkanen, wobei jedoch einige Cycloalkane charakteristische Unterschiede aufweisen.

Cyclopropan und in geringem Maße Cyclobutan sind besonders reaktiv, da die Bindungswinkel ziemlich stark vom Tetraederwinkel ($109°28'$) abweichen. Die daraus resultierende Instabilität des Ringsystems bezeichnet man als klassische Ringspannung oder Baeyer-Spannung.

Der Cyclopentan- und der Cyclohexanring sind nicht eben gebaut. Da der Bau des Cyclohexanringsystems für viele Naturstoffe (Terpene und Steroide) wichtig ist, besprechen wir ihn ausführlicher.

In einem ebenen Cyclohexanring würden die C-Atome Winkel von 120° miteinander bilden, was zu einer beträchtlichen Baeyer-Spannung führen würde. Auch
würden alle H-Atome des Ringes ekliptisch zueinander stehen. Den auf Grund
der ekliptischen Stellung von Substituenten in Ringsystemen entstehenden
Stabilitätsverlust bezeichnet man als die Pitzer-Spannung.

Die Baeyer-Spannung des Cyclohexans läßt sich durch zwei Konformationen,
die Sessel- und die Wannenform (Abb. 19.2.1) vermeiden. In beiden Konformeren
liegen vier Kohlenstoffatome in einer Ebene. In der Wannenform befinden sich
zwei gegenüberliegende C-Atome darüber, in der Sesselform ein C-Atom darüber
und ein C-Atom darunter. Die Wasserstoffatome lassen sich in zwei Gruppen ein-
teilen: axiale, die senkrecht auf der fiktiven Ringebene stehen, und äquatoriale,
die ungefähr in der fiktiven Ringebene liegen.

Da in der Wannenform vier Paare von H-Atomen ekliptisch zueinander stehen
(Abb. 19.2.2), resultiert bei ihr eine Pitzer-Spannung. In der Sesselform stehen

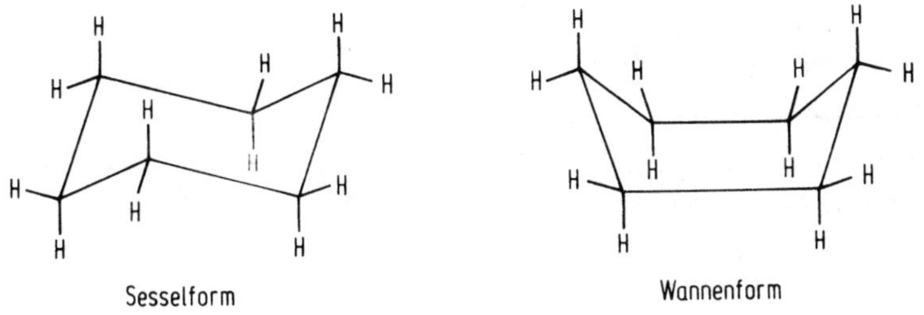

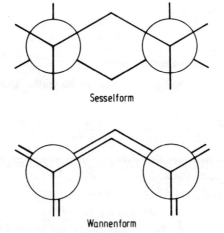

Sesselform   Wannenform

Abb. 19.2.1. Perspektivische Formeln des Cyclohexans.

Sesselform

Wannenform

Abb. 19.2.2. Newman-Projektionsformeln des Cyclohexans.

alle H-Atome gestaffelt. Infolge der fehlenden Pitzer-Spannung ist die Sesselform die stabilste Konformation des Cyclohexans.

Bildet man formal zwei Ringsysteme so, daß zwei Kohlenstoffatome beiden Ringen gemeinsam sind, erhält man überbrückte Cycloalkane.

Für die Biochemie wichtige Ringsysteme sind das Dekalin und das Gonan (oder Steran), das den Steroiden (Sterinen, Gallensäuren, Sexualhormonen und Nebennierenrindenhormonen) zugrunde liegt:

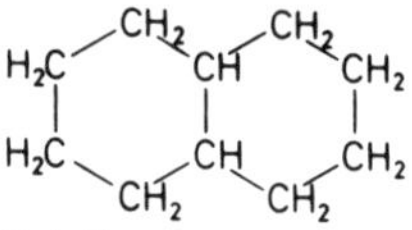

Dekalin
Dekahydronaphthalin

bzw. gekürzte Schreibweise

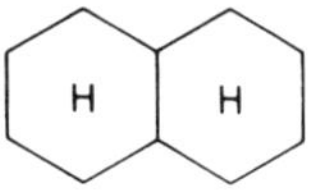

Dekalin

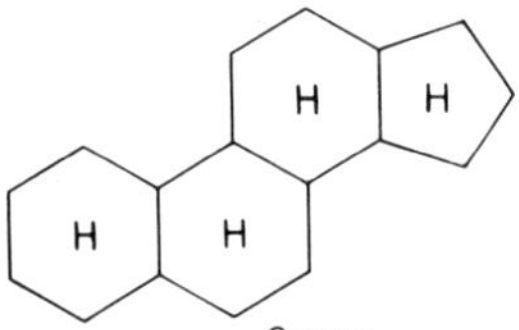

Gonan

20. Aromatische Kohlenwasserstoffe

20.1 Struktur

Die aromatischen Kohlenwasserstoffe leiten sich vom Benzol als Grundkörper ab.

Das Benzol als Ringsystem mit polyzentrischen Molekülorbitalen haben wir schon im Kap. 6.5 besprochen.

Infolge der Ausbildung der polyzentrischen Molekülorbitale sind alle Kohlenstoff-Kohlenstoffbindungen des Benzols völlig gleichwertig.

Experimentell findet man gleiche Abstände der C-Atome im Benzolring, die mit 0,139 nm zwischen dem Abstand von C—C-Einfachbindungen (0,154 nm) und dem von C—C-Doppelbindungen (0,133 nm) liegen.

Die Gleichartigkeit der C—C-Bindungen im Benzol bedingt auch die Anzahl der Disubstitutionsisomeren. Bei zwei Substituenten am Benzolkern finden wir drei Isomeren:

| 1,2-Isomer | 1,3-Isomer | 1,4-Isomer |
| ortho-(o)-Stellung | meta-(m)-Stellung | para-(p)-Stellung |

Wären ungleichartige Bindungen, etwa alternierende Doppel- und Einfachbindungen, im Ring, so müßten zwei ortho-Isomere zu erhalten sein.

Den Energiebetrag, um den das tatsächliche Benzolmolekül infolge seines delokalisierten Elektronensystems tiefer liegt als ein hypothetisches „Cyclohexatrien" mit drei Doppelbindungen, liefert der Vergleich der Hydrierwärme des Benzols mit der Hydrierwärme von drei isolierten Doppelbindungen.

Bei der Hydrierung von drei isolierten Doppelbindungen wird eine Hydrierwärme von $3 \cdot (-119{,}7) = -359{,}1$ kJ/mol frei, bei der Hydrierung des Benzols nur $-208{,}5$ kJ/mol. Um die Differenz $-359{,}1 - (-208{,}5) = -150{,}6$ kJ/mol ist das Benzol energieärmer und damit stabiler als das nicht existente Cyclohexatrien. Mit anderen Worten: Die Delokalisierung der 6 π-Elektronen über den ganzen Kohlenstoffring des Benzols setzt seine Energie um 150,6 kJ/mol herab. Diese Energie führt den Namen Delokalisierungs-, Mesomerie- oder Resonanzenergie. Auch die Bezeichnungen resonanzstabilisiert oder mesomeriestabilisiert bedeuten die Verminderung der Energie eines Systems durch die Delokalisierung von Elektronen.

20.2 Benennung aromatischer Kohlenwasserstoffe

1. Vor dem Namen Benzol gibt man den Namen der Substituenten und die Stellungen der Substituenten an, wobei man die Kohlenstoffatome des Benzolringes von 1 bis 6 so numeriert, daß die C-Atome mit Substituenten möglichst kleine Zahlen erhalten.

2. Die relativen Positionen von zwei Substituenten kann man mit der Angabe ortho = 1,2, meta = 1,3 und para = 1,4 angeben.

   Die Bezeichnung von drei gleichen Substituenten ist mit vicinal (1,2,3), symmetrisch (1,3,5) und asymmetrisch (1,2,4) möglich.

3. Der Rest, der durch Entfernen eines Wasserstoffatoms vom Benzol entsteht,

   heißt Phenylrest ( ). Durch die Wegnahme zweier Wasserstoffatome entsteht der Phenylenrest (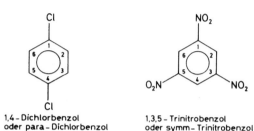 oder   oder   ).

Aryl oder abgekürzt Ar- steht allgemein für einen aromatischen Rest, der nicht näher bezeichnet werden soll (so wie R für einen aliphatischen Rest).

4. In Formeln schreibt man, zur Unterscheidung von alicyclischen Verbindungen, meistens ein Sechseck mit drei Doppelbindungen oder einem Innenkreis.

Beispiele:

1,4 – Dichlorbenzol
oder para – Dichlorbenzol

1,3,5 – Trinitrobenzol
oder symm – Trinitrobenzol

20.3 Physikalische und chemische Eigenschaften

Benzol ist eine farblose, charakteristisch riechende und giftige Flüssigkeit, die bei 80 °C siedet.

Da Benzol weitgehend unpolar ist, löst es sich praktisch nicht in Wasser und ist mischbar mit lipophilen Lösungsmitteln wie Äther, Chloroform und Alkanen.

Die charakteristischen Reaktionen der aromatischen Verbindungen sind Substitutionsreaktionen. Additionsreaktionen sind sehr erschwert und nur unter besonderen Bedingungen möglich. Die Bevorzugung der Substitutionsreaktionen ist verständlich, weil bei ihnen die polyzentrischen Molekülorbitale des aromatischen Systems erhalten bleiben, während sie bei Additionsreaktionen verloren gehen.

Die Substitutionen an Aromaten verlaufen fast ausschließlich nach einem elektrophilen Reaktionsmechanismus. Das aromatische Ringsystem verhält sich also als Lewis-Base.

Der erste Reaktionsschritt besteht in der Bildung des Elektrophils. Er verläuft unter der Einwirkung eines Katalysators, wobei polare Lösungsmittel diesen Schritt begünstigen.

Eine typische elektrophile Substitutionsreaktion betrachten wir am Beispiel der Benzolbromierung mit Brom und Eisen(III)-bromid als Katalysator.

Aus Brom und Eisen(III)-bromid bilden sich das Komplexion $[FeBr_4]^-$ und das Bromoniumion Br^+, eine Lewis-Säure:

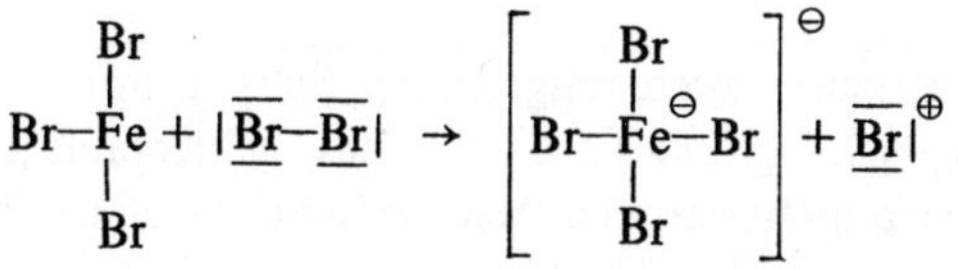

$$
\begin{array}{c}
Br \\
| \\
Br\!-\!Fe \\
| \\
Br
\end{array}
+ \ |\overline{Br}\!-\!\overline{Br}| \ \rightarrow \
\left[
\begin{array}{c}
Br \\
| \\
Br\!-\!\overset{\ominus}{Fe}\!-\!Br \\
| \\
Br
\end{array}
\right]^{\ominus}
+ \ \overline{Br}|^{\oplus}
$$

Das Bromoniumion nähert sich den π-Elektronen des aromatischen Ringsystems und bildet mit ihnen einen lockeren „π-Komplex":

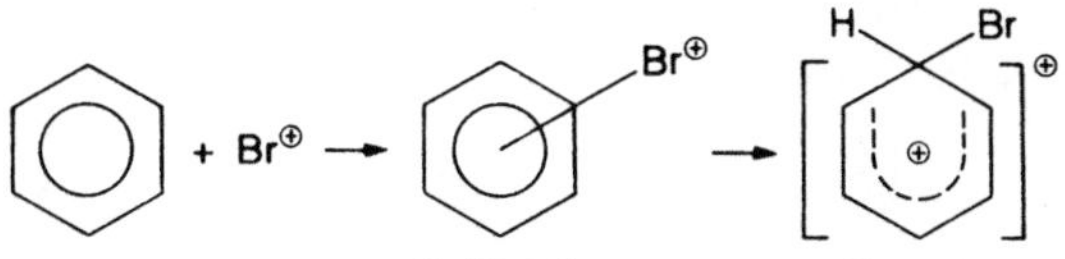

π – Komplex σ-Komplex

Der π-Komplex geht in einen σ-Komplex über, der eine kovalente Bindung zwischen einem Ring-C-Atom und dem angreifenden Reaktanten aufweist. Das Elektronenpaar dieser Bindung entstammt dem aromatischen Sextett des Ringes.

Der σ-Komplex ist energiereicher als das Ausgangsmolekül, da in ihm nur mit 4 Elektronen besetzte polyzentrische Molekülorbitale gebildet sind, die sich über 5 C-Atome erstrecken.

Wir formulieren die Grenzstrukturen:

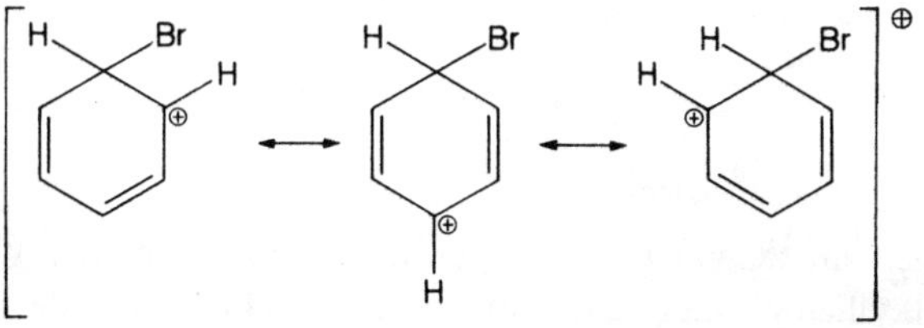

Der σ-Komplex spaltet sehr leicht ein Proton ab, da sich dabei das energetisch niedrigere aromatische System zurückbilden kann. Würde der σ-Komplex wie bei der elektrophilen Addition der Alkene ein Nukleophil anlagern, könnte das stabile delokalisierte Elektronensystem des Aromaten nicht wieder erhalten werden.

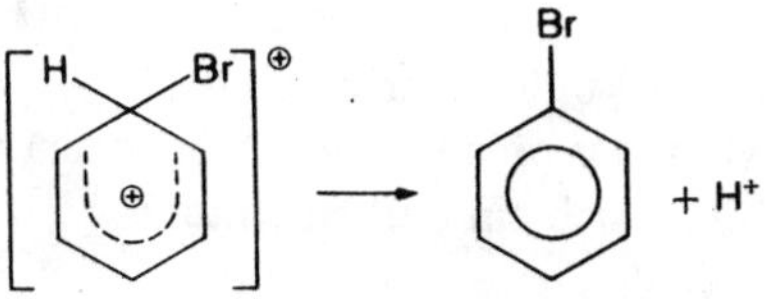

Brombenzol

Das Proton bildet mit dem $[FeBr_4]^-$-Ion den Katalysator zurück:

$$H^+ + [FeBr_4]^- \rightarrow FeBr_3 + HBr$$

Nach diesem Mechanismus verlaufen auch einige andere Substitutionsreaktionen, von denen wir die Summengleichung und die Bildung des Elektrophils angeben, da die anderen Teilschritte sich nicht von dem Mechanismus der Benzolbromierung unterscheiden.

Genau gleich erfolgt die Kern-Chlorierung von aromatischen Kohlenwasserstoffen:

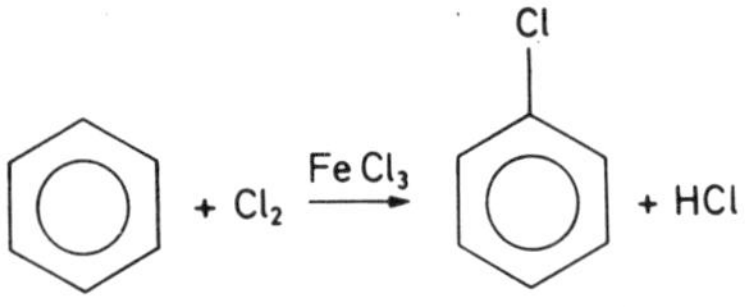

Chlorbenzol

Eine häufig durchgeführte Reaktion ist die Nitrierung von Aromaten mit konzentrierter Salpetersäure und konzentrierter Schwefelsäure. Das eigentliche Elektrophil ist hierbei das Nitrylion NO_2^+ (Nitroniumion, linear $\overset{\oplus}{O=N=O}$). Es entsteht bei der Reaktion:

$$2\,H_2SO_4 + HNO_3 \rightleftarrows NO_2^+ + H_3O^+ + 2\,HSO_4^-$$

Durch Nitrierung von Benzol erhält man Nitrobenzol:

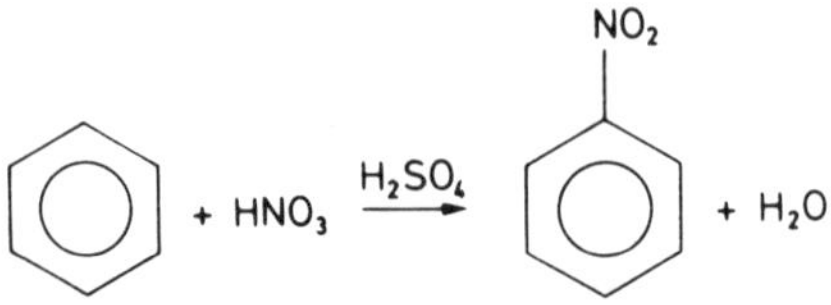

Nitrobenzol

Alkylarylverbindungen entstehen bei der Alkylierung von aromatischen Kohlenwasserstoffen mit Alkylhalogeniden und Aluminiumchlorid nach Friedel-Crafts:

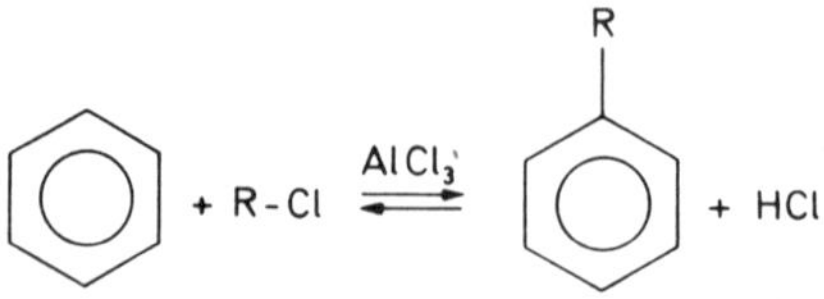

Alkylbenzol

Die Lewis-Säure Aluminiumchlorid verstärkt die Polarisation der C—Cl-Bindung, bei der das stark elektronegative Cl-Atom das bindende Elektronenpaar teilweise zu sich herüberzieht. Im Extremfall bildet sich ein Carbeniumion:

$$AlCl_3 + \overset{\delta^+ \quad \delta^-}{R—Cl} \rightarrow R^{\oplus} + [AlCl_4]^{\ominus}$$

Eine elektrophile Substitution ist auch die Umsetzung von Aromaten mit Carbonsäurechloriden und Aluminiumchlorid, die Friedel-Crafts-Acylierung:

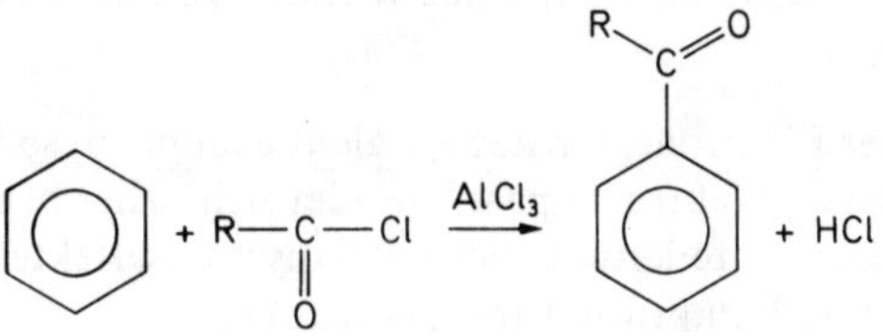

Das angreifende Acylkation bildet sich durch die Reaktion mit dem Katalysator:

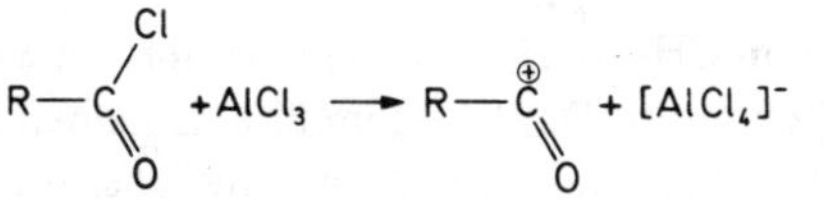

Bei der Sulfurierung aromatischer Verbindungen mit rauchender Schwefelsäure erhält man aromatische Sulfonsäuren:

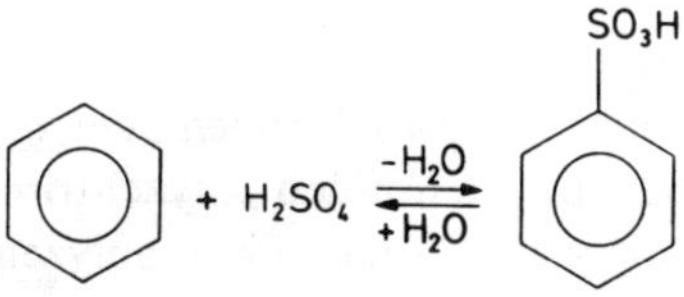

Rauchende Schwefelsäure ist eine Lösung von Schwefeltrioxid (SO_3) in Schwefelsäure. Als Elektrophil wirkt die Lewis-Säure SO_3

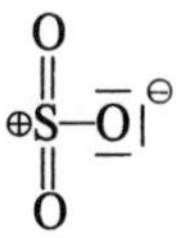

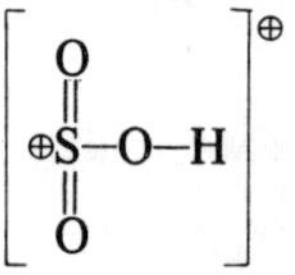

Befinden sich bereits Substituenten am aromatischen Ring, so beeinflussen sie einerseits die Leichtigkeit, mit der weitere Substitutionen durchführbar sind, andererseits bestimmen sie die Position, in welcher eine Zweitsubstitution erfolgt.

Da die Substitutionsreaktionen bei Aromaten fast ausschließlich über den σ-Komplex verlaufen, dessen Energiezustand deshalb hoch liegt, weil in ihm ein Elektronenmangel besteht, erleichtern Substituenten, die die Fähigkeit haben, Elektronen zu spenden, die elektrophilen Substitutionsreaktionen. Solche Substituenten bezeichnet man als Substituenten 1. Ordnung.

Substituenten 2. Ordnung haben das Bestreben, Elektronen an sich zu ziehen. Solche Substituenten erschweren die elektrophile Substitution.

Die elektronenspendende oder elektronenentziehende Wirkung von Substituenten ist auf zwei Arten möglich:

1. Sind Atome unterschiedlicher Elektronegativität kovalent gebunden, so ist die Bindung polar. Das bindende Elektronenpaar befindet sich näher beim elektronegativeren Partner. Die Weiterleitung dieses Polarisationseffektes über σ-Bindungen bezeichnet man als induktiven Effekt (I-Effekt).

Den I-Effekt kennzeichnet man weiter durch die Angabe der Partialladung, die das betreffende Atom oder die Atomgruppe erhält.
Beispielsweise ist die C–Cl-Bindung in $CH_3-\overset{\delta^+}{CH_2}-\overset{\delta^-}{Cl}$ so polarisiert, daß das Cl-Atom eine negative Teilladung bekommt. Das Cl-Atom übt also einen –I-Effekt aus. Da das direkt mit dem Chloratom verbundene C-Atom eine positive Partialladung erhält, wird es elektronenanziehender. Es polarisiert die benachbarte C–C-Bindung ebenfalls, wenn auch in geringerem Maße. Der induktive Effekt nimmt allerdings mit dem Abstand vom Schlüsselatom, in unserem Falle dem Cl-Atom, sehr rasch ab.

2. Atome oder Atomgruppen, die nicht-bindende p-Elektronen oder π-Elektronen (z. B. von Doppelbindungen) haben, bilden mit den polyzentrischen Molekülorbitalen des aromatischen Ringsystems ein größeres polyzentrisches Molekülorbital. Drücken die Substituenten Elektronen in den Ring (was am leichtesten in der Schreibweise mesomerer Grenzstrukturen feststellbar ist), bezeichnet man das als positiven mesomeren Effekt (+M-Effekt). Zieht der Substituent Elektronen ab, spricht man von einem negativen mesomeren Effekt (–M-Effekt).

Beispiele für den +M-Effekt:

und für den —M-Effekt:

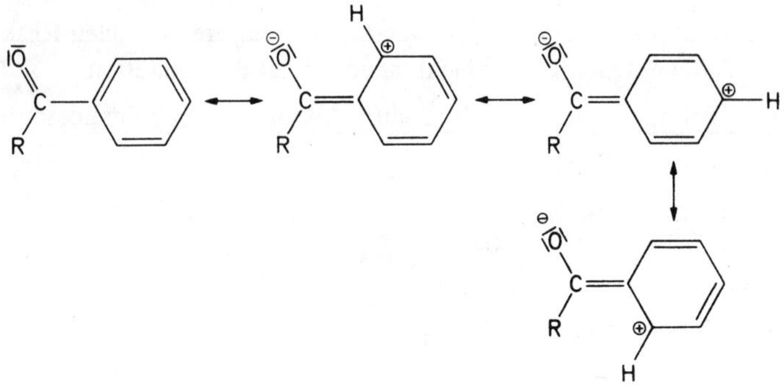

Substituenten mit (+)Effekten bewirken, daß ein zweiter Substituent
bevorzugt in ortho- oder para-Stellung eintritt. Substituenten mit (—)Effekten
dirigieren den zweiten Substituenten hauptsächlich in die meta-Position.

Manche Substituenten üben einen dem I-Effekt entgegengesetzten M-Effekt aus,
so daß die Reaktivität und die Lenkung in die ortho- und para- bzw. in die meta-
Stellung von der relativen Stärke beider Effekte bestimmt ist.

Beispiele für die Wirkung verschiedener Substituenten sind in der Tab. 20.3.1
angeführt.

Tab. 20.3.1 Einfluß einiger Gruppen auf die elektrophile Zweitsubstitution von Aromaten

Substituent	Effekt	dirigierend nach	Wirkung auf die Zweitsubstitution
$-O^{\ominus}$	+I, +M	o, p	sehr stark erleichternd
$-NH_2$, $-OH$, $-OR$	—I, +M	o, p	stark erleichternd
$-NH-\overset{\parallel}{\underset{O}{C}}-R$, $-O-\overset{\parallel}{\underset{O}{C}}-R$	—I, +M	o, p	erleichternd
$-C_6H_5$	+M	o, p	schwach erleichternd
$-CH_3$, $-C_2H_5$	+I	o, p	erleichternd
$-Cl$, $-Br$, $-J$	—I, +M	o, p	schwach erschwerend
$-\overset{\parallel}{\underset{O}{C}}-OH$, $-\overset{\parallel}{\underset{O}{C}}-H$, $-\overset{\parallel}{\underset{O}{C}}-R$	—I, —M	m	stark erschwerend
$-CN$, $-NO_2$, $-SO_3H$	—I, —M	m	stark erschwerend
$-\overset{\oplus}{N}H_3$	—I	m	stark erschwerend

20.4 Reaktionen der Seitenketten von Aromaten

Die aliphatischen Seitenketten von Benzolkernen reagieren in vielen Reaktionen
ähnlich wie Alkane. Leichter als bei Alkanen erfolgt die Oxidation.
So oxidieren Permanganat oder Chromsäure Alkylbenzole zu Benzoesäure, z. B.:

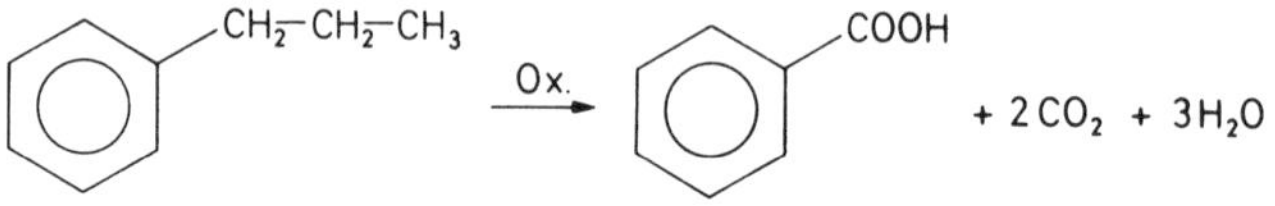

n-Propylbenzol   Benzoesäure

Die radikalische Substitution durch Halogene ist in der dem aromatischen Kern

benachbarten CH_2-Gruppe oder $-\overset{\mid}{\underset{R}{C}}H$-Gruppe (Benzylstellung) der Seitenkette

leichter möglich als bei Alkanen. Bei Bestrahlung mit Licht und bei erhöhter
Temperatur erhält man beispielsweise aus Methylbenzol (Toluol) drei Halogen-
substitutionsprodukte:

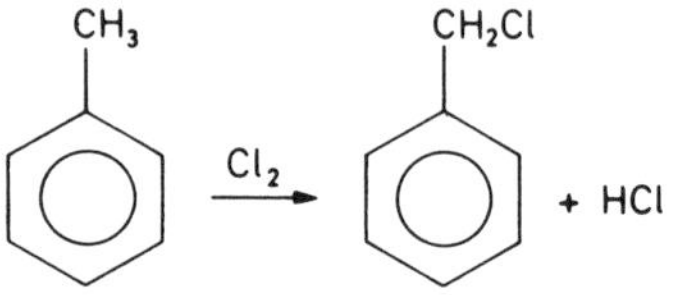

Benzylchlorid

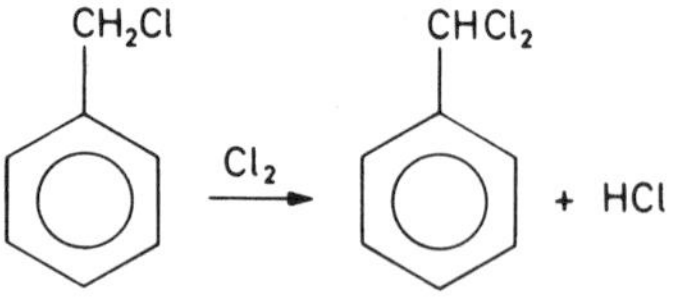

Benzalchlorid

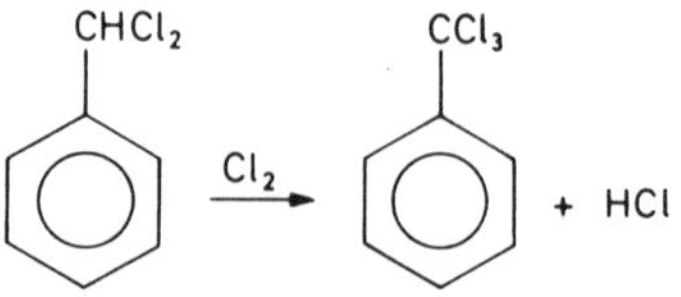

Benzotrichlorid

20.5 Kondensierte aromatische Kohlenwasserstoffe

Die wichtigsten kondensierten aromatischen Kohlenwasserstoffe, die auch in Naturprodukten vorkommen, sind:

Naphthalin   Anthracen   Naphthacen

Phenanthren   Pyren   Benzpyren

Die Numerierung der Kohlenstoffatome kondensierter Ringsysteme mit Ausnahme des Anthracens und des Phenanthrens erfolgt nach folgenden Regeln:

1. Man schreibt die Formel so, daß möglichst viele Ringe horizontal angeordnet sind und nach Möglichkeit rechts oben stehen.

2. Die Numerierung beginnt an dem am weitesten rechts oben stehenden Ring und verläuft im Uhrzeigersinn um das Molekül. C-Atome, die mehreren Ringen gemeinsam sind, werden nicht mitgezählt.

3. Die Namen größerer Ringsysteme bildet man durch Hinzufügen der Silbe Benzo-, Naphtho-, Anthro-, Phenanthro- usw. vor den Namen des Grundgerüstes, als das man das größte benannte Molekül auswählt. Für das kleinere Ringsystem gilt die schon beschriebene Numerierung, die jedoch keine Beziehung zu der Numerierung des gesamten Kohlenwasserstoffes hat.

Zur Kennzeichnung der Kondensationsstelle verwendet man für die Kanten des Basissystems im Sinne der Positionenzählung 1, 2, 3 . . . die Kleinbuchstaben a, b, c . . . . Für die Sekundärkomponente wird die übliche Bezifferung beibehalten.

Z.B.

4. Das komplette Ringsystem muß man ohne Berücksichtigung der Nummern des Grundgerüstes und der weiteren Ringe neu nach den Regeln 1 und 2 behandeln.

Der aromatische Charakter ist bei Systemen, die mehrere Ringe enthalten, nicht mehr so stark ausgeprägt, so daß Additionsreaktionen und Oxidationen leichter erfolgen als bei Benzol selbst.

Benzpyren und andere in Tabakrauch und Autoabgasen enthaltene, höher kondensierte Kohlenwasserstoffe wirken krebserregend (carcinogen), vielleicht infolge ihrer erhöhten Reaktivität.

21. Halogenierte Kohlenwasserstoffe

21.1 Halogenalkane

21.1.1 Struktur und Benennung

Halogenalkane enthalten ein oder mehrere Halogenatome über eine kovalente Bindung an C-Atome gebunden.

Zur Benennung setzt man vor den Namen des Kohlenwasserstoffes den Namen des Halogens mit der Nummer des C-Atoms, das das Halogenatom bindet, und gibt die Anzahl der Halogenatome durch griechische Zahlworte an, z. B.:

$$CH_2-CH_2 \qquad Cl-\overset{\overset{\displaystyle H}{|}}{\underset{\underset{\displaystyle Cl}{|}}{C}}-Cl \qquad CH_3-\overset{}{\underset{\underset{\displaystyle Br}{|}}{CH}}-CH_2-CH_3$$
$$\underset{\displaystyle Cl \quad Cl}{|\quad\;|}$$

1,2-Dichloräthan Trichlormethan 2-Brombutan
(Chloroform)

21.1.2 Physikalische und chemische Eigenschaften

Halogenalkane sind, obwohl die Bindung des Halogens zum C-Atom polarisiert ist, wie Alkane in Wasser unlöslich, jedoch löslich in hydrophoben Lösungsmitteln. Ihre Schmelz- und Siedepunkte steigen mit der Molekülmasse auf Grund der Zunahme der van der Waalsschen Kräfte.

Die Kohlenstoff-Halogenbindung ist polarisiert. Das C-Atom trägt eine positive, das Halogenatom eine negative Teilladung. Die Halogenatome können deshalb durch Nukleophile verdrängt werden. Die nukleophile Substitution bei den

Halogenalkanen ist in den meisten Fällen eine bimolekulare Reaktion. Die Reaktionsgeschwindigkeit hängt sowohl von der Konzentration des Halogenalkans als auch von der des Nukleophils ab. Die Reaktion verläuft also nach dem Typ der $S_N 2$-Reaktion (Substitution, nukleophil, bimolekular).

Als Beispiel einer solchen $S_N 2$-Reaktion betrachten wir die alkalische Hydrolyse von Chlormethan etwas näher.

Die Trennung der C—Cl-Bindung und die Bildung der C—O-Bindung erfolgen in einem einzigen Reaktionsschritt praktisch gleichzeitig. Im Übergangszustand müssen beide Partner an das C-Atom gebunden sein:

$$H-\overline{O}|^{\ominus} + CH_3 - \overline{C}l| \rightarrow H-\overline{O}\cdots CH_3\cdots\overline{C}l| \rightarrow H-\overline{O}-CH_3 + |\overline{C}l|^{\ominus}$$

Die sp³-Hybridorbitale des vierbindigen Kohlenstoffes sind nicht geeignet, mehr als jeweils einen Partner zu binden. Würde man versuchen, mit einem sp³-Hybridorbital zwei andere Atome zu binden, so kämen sich die beiden viel zu nahe. Bindet man im Übergangszustand die H-Atome mit drei sp²-Hybridorbitalen, so verbleibt am C-Atom noch ein p-Orbital, das sich besser eignet, zwei Partner anzulagern. In diesem Falle würde der Übergangszustand der alkalischen Hydrolyse von Chlormethan so aussehen, daß der Kohlenstoff die drei H-Atome über sp²-Hybridorbitale bindet und mit diesen H-Atomen in einer Ebene liegt. Senkrecht zu dieser Ebene erstreckt sich das p-Orbital, das auf entgegengesetzten Seiten das Cl-Atom und die OH-Gruppe bindet (Abb. 21.1.2.1).

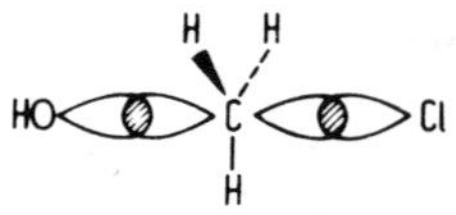

Abb. 21.1.2.1.   Übergangszustand der alkalischen Hydrolyse des Chlormethans als Beispiel einer $S_N 2$-Reaktion.

Das Hydroxidion muß, damit es sich auf der dem Chloratom entgegengesetzten Seite des p-Orbitals anlagern kann, von der Rückseite der Kohlenstoff-Chlorbindung angreifen. Während der Reaktion richten sich die C—H-Bindungen auf, so daß sie im Übergangszustand senkrecht zur ursprünglichen C—Cl-Bindung stehen, und neigen sich in dem Maße nach der ursprünglichen C—Cl-Bindung hin, in dem sich das Cl-Atom ablöst (Regenschirm-Mechanismus).

Ersetzt man im Methylchlorid die drei Wasserstoffatome durch drei unterschiedliche Gruppen, beispielsweise durch ein H-, eine CH_3- und C_2H_5-Gruppe, so sollte die alkalische Hydrolyse dieses asymmetrischen 2-Chlorbutans mit einer Konfigurationsumkehr verbunden sein (Abb. 21.1.2.2).

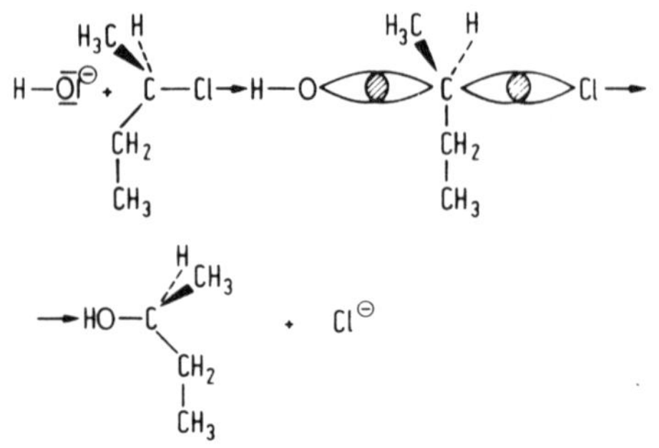

Abb. 21.1.2.2. Konfigurationsumkehr bei der alkalischen Hydrolyse von 2-Chlorbutan.

Diese Konfigurationsumkehr (das Reaktionsprodukt ist das Spiegelbild der Ausgangssubstanz, wenn man die OH-Gruppe gedanklich durch das Cl-Atom ersetzt) ist tatsächlich zu finden. Schon lange, bevor man eine Erklärung kannte, wurde sie nach ihrem Entdecker als Waldensche Umkehr bezeichnet.

Nach dem Mechanismus der S_N 2-Reaktion verlaufen weitere Reaktionen der Halogenalkane (RX), wobei die Reaktionsfähigkeit mit der Atommasse des Halogens zunimmt.

Beispiele:

$$R-X + OH^\ominus \rightarrow R-OH + X^\ominus$$
Alkohol

$$R-X + SH^\ominus \rightarrow R-SH + X^\ominus$$
Thioalkohol
(Mercaptan)

$$R-X + CN^\ominus \rightarrow R-CN + X^\ominus$$
Alkylcyanid

$$R-X + NH_3 \rightarrow R-NH_2 + HX$$
Amin

$$R-X + RO^\ominus \rightarrow R-O-R + X^\ominus$$
Äther

$$R-X + J^\ominus \rightarrow R-J + X^\ominus$$
Alkyljodid

Die Reaktivität des Nukleophils ist einerseits von seiner Basizität, andererseits von seiner Polarisierbarkeit bestimmt. Da große Ionen oder Atome leichter polarisierbar sind, finden wir z.B. bei den Halogenidionen folgende Reihung der Reaktivität (als Nukleophilie bezeichnet):

$$J^- > Br^- > Cl^- \gg F^-$$

Halogenalkane werden als Lösungsmittel und als Kältemittel in Kühlschränken verwendet. Chloräthan dient zur örtlichen Betäubung (Vereisung) bei kleineren Operationen (Lokalanästhesie).

Chloroform ($CHCl_3$) war früher als Narkosemittel in Gebrauch und wird heute als Lösungsmittel viel verwendet.

21.1.3 Grignard-Verbindungen

Erwärmt man Halogenalkane mit Magnesiumspänen, so bilden sich die Grignard-Verbindungen, in denen die Alkylgruppe direkt mit dem Magnesium verbunden ist. Z.B.:

$$CH_3-CH_2-CH_2-Br + Mg \rightarrow CH_3-CH_2-CH_2-MgBr$$
$$\text{Grignard-Verbindung}$$

Die Grignard-Verbindungen lösen sich in Äther. Da ihre C—Mg-Bindung stark polarisiert ist, wobei das C-Atom eine negative Teilladung erhält, reagieren die Grignard-Verbindungen als starke Nukleophile.

Mit acidem Wasserstoff ergeben Grignard-Verbindungen Alkane:

$$H-OH + R-MgX \rightarrow R-H + Mg^{2+} + X^- + OH^-$$

Grignard-Verbindungen lagern sich leicht an polare Mehrfachbindungen wie $>C=O, >C=N-$ und $-C\equiv N$ an, beispielsweise an Kohlendioxid:

$$\overset{\delta^+ \ \delta^-}{O=C}=\overset{\delta^- \ \delta^+}{O} + R-MgX \rightarrow O=\overset{\overset{\displaystyle OMgX}{|}}{C}-R$$

Dieses Zwischenprodukt isoliert man meist nicht, sondern man erhält mit Wasser oder verdünnten Säuren direkt die Carbonsäure:

$$O=\overset{\overset{\displaystyle OMgX}{|}}{C}-R + H_2O \rightarrow O=\overset{\overset{\displaystyle OH}{|}}{C}-R + Mg^{2+} + X^- + OH^-$$

21.2 Aromatische Halogenverbindungen

Verbindungen, in denen das Halogenatom direkt an den aromatischen Kern gebunden ist, geben nicht die bei Halogenalkanen üblichen nukleophilen

Substitutionsreaktionen, da die Bindung des Halogens zum C-Atom durch Mesomerie verstärkt ist, wie die folgenden Grenzstrukturen zeigen:

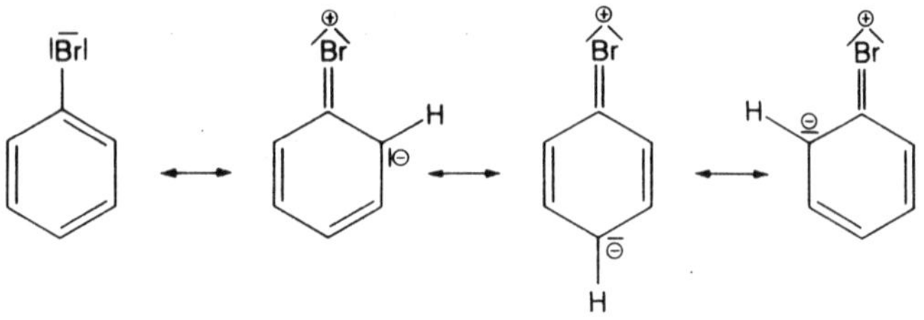

Die Bildung von Grignard-Verbindungen, die genau wie die entsprechenden Alkylmagnesiumhalogenide reagieren, ist dagegen leicht möglich:

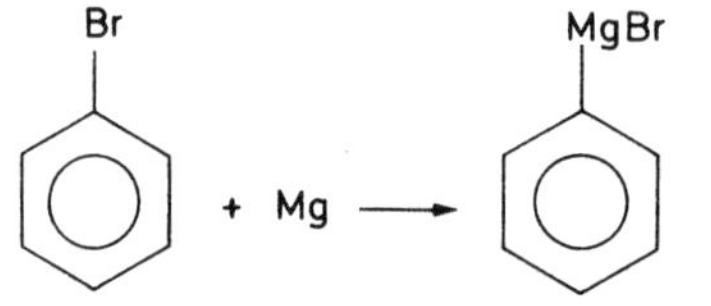

Brombenzol   Phenylmagnesiumbromid

Die Reaktivität von Halogen, das an das dem aromatischen Ring benachbarte C-Atom gebunden ist, ist viel höher als bei Halogenalkanen. Benzylchlorid hydrolisiert sehr leicht zu Benzylalkohol, Benzalchlorid zu Benzaldehyd und Benzotrichlorid zu Benzoesäure:

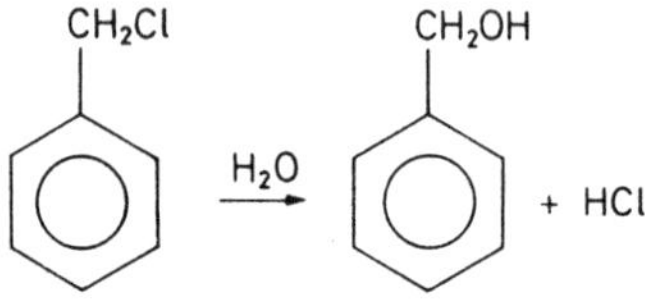

Benzylchlorid   Benzylalkohol

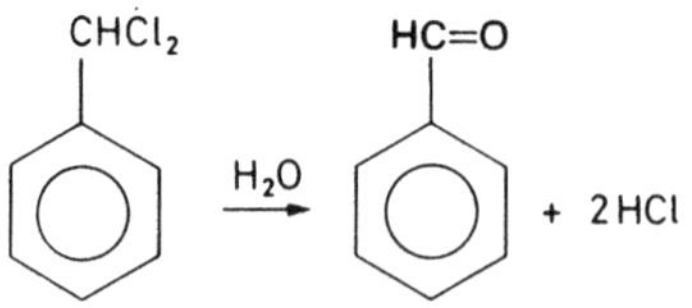

Benzalchlorid   Benzaldehyd

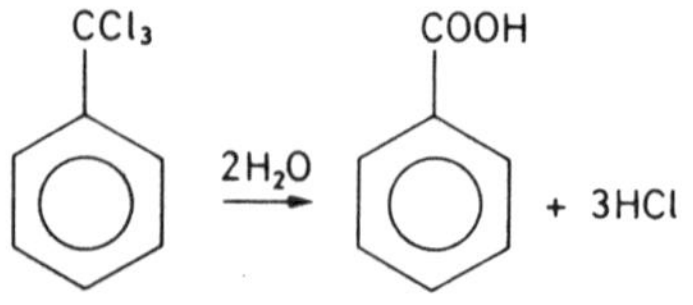

Benzotrichlorid   Benzoesäure

Die nukleophile Substitution bei Benzylhalogeniden verläuft nach einem
S_N1-Mechanismus (Substitution, nukleophil, unimolekular). Die Reaktionsgeschwindigkeit hängt nur von der Konzentration der Halogenverbindung ab.
Da das nach der Trennung der Kohlenstoff-Halogenbindung entstehende
Kation durch Delokalisation der positiven Ladung stabilisiert ist, bildet sich
das Carbeniumion leicht, d.h. die Reaktivität des Halogens ist in der sog.
α-Stellung zum Kern erhöht. Im ersten Schritt bildet sich das Carbeniumion:

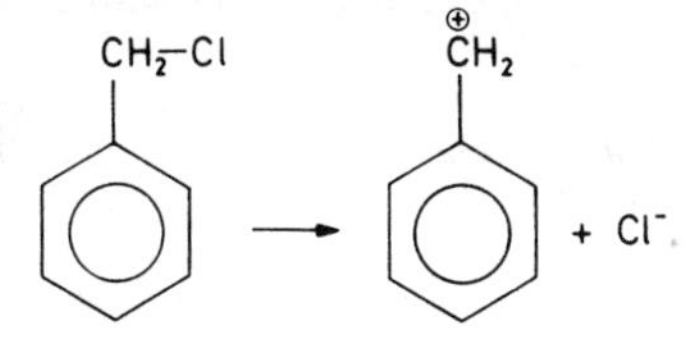

Benzylchlorid

Das Carbeniumion ist stabilisiert:

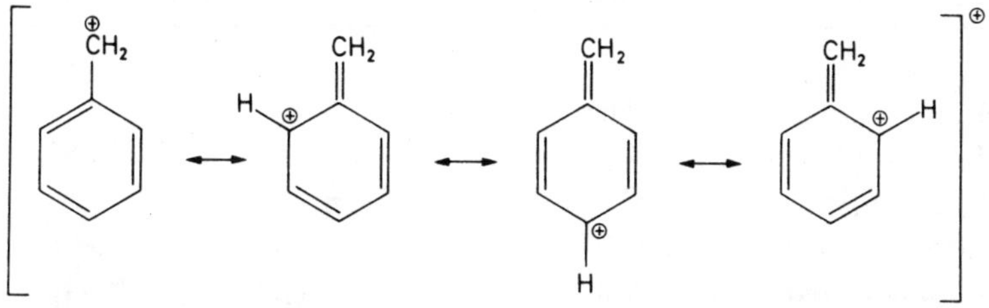

Im abschließenden Reaktionsschritt reagiert das Carbeniumion mit dem
Nukleophil, dem Hydroxidion:

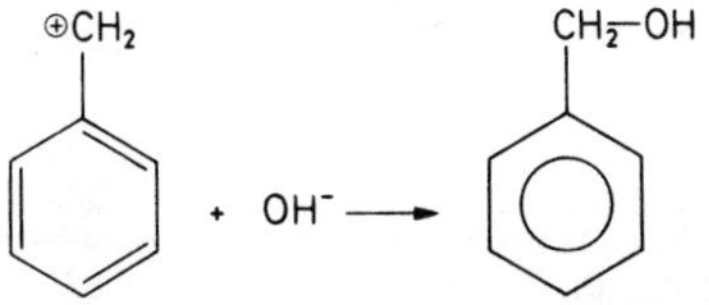

Benzylalkohol

22. Alkohole

22.1 Struktur und Benennung

Alkohole leiten sich von den Alkanen durch Ersatz eines oder mehrerer nicht
am gleichen C-Atom stehender Wasserstoffatome durch Hydroxylgruppen ab.

Nach dem Genfer Nomenklatur-System benennt man Alkohole nach folgenden Regeln:

1. Die Endung -ol bezeichnet die Alkoholgruppe.

2. Den Alkylrest benennt man nach den für die Alkane geltenden Regeln, wobei die längste Kohlenstoffkette, die die Hydroxylgruppe trägt, die Hauptkette festlegt.

Bei einfachen Alkoholen hängt man oft die Bezeichnung Alkohol an den Namen der Alkylgruppe, z.B. Äthylalkohol.

Die Namen, die Schmelz- und die Siedepunkte einiger Alkohole sind in der Tab. 22.1.1 enthalten.

Tab. 22.1.1 Namen, Schmelz- und Siedepunkte einiger Alkohole

Formel	Name	Schmelzpunkt	Siedepunkt
CH_3-OH	Methanol	− 94	65
CH_3-CH_2-OH	Äthanol	−117	78
$CH_3-CH_2-CH_2-OH$	1-Propanol	−126	97
$CH_3-CH-CH_3$ $\quad\ \ \vert$ $\quad\ \ OH$	2-Propanol	− 90	82
$CH_3-(CH_2)_2-CH_2-OH$	1-Butanol (n-Butanol)	− 90	118
$CH_3-CH_2-CH-CH_3$ $\qquad\quad\ \vert$ $\qquad\quad\ OH$	2-Butanol (sec.-Butanol)	−114	100
$CH_3-CH-CH_2-OH$ $\quad\ \ \vert$ $\quad\ \ CH_3$	2-Methyl-1-propanol (Isobutanol)	−108	108
$\qquad CH_3$ $\qquad\ \vert$ CH_3-C-OH $\qquad\ \vert$ $\qquad CH_3$	2-Methyl-2-propanol (tert.-Butanol)	26	83

Bei Alkoholen unterscheidet man drei Typen: primäre, sekundäre und tertiäre Alkohole, je nachdem, ob sich die alkoholische Hydroxylgruppe an einem primären, sekundären oder tertiären Kohlenstoffatom befindet. Alkohole bezeichnet man auch nach der Anzahl der Hydroxylgruppen im Molekül als einwertige, zweiwertige, dreiwertige und mehrwertige, wobei sich die Hydroxylgruppen an verschiedenen C-Atomen befinden müssen.

22.2 Physikalische Eigenschaften

Die Hydroxylgruppe ist wie die OH-Gruppe des Wassers sehr stark polarisiert und zur Wasserstoffbrückenbindung fähig.

Alkohole, die kleine Alkylreste oder mehrere Hydroxylgruppen enthalten, sind deshalb leicht wasserlöslich und lösen selbst polare Substanzen.

Alkohole mit längeren Kohlenwasserstoffresten verhalten sich ähnlich wie Kohlenwasserstoffe. Die Wirkung des lipophilen Molekülanteiles überwiegt.

Infolge der Wasserstoffbrückenbindung schmelzen und sieden Alkohole höher als Alkane.

22.3 Chemische Eigenschaften

Die Reaktivität der Alkohole ist durch ihre funktionelle Gruppe, die Hydroxyl-gruppe, bestimmt. Die Hydroxylgruppe fungiert als schwache Säure und Base. Sie kann substituiert, eliminiert und oxidiert werden.

22.3.1 Säure- und Basenreaktionen der Alkohole

Alkohole wirken als Basen und als Säuren, wobei die Acidität geringer und die Basizität etwa gleich ist wie die des Wassers. Mit starken Mineralsäuren bilden sich Alkyloxoniumionen:

$$R-\overline{O}H + H_3O^{\oplus} \rightleftarrows R-\overset{\oplus}{\underset{\underset{H}{|}}{O}}-H + H_2O$$

$$\text{Alkyloxoniumion}$$

In konzentrierten Mineralsäuren sind Alkohole deshalb löslich.

Mit Alkalimetallen reagieren Alkohole unter Wasserstoffentwicklung zu Alkoholaten:

$$2\,R-\overline{O}-H + 2\,Na \rightarrow 2\,Na^{\oplus} + 2\,R-\overline{O}|^{\ominus} + H_2$$

$$\text{Alkoholat}$$

Das Alkoholation ist eine starke Base.

22.4 Nukleophile Substitutionen

Die nukleophilen Substitutionsreaktionen der Hydroxylgruppe verlaufen nur im stark sauren Bereich genügend rasch. Im stark sauren Milieu bildet sich ein Alkyloxoniumion, in welchem die O–C-Bindung geschwächt ist, da die positive Ladung am Sauerstoffatom seine Elektronegativität noch steigert.

$$R\text{–}O\text{–}H + H_3O^+ \rightleftarrows R\text{–}\overset{\oplus}{\underset{\underset{H}{|}}{O}}\text{–}H + H_2O$$

Oxoniumion

Das Oxoniumion reagiert mit dem Säureanion der starken Säure in einer S_N2-Reaktion:

$$X^{\ominus} + R\text{–}\overset{\oplus}{\underset{\underset{H}{|}}{O}}\text{–}H \rightleftarrows X\text{–}R + |\overset{}{\underset{\underset{H}{|}}{O}}\text{–}H$$

Ester

Bei dieser Reaktion verdrängt das Säureanion ein Wassermolekül, das weit weniger nukleophil ist als ein Hydroxidion.

Die Reaktionsgleichung der Gesamtreaktion

$$R\text{–}OH + HX \rightleftarrows X\text{–}R + H_2O$$

Alkohol   Ester

gilt auch für die Esterbildung mit schwachen Säuren (z.B. Carbonsäuren), die jedoch nach einem anderen Mechanismus verläuft. Diesen besprechen wir in Abschn. 26.3.

Nach dem oben besprochenen Mechanismus entstehen die Ester starker Säuren. Besonders wichtig sind die Ester der Phosphorsäure, Schwefelsäure, Salpetersäure und der Halogenwasserstoffsäuren.

Arbeitet man mit einem Überschuß an Alkohol, so substituiert ein Alkoholmolekül das Oxoniumion. Als Reaktionsprodukt entsteht über ein Dialkyloxoniumion ein Äther:

$$R\text{–}\overset{}{\underset{}{O}}\text{–}H + H^+ \rightarrow R\text{–}\overset{\oplus}{\underset{\underset{H}{|}}{O}}\text{–}H$$

$$R\text{–}\overset{}{\underset{\underset{H}{|}}{O}}| + R\text{–}\overset{\oplus}{\underset{\underset{H}{|}}{O}}\text{–}H \rightarrow R\text{–}\overset{\oplus}{\underset{\underset{H}{|}}{O}}\text{–}R + |\overset{}{\underset{\underset{H}{|}}{O}}\text{–}H$$

Dialkyloxoniumion

Das Dialkyloxoniumion spaltet ein H^+-Ion ab und ergibt einen Äther:

$$R\text{–}\overset{\oplus}{\underset{\underset{H}{|}}{O}}\text{–}R \rightarrow R\text{–}O\text{–}R + H^+$$

Äther

Die Gleichung der Gesamtreaktion ist:

$$R\text{—}OH + HO\text{—}R \xrightarrow{H^+} R\text{—}O\text{—}R + H_2O$$

Die Ätherbildung gelingt mit dieser Reaktion allerdings nur mit primären Alkoholen bis zu vier Kohlenstoffatomen.

22.5 Wasserabspaltung aus Alkoholen

Aus primären Alkoholen bildet sich bei Temperaturen über 180 °C (bei sekundären und tertiären Alkoholen dagegen bei tieferen Temperaturen) aus dem Oxoniumion durch Eliminierung von Wasser ein Carbeniumion:

$$R\text{—}CH_2\text{—}CH_2\overset{\oplus}{\underset{\underset{H}{|}}{\text{—}O}}\text{—}H \rightarrow R\text{—}CH_2\text{—}\overset{\oplus}{C}H_2 + |\underset{\underset{H}{|}}{\overline{O}}\text{—}H$$

Aus dem Carbeniumion entsteht durch Protonabgabe ein Alken:

$$R\text{—}CH_2\text{—}\overset{\oplus}{C}H_2 \rightarrow R\text{—}CH=CH_2 + H^+$$

Die Gesamtreaktion der Alkenbildung aus Alkoholen verläuft nach der Gleichung:

$$R\text{—}CH_2\text{—}CH_2\text{—}OH \xrightarrow{H^+} R\text{—}CH=CH_2 + H_2O$$

Die Reihung abnehmender Reaktivität von den tertiären über die sekundären zu den primären Alkoholen zeigt, daß sich tertiäre Carbeniumionen am leichtesten bilden und primäre am schwersten (vgl. Abschn. 17.2). Denn die Bildung der Carbeniumionen aus den Oxoniumionen ist der langsamste und deshalb der geschwindigkeitsbestimmende Reaktionsschritt.

22.6 Oxidation von Alkoholen

Alkohole können mit Luft oder Sauerstoff bei hoher Temperatur zu CO_2 und H_2O oxidiert werden. Auch starke Oxidationsmittel wie $K_2Cr_2O_7$ und $KMnO_4$ in Lösung oxidieren Alkohole je nach Typ (primär, sekundär oder tertiär) zu unterschiedlichen Produkten.

Primäre Alkohole werden zu Aldehyden oxidiert, diese sehr leicht zu Carbonsäuren weiter oxidiert:

prim. Alkohol   Aldehyd   Carbonsäure

Bei sekundären Alkoholen ist die Oxidation nur bis zur Stufe der Ketone möglich:

$$R-\underset{\underset{R}{|}}{CH}-OH \xrightarrow{Ox.} R-\overset{\overset{O}{\|}}{C}-R$$

sek. Alkohol   Keton

Tertiäre Alkohole reagieren unter vergleichbaren Bedingungen nicht mit den erwähnten Oxidationsmitteln.

Die vollständigen Oxidationsgleichungen für die obigen Reaktionen können ähnlich wie in der anorganischen Chemie mit Hilfe der Änderung der Oxidationszahlen gefunden werden. Bei den organischen Partnern betrachtet man zweckmäßigerweise nur die Oxidationszahl des C-Atoms der funktionellen Gruppe.

Zum Beispiel findet man nach den Regeln der Bestimmung der Oxidationszahl (Kap. 10.2) für das C-Atom einer primären Alkohol-Gruppe die Oxidationszahl -1 und für das der Aldehydgruppe $+1$.

Die Teilgleichung der Oxidation des Alkohols ist:

$$R-\overset{-1}{CH_2}-OH + 2H_2O \longrightarrow R-\overset{\overset{O}{\diagup\!\diagup}}{\underset{\underset{H}{\diagdown}}{C}} + 2\,e^- + 2\,H_3O^+$$

und die Teilgleichung der Reduktion des Oxidationsmittels, etwa des Dichromations:

$$\overset{+6}{Cr_2}O_7^{2-} + 6\,e^- + 14\,H_3O^+ \rightarrow 2\,Cr^{3+} + 21\,H_2O$$

Zur Bildung der Gesamtgleichung müssen wir die Gleichung des Elektronen abgebenden Systems mit drei multiplizieren, beide Teilgleichungen addieren und erhalten:

$$3R-CH_2-OH + Cr_2O_7^{2-} + 8H_3O^+ \longrightarrow 2Cr^{3+} + 3R-\overset{\overset{O}{\diagup\!\diagup}}{\underset{\underset{H}{\diagdown}}{C}} + 15H_2O$$

Die unterschiedliche Reaktionsweise der primären, sekundären und tertiären Alkohole bei Oxidation kann zu ihrer analytischen Unterscheidung eingesetzt werden.

22.7 Einzelne Alkohole

Der einfachste Alkohol, Methanol, dient vor allem als billiges Lösungsmittel und zur Herstellung von Kunststoffen. Er ist sehr giftig, und sein Genuß führt zur Erblindung. Die letale Dosis ist 25 g.

Die Bedeutung des Äthanols beruht besonders auf seiner Verwendung zu Genuß-zwecken. Trinkalkohol stellt man fast ausschließlich durch Vergärung von Mono-sacchariden unter der Einwirkung von Enzymen der Hefe dar. Nach der Brutto-gleichung:

$$C_6H_{12}O_6 \xrightarrow{\text{Enzyme}} 2\,CH_3\text{--}CH_2\text{--}OH + 2\,CO_2$$

entstehen aus dem Zucker $C_6H_{12}O_6$ Äthanol und Kohlendioxid.

Glykol $H_2\underset{HO}{C}\text{--}\underset{OH}{CH_2}$ ist der einfachste zweiwertige Alkohol.

Es ist leicht wasserlöslich (Verwendung als Frostschutzmittel) und schmeckt süß.

Auch Glycerin $H_2\underset{HO}{C}\text{--}\underset{OH}{CH}\text{--}\underset{OH}{CH_2}$, ein dreiwertiger Alkohol, ist leicht wasserlöslich
und schwach hygroskopisch.

Glycerin ist als Baustein in Fetten und Ölen enthalten, die Ester höherer Fett-säuren mit Glycerin sind. Die pharmazeutische Industrie verwendet große Mengen Glycerin zur Herstellung nicht austrocknender Salben und Kosmetika.

23. Phenole und Chinone

23.1 Phenole

Die den Alkoholen analogen aromatischen Verbindungen, deren Hydroxylgruppe direkt am aromatischen Kern gebunden ist, heißen Phenole. Wie bei den Alkoholen unterscheidet man Phenole nach der Zahl der Hydroxylgruppen und bezeichnet sie als einwertige bzw. mehrwertige Phenole.

Formeln und Namen der wichtigsten Phenole enthält die Tab. 23.1.1.

Die chemischen Eigenschaften der Phenole unterscheiden sich von denen der Alkohole auf Grund der Auswirkungen des aromatischen Kernes auf die Reaktivität der Hydroxylgruppe.

Phenole sind stärkere Säuren als Alkohole, da das nach Abgabe eines Protons entstehende Phenolation mesomeriestabilisiert ist:

Tab. 23.1.1 Namen und Formeln der wichtigsten Phenole (Trivialnamen in Klammer)

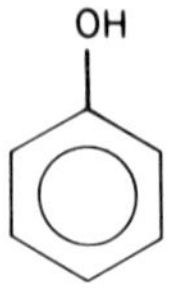

Phenol

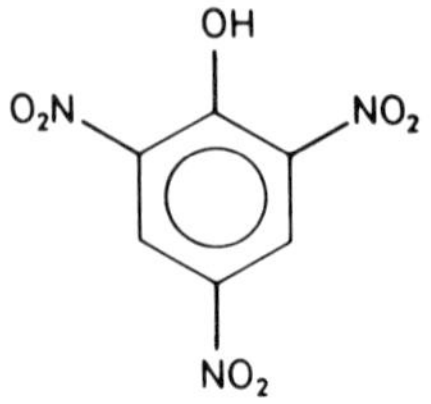

2,4,6 - Trinitrophenol
(Pikrinsäure)

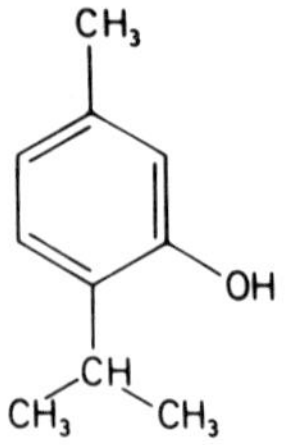

2 - Isopropyl - 5 - methyl-
phenol
(Thymol)

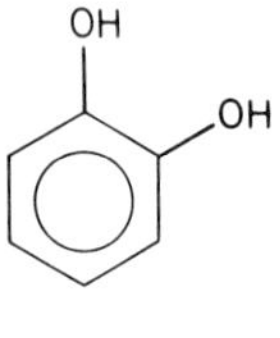

o - Dihydroxybenzol
(Brenzcatechin)

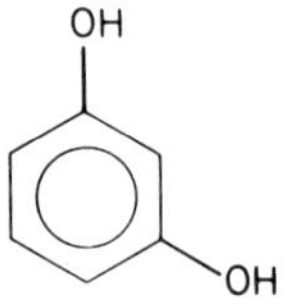

m - Dihydroxybenzol
(Resorcin)

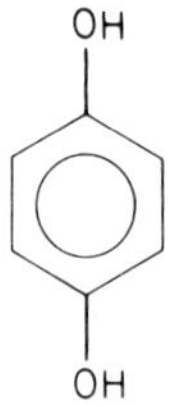

p - Dihydroxybenzol
(Hydrochinon)

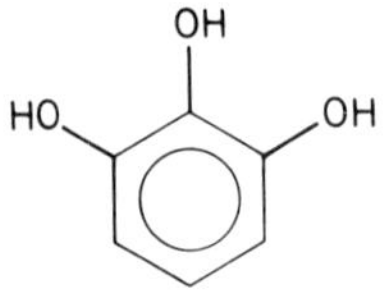

vic - Trihydroxybenzol
(Pyrogallol)

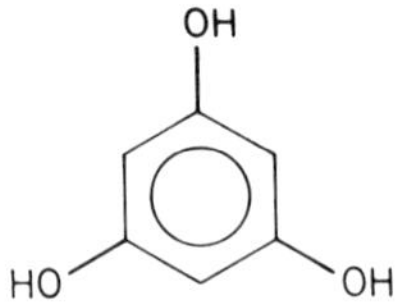

sym - Trihydroxybenzol
(**Phloroglucin**)

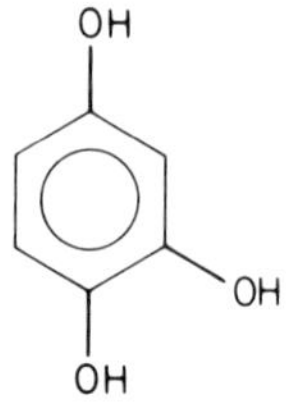

asym - Trihydroxybenzol
(Hydroxyhydrochinon)

Mesomerie des Phenolations:

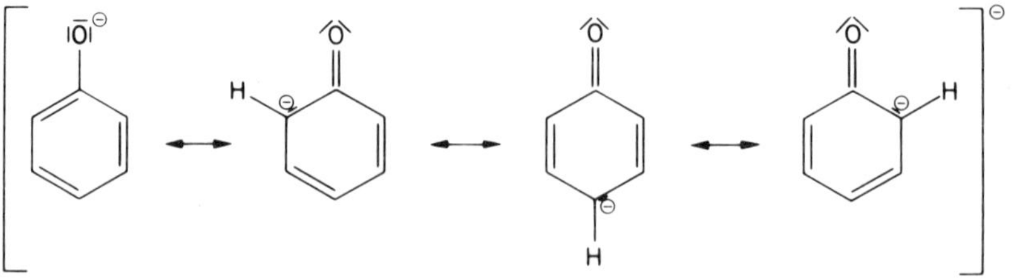

Phenolationen sind deshalb schwächere Basen als Alkoholationen und in wäßriger Lösung beständig. Phenole lösen sich in starken wäßrigen Laugen unter Bildung des Phenolations.

Stark elektronenanziehende Gruppen als Substituenten am aromatischen Kern, beispielsweise Nitrogruppen, verstärken die Acidität der Hydroxylgruppe noch weiter. So ist Trinitrophenol (Pikrinsäure) eine starke Säure.

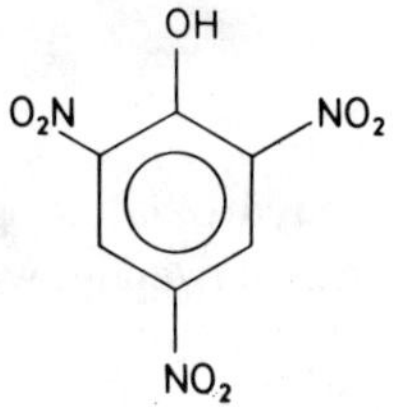

Pikrinsäure

Nicht nur beim Phenolation, sondern auch bei Phenol selbst ist ein nicht bindendes Elektronenpaar des Sauerstoffatoms an der Bildung eines polyzentrischen Molekülorbitals mit dem aromatischen System beteiligt. Die Mesomerie ist allerdings nicht so ausgeprägt wie beim Phenolation. Durch die Mesomerie ist einerseits eine nukleophile Substitution der Hydroxylgruppe ebenso wie eine Substitution von direkt am aromatischen Kern gebundenem Halogen sehr erschwert und andererseits die elektrophilen Substitutionsreaktionen (Halogenierung, Nitrierung, Sulfonierung) bei Phenol verglichen mit Benzol sehr erleichtert. So reagiert eine Phenollösung mit Bromwasser unter Substitution von drei H-Atomen:

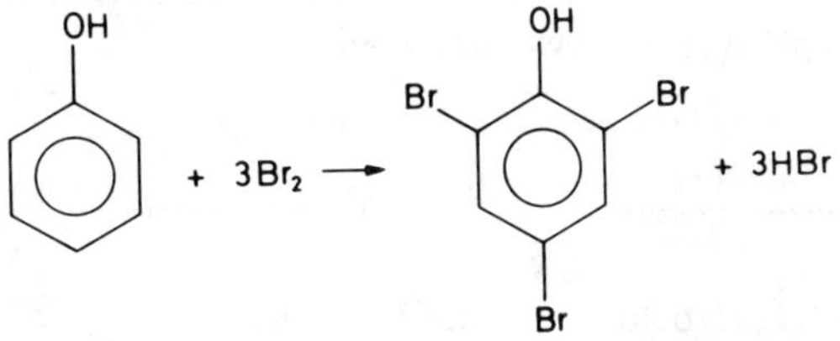

1,2- und 1,4-Dihydroxybenzole sind sehr leicht zu Chinonen oxidierbar. Besonders im Alkalischen wirken sie als Reduktionsmittel:

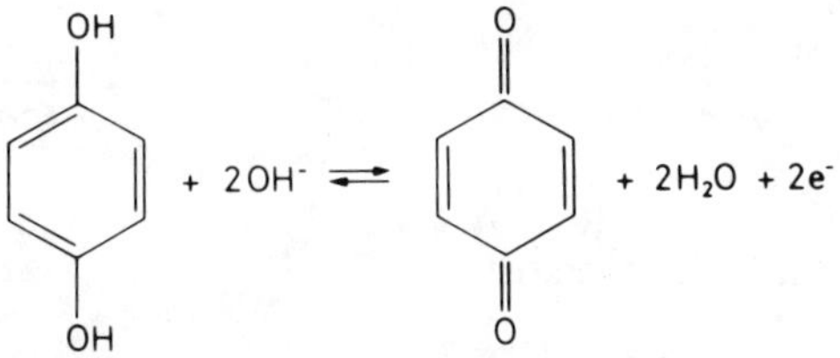

1,4 – Dihydroxybenzol   p – Chinon
(Hydrochinon)

1,2 - Dihydroxybenzol   o - Chinon
(Brenzcatechin)

Das dreiwertige Phenol Pyrogallol kann in starker Kaliumhydroxidlösung zur
Entfernung von molekularem Sauerstoff aus Gasgemischen verwendet werden.

23.2 Chinone

Chinone sind keine Aromaten, sie enthalten das chinoide System mit zwei
Carbonylgruppen ($>$C=O-Gruppen) in cyclischer Konjugation. Chinone sind
gegen Oxidationsmittel recht stabil. Durch Reduktion erhält man aus ihnen, in
Umkehrung der oben besprochenen Reaktion, Dihydroxybenzole. Bei der
Reduktion des p-Chinons kann man eine Zwischenstufe, eine Additionsverbindung aus einem Molekül Hydrochinon und einem Molekül Chinon, das
sog. Chinhydron, erhalten. Da Chinhydron schwerlöslich ist und sich in wäßriger Lösung wie ein Gemisch aus gleichen Konzentrationen von Chinon und
Hydrochinon verhält, die miteinander im Redoxgleichgewicht stehen, ist das
Potential einer gesättigten Chinhydronlösung nur vom pH-Wert der Lösung
abhängig. Eine Platinelektrode, die in die gesättigte Chinhydronlösung eintaucht,
kann also zur Messung des pH-Wertes verwendet werden.

Nach der Nernstschen Gleichung (vgl. Abschn. 10.7) gilt:

$$E = E^\circ + \frac{0{,}059}{z} \cdot \log \frac{[Ox]}{[Red]}$$

Die Oxidationsgleichung des Hydrochinons zum Chinon ist:

Hydrochinon   p - Chinon

z, die Anzahl der übergehenden Elektronen, ist 2.

$$E = E^\circ + \frac{0{,}059}{2} \cdot \log \frac{[Chinon] \cdot [H_3O^+]^2}{[Hydrochinon]}$$

In der gesättigten Chinhydronlösung ist [Chinon] = [Hydrochinon], deshalb

$$E = E° + \frac{0,059}{2} \cdot \log [H_3O^+]^2$$

Die oxidierende Wirkung substituierter Chinone ist geringer, wenn die Substituenten Elektronendonatoren sind, da Chinon bei seinem Übergang in Hydrochinon Elektronen aufnimmt. Umgekehrt ist das Reduktionsvermögen von Hydrochinonen, die mit elektronenabgebenden Gruppen substituiert sind, stärker als das des Hydrochinons selbst.

Das Redoxpotential (die Tendenz eines Redoxpaares zur Elektronenabgabe) ist also bei mit elektronenspendenden Gruppen substituierten Hydrochinon-Chinon-Redoxpaaren größer als beim unsubstituierten. Die Tab. 23.2.1 enthält eine Zusammenstellung einiger bedeutender Chinone in Reihenfolge abnehmenden Redoxpotentials.

Tab. 23.2.1 Reihung einiger Hydrochinon-Chinon Redoxpaare in der Reihenfolge
            abnehmender Redoxpotentiale (R = Alkylrest)

24. Äther

Formal leiten sich Äther vom Wasser ab, in dem beide Wasserstoffatome durch Kohlenwasserstoffreste ersetzt sind:

Äther benennt man durch Voraussetzen der Namen der beiden Alkylgruppen vor den Namen -äther.

z.B.

$$CH_3-O-CH_3 \qquad\qquad CH_3-CH_2-O-CH_2-CH_3$$

Dimethyläther   Diäthyläther

$$CH_3-CH_2-O-CH_2-CH_2-CH_3$$

Äthylpropyläther

Die Gruppe $R-\overline{O}-$ als Substituent heißt Alkoxy-Gruppe.

Zwischen Äthermolekülen bestehen keine Wasserstoffbrückenbindungen, da sie kein Wasserstoffatom am Sauerstoff tragen. Äther sieden daher viel tiefer als Alkohole ähnlicher Molekülmasse.

Einige Äther haben Bedeutung als Lösungsmittel für unpolare Substanzen.

Die Reaktivität der Äther ist nicht sehr groß. Mit starken Säuren ergeben sie wasserlösliche Dialkyloxoniumsalze, beispielsweise

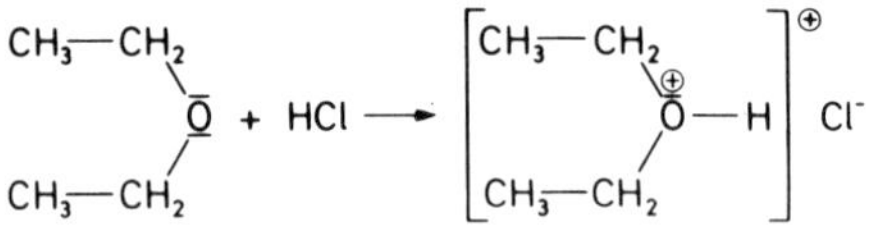

Diäthyloxoniumchlorid

Nur ein Jodidion ist hinreichend nukleophil, um aus einem Dialkyloxoniumsalz einen Alkohol zu verdrängen ($S_N 2$).

Beim Erhitzen von Äthern mit Jodwasserstoffsäure erhält man ein Jodalkan und einen Alkohol:

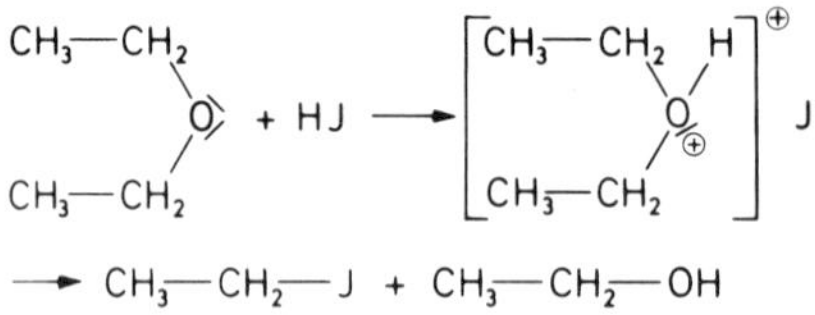

Jodäthan   Äthanol

Der wichtigste Äther ist Diäthyläther, der noch als Narkosemittel verwendet wird. Die Dämpfe des leicht flüchtigen Diäthyläthers (Kp 35 °C) sind leicht entzündlich und bilden mit Luft explosive Gemische.

Beim Stehen an der Luft bildet Diäthyläther in kleinen Mengen Peroxide, die sich explosionsartig zersetzen können.

Einige cyclische Äther, besonders Dioxan und Tetrahydrofuran, dienen als Lösungsmittel.

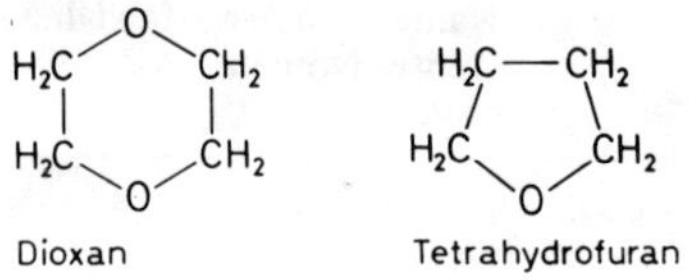

Dioxan   Tetrahydrofuran

25. Aldehyde und Ketone

25.1 Struktur und Benennung

Aldehyde und Ketone enthalten als funktionelle Gruppe die Carbonylgruppe $>C=O$.

In der $>C=O$ Gruppierung sind der Kohlenstoff und der Sauerstoff genau wie die C-Atome des Äthens über eine σ- und eine π-Bindung verbunden.

Infolge der hohen Elektronegativität des Sauerstoffatoms und der leichten Polarisierbarkeit der π-Bindung ist die C=O-Doppelbindung stark polar.

Aldehyde unterscheiden sich von Ketonen dadurch, daß am Carbonylkohlenstoffatom ein Wasserstoffatom gebunden ist, während die Carbonylgruppe der Ketone zwei weitere C-Atome trägt.

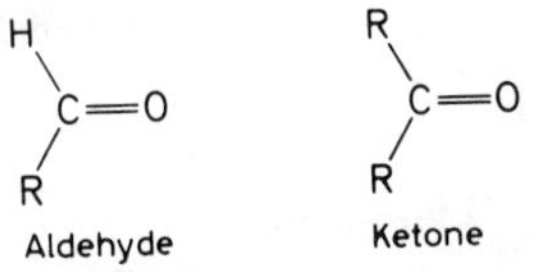

Aldehyde   Ketone

Nach der Genfer Nomenklatur benennt man Aldehyde durch Anhängen der Endung -al und Ketone durch Anhängen der Endung -on an den Namen des Stammkohlenwasserstoffes. Muß man den doppelt gebundenen Sauerstoff als Substituenten benennen, bezeichnet man ihn mit der Vorsilbe Oxo-.

Häufig sind auch Trivialnamen in Gebrauch: In diesem Fall benennt man Aldehyde mit dem lateinischen Namen der Carbonsäure, die bei der Oxidation aus dem Aldehyd entsteht, und hängt die Bezeichnung Aldehyd an. Bei Ketonen nennt man die Namen der Alkylreste, die an die Ketongruppe gebunden sind und setzt den Namen -keton dazu.

Die Formeln, die Namen nach dem Genfer System und die Trivialnamen einiger wichtiger Aldehyde und Ketone sind in der Tab. 25.1.1 enthalten.

Tab. 25.1.1 Formeln, systematische Namen und Trivialnamen einiger Aldehyde und Ketone

Formel	Name nach der Genfer Nomenklatur	Trivialname
H $C=O$ H	Methanal	Formaldehyd
$CH_3-CH=O$	Äthanal	Acetaldehyd
$CH_3-CH_2-CH=O$	Propanal	Propionaldehyd
		Benzaldehyd
		Salicylaldehyd
		Vanillin
	3-Phenyl-2-propenal	Zimtaldehyd
CH_3-C-CH_3 $\;\;\;\;\;\|$ $\;\;\;\;\;O$	2-Propanon	Aceton
$CH_3-CH_2-C-CH_3$ $\;\;\;\;\;\;\;\;\;\;\|$ $\;\;\;\;\;\;\;\;\;\;O$	2-Butanon	Methyläthylketon
		Acetophenon
		Benzophenon

25.2 Redoxreaktionen

Gegenüber starken Reduktionsmitteln verhalten sich Aldehyde und Ketone ähnlich: Die Reduktion der Aldehyde führt zu primären, die Reduktion der Ketone zu sekundären Alkoholen.

Aldehyde können schon durch relativ schwache Oxidationsmittel nach der folgenden Teilgleichung oxidiert werden:

$$R-\overset{\overset{O}{\parallel}}{\underset{H}{C}} + 3H_2O \rightleftharpoons R-\overset{\overset{O}{\parallel}}{\underset{OH}{C}} + 2H_3O^+ + 2e^-$$

Aldehyd   Carbonsäure

Da sich Ketone durch schwache Oxidationsmittel nicht oxidieren lassen, können Aldehyde von Ketonen und anderen nicht leicht oxidierbaren Substanzen durch solche Oxidationsmittel unterschieden werden, z.B. durch Cu^{2+} und Weinsäure (Fehlingsche Lösung) oder $[Ag(NH_3)_2]^+$ (Tollenssche Lösung) in alkalischer Lösung. Aldehyde reduzieren das komplexe Cu^{2+} zu Cu^+ und das komplexe Ag^+ zu metallischem Silber. Auch Luftsauerstoff oxidiert Aldehyde langsam zu Carbonsäuren.

25.3 Additionsreaktionen

Infolge der starken Polarisation der Carbonylgruppe sind Additionsreaktionen sehr leicht durchführbar. Der erste Reaktionsschritt ist gewöhnlich die Anlagerung eines Nukleophils an das positivierte polarisierte C-Atom. Anschließend reagiert das negativierte Sauerstoffatom mit einem positiven Partner.

In saurem pH-Bereich lagert sich zuerst ein Proton an das Sauerstoffatom an. Dadurch verstärkt sich die Positivierung des C-Atoms, und die Addition eines Nukleophils ist sehr begünstigt.

Bei den Additionsreaktionen von Ammoniak, Hydroxylamin, Hydrazin und ihren Derivaten schließt sich gewöhnlich eine Wasserabspaltung aus dem Reaktionsprodukt an.

Als Beispiel einer Additionsreaktion betrachten wir die säurekatalysierte Anlagerung von Alkoholen an Aldehyde.

Das Hydroxoniumion überträgt ein Proton auf den Aldehyd:

$$\underset{Aldehyd}{\overset{R}{\underset{H}{C}}=\overset{\delta^+}{\underset{}{O}}{}^{\delta^-}} + H-\underset{\oplus}{O}-H \rightarrow \left[\underset{H}{\overset{R}{C}}-\overset{\oplus}{\underset{H}{O}}l\right]^{\oplus} + H_2O$$

Aldehyd   Carbeniumion

An das Carbeniumion lagert sich der nukleophile Alkohol an. Anschließend erfolgt eine Übertragung eines Protons auf ein Wassermolekül:

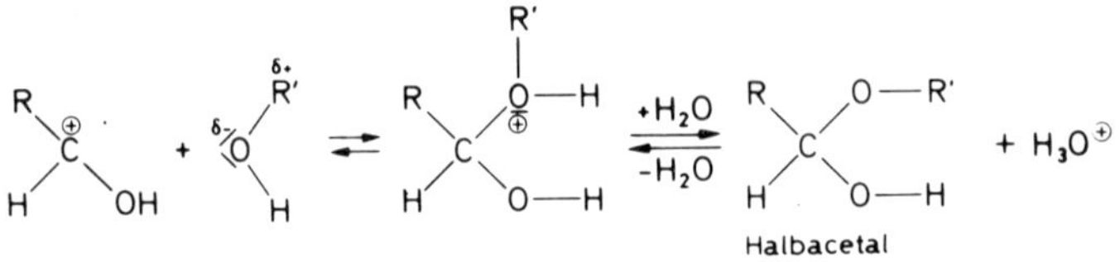

Halbacetal

Das Zwischenprodukt, ein Halbacetal, ist meist nicht faßbar, sondern setzt sich mit weiterem Alkohol zu einem Acetal um. Diese Reaktion ist ebenfalls säurekatalysiert und verläuft über ein Carbeniumion:

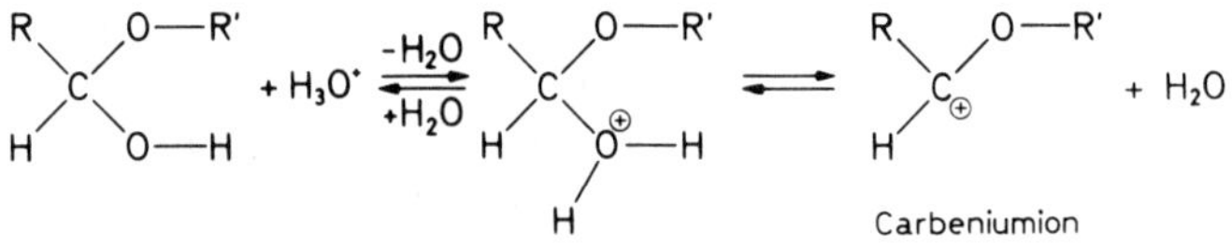

Carbeniumion

Das Carbeniumion reagiert mit Alkohol, wobei anschließend das Proton auf Wasser übertragen wird:

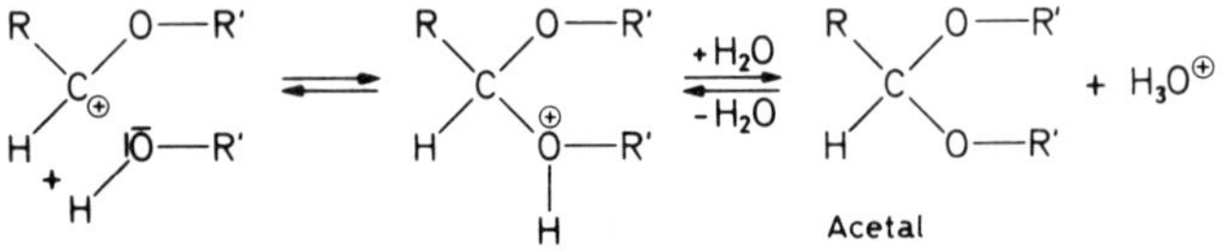

Acetal

Die Gesamtreaktion verläuft nach der Bruttogleichung:

$$R{-}CH{=}O + 2R'{-}OH \; \underset{}{\overset{H_3O^+}{\rightleftharpoons}} \; R{-}\underset{OR'}{\overset{OR'}{CH}} + 2H_2O$$

Die Anlagerung von Alkohol an Ketone führt zu Ketalen:

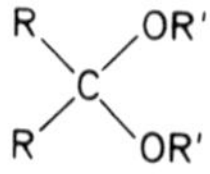

Gleich wie die Anlagerung eines Moleküls Alkohol an ein Molekül Aldehyd oder Keton verlaufen die Additionsreaktionen von Wasser, Ammoniak, Hydroxylamin, Hydrazin und Phenylhydrazin:

$$\text{C=O} + H_2O \rightleftharpoons \text{C}\begin{smallmatrix}\text{OH}\\\text{OH}\end{smallmatrix}$$

Hydrat des Aldehyds
bzw. Ketons

$$\text{C=O} + NH_3 \rightleftharpoons \text{C}\begin{smallmatrix}\text{OH}\\\text{NH}_2\end{smallmatrix} \rightleftharpoons \text{C=N—H} + H_2O$$

Aldimin bzw. Ketimin

$$\text{C=O} + H_2N—OH \rightleftharpoons \text{C}\begin{smallmatrix}\text{OH}\\\text{NH—OH}\end{smallmatrix} \rightleftharpoons \text{C=N—OH} + H_2O$$

Oxim

$$\text{C=O} + H_2N—NH_2 \rightleftharpoons \text{C}\begin{smallmatrix}\text{OH}\\\text{NH—NH}_2\end{smallmatrix} \rightleftharpoons \text{C=N—NH}_2 + H_2O$$

Hydrazon

$$\text{C=O} + H_2N—NH—C_6H_5 \rightleftharpoons \text{C}\begin{smallmatrix}\text{OH}\\\text{NH—NH—C}_6\text{H}_5\end{smallmatrix} \rightleftharpoons \text{C=NH—NH—C}_6H_5 + H_2O$$

Phenylhydrazon

An die Carbonylgruppe lagern sich leicht Grignard-Verbindungen an, die einen Carbeniat-Kohlenstoff enthalten:

$$\overset{\delta+}{\text{C}}=\overset{\delta-}{\text{O}} + \overset{\delta-}{\text{R}}—\overset{\delta+}{\text{MgX}} \longrightarrow —\underset{R}{\overset{|}{\text{C}}}—\text{OMgX}$$

Die Addukte reagieren mit Wasser zu Alkoholen:

$$—\underset{R}{\overset{|}{\text{C}}}—\text{OMgX} + H_2O \rightarrow —\underset{R}{\overset{|}{\text{C}}}—\text{OH} + Mg^{2+} + OH^- + X^-$$

Ist die Carbonylkomponente Formaldehyd, erhält man primäre Alkohole. Die anderen Aldehyde ergeben sekundäre und Ketone tertiäre Alkohole.

25.4 H-Acidität am α-C-Atom

Die starke Positivierung des Kohlenstoffatoms, das den doppelt gebundenen Sauerstoff trägt (Carbonyl-C-Atom), wirkt auch etwas auf das benachbarte C-Atom, das sog. α-C-Atom.

Die Wasserstoffatome des α-C-Atoms sind aktiviert. Sie können durch starke Basen als Protonen abgespalten werden. Das entstehende Carbanion ist mesomer mit einem Enolation:

Carbeniat   Enolat

Die Anlagerung eines Protons kann zu der Enol- oder der Carbonylform führen.

Enolform   Carbonylform

Die Carbonylverbindungen mit mindestens einem Wasserstoff am α-C-Atom sind also der Tautomerie fähig.

Bei den meisten Aldehyden und Ketonen liegt das Gleichgewicht, das sich bei Gegenwart von Säuren oder Basen rasch einstellt, weit auf der Seite der Carbonylform.

25.5 Aldoladdition

Aldehyde und Ketone mit α-H-Atomen bilden unter Katalyse von starken Basen Aldole, d.s. Verbindungen mit einer Hydroxylgruppe und einer Carbonylgruppe.

Z.B.:

Aldol (Acetaldol)

Durch die Einwirkung der starken Base entsteht aus der Carbonylverbindung ein mesomeriestabilisiertes Anion:

$$\underset{\text{H}}{\overset{\text{H}}{\text{CH}_2\text{--C}}}\overset{\text{O}}{\underset{\text{H}}{}} + \text{OH}^- \longrightarrow \left[\overset{\ominus}{\text{CH}_2}\text{--C}\overset{\text{O}}{\underset{\text{H}}{}} \longleftrightarrow \text{CH}_2\text{=C}\overset{\overset{\ominus}{\overline{\text{O}}}\text{I}}{\underset{\text{H}}{}} \right]^{\ominus} + \text{H}_2\text{O}$$

Dieses Anion lagert sich als starkes Nukleophil an die polarisierte C=O-Doppelbindung der Carbonylgruppe eines zweiten Aldehydmoleküls an:

$$\text{H}_3\text{C--C}\overset{\overset{\delta^+}{\text{O}^{\delta-}}}{\underset{\text{H}}{}} + \left[\overset{\ominus}{\text{CH}_2}\text{--C}\overset{\text{O}}{\underset{\text{H}}{}} \right]^{\ominus} \longrightarrow \left[\text{CH}_3\text{--}\overset{\overset{\ominus}{\text{I}\overline{\text{O}}\text{I}}}{\underset{\text{H}}{\text{C}}}\text{--CH}_2\text{--C}\overset{\text{O}}{\underset{\text{H}}{}} \right]^{\ominus}$$

Mit Wasser bilden sich der Katalysator und das Aldol:

$$\left[\text{H}_3\text{C--}\overset{\overset{\ominus}{\text{I}\overline{\text{O}}\text{I}}}{\text{CH}}\text{--CH}_2\text{--C}\overset{\text{O}}{\underset{\text{H}}{}} \right]^{\ominus} + \text{H}_2\text{O} \longrightarrow \text{H}_3\text{C--}\overset{\text{OH}}{\text{CH}}\text{--CH}_2\text{--C}\overset{\text{O}}{\underset{\text{H}}{}} + \text{OH}^-$$

3-Hydroxybutanal

Gewöhnlich spaltet das Aldol Wasser ab, da dadurch eine Verbindung mit einer konjugierten C–C-Doppelbindung entsteht. Systeme mit konjugierten Doppelbindungen sind energetisch günstig, da sie polyzentrische Molekülorbitale aufweisen.

$$\text{H}_3\text{C--}\overset{\text{OH}}{\text{CH}}\text{--CH}_2\text{--C}\overset{\text{O}}{\underset{\text{H}}{}} \longrightarrow \text{CH}_3\text{--CH=CH--C}\overset{\text{O}}{\underset{\text{H}}{}} + \text{H}_2\text{O}$$

2 - Butenal (Crotonaldehyd)

Solche Verbindungen bezeichnet man als α,β-ungesättigte Aldehyde.

25.6 Einzelne Aldehyde

Methanal (Formaldehyd) ist ein stechend riechendes, gut wasserlösliches Gas. Methanal härtet Eiweiß (Verwendung zum Konservieren anatomischer Präparate). Wäßriger Formaldehyd (Formalin) polymerisiert leicht zu unlöslichem Polyoxymethylen (Paraformaldehyd):

$$n\left(\begin{array}{c} H \\ | \\ C=O \\ | \\ H \end{array}\right) + H_2O \longrightarrow HO\left(\begin{array}{c} H \\ | \\ C-O \\ | \\ H \end{array}\right)_n H$$

Paraformaldehyd

Äthanal (Acetaldehyd) polymerisiert mit Säure als Katalysator zu trimerem, flüssigem Paraldehyd.

Ein tetrameres Polymerisat, der Metaldehyd, findet als Hartspiritus Verwendung.

Paraldehyd   Metaldehyd

26. Carbonsäuren

26.1 Struktur und Benennung

Carbonsäuren enthalten die Carboxylgruppe: $-C\begin{smallmatrix} \nearrow O \\ \searrow OH \end{smallmatrix}$

Nach dem Genfer Nomenklatur-System bildet man den Namen der Carbonsäure, indem man an den Namen des Kohlenwasserstoffes gleicher Kohlenstoffanzahl die Endung -säure anhängt. Viele, besonders die einfachen Carbonsäuren werden fast ausschießlich mit Trivialnamen benannt. Die Formeln, systematischen Namen und Trivialnamen einiger wichtiger Carbonsäuren sind in der Tab. 26.1.1 enthalten.

Sind in einer Verbindung mehrere funktionelle Gruppen vorhanden, so wird die ranghöchste funktionelle Gruppe zur „Hauptfunktion", die als Endsilbe gekennzeichnet wird. Die anderen funktionellen Gruppen benennt man als Substituenten mit Vorsilben. Die Reihenfolge (Priorität) einiger funktioneller Gruppen ist in Tab. 26.1.2 enthalten.

Sind beispielsweise in einer Verbindung eine Carboxylgruppe und eine Hydroxylgruppe vorhanden, nennt man die Verbindung Hydroxy-Säure.

Tab. 26.1.1 Formeln, systematische Namen und Trivialnamen einiger Carbonsäuren

Formel	Systematischer Name	Trivialname
$H-C\overset{O}{\underset{OH}{}}$	Methansäure	Ameisensäure
$H_3C-C\overset{O}{\underset{OH}{}}$	Äthansäure	Essigsäure
$H_3C-CH_2-C\overset{O}{\underset{OH}{}}$	Propansäure	Propionsäure
$H_3C-(CH_2)_2-C\overset{O}{\underset{OH}{}}$	Butansäure	Buttersäure
$H_3C-(CH_2)_3-C\overset{O}{\underset{OH}{}}$	Pentansäure	Valeriansäure
$H_3C-(CH_2)_{10}-C\overset{O}{\underset{OH}{}}$	Dodecansäure	Laurinsäure
$H_3C-(CH_2)_{14}-C\overset{O}{\underset{OH}{}}$	Hexadecansäure	Palmitinsäure
$H_3C-(CH_2)_{16}-C\overset{O}{\underset{OH}{}}$	Octadecansäure	Stearinsäure
Benzoesäure		Benzoesäure
Phenylessigsäure		Phenylessigsäure

Tab. 26.1.2 Reihenfolge einiger funktioneller Gruppen in abnehmender Priorität

| Carbonsäure | Säurehalogenid | Ester | Säureamid | Nitril |

| Aldehyd | Keton | Alkohol | Äther | Dreifachbindung | Doppelbindung |

Die Siedepunkte der Carbonsäuren liegen viel höher als die der Alkane ähnlicher Molekülmasse.

Der erhöhte Siedepunkt erklärt sich dadurch, daß sich zwischen zwei Molekülen unter Entstehung von Dimeren je zwei Wasserstoffbrückenbindungen ausbilden. Diese Assoziate bleiben sogar im Dampfzustand erhalten.

Z.B. bei Essigsäure:

26.2 Acidität der Carbonsäuren

Die Hydroxylgruppe in Carbonsäuren gibt viel leichter ein Proton an andere Stoffe ab als die Hydroxylgruppe in Alkoholen. Die O–H-Bindung in der Carboxylgruppe ist durch die benachbarte Carbonylgruppe stärker polarisiert als bei den Alkoholen. Dadurch ist das Wasserstoffatom leichter als Proton abspaltbar:

Im dabei entstehenden Anion bilden sich polyzentrische Molekülorbitale aus, die in der Grenzstrukturschreibweise zwei gleiche mesomere Strukturen ergeben.

Die Säurestärke der Carboxylgruppe ist von dem Rest R abhängig. Ameisensäure ist stärker sauer als die Essigsäure und diese etwas saurer als die Propionsäure.

Die Alkylgruppen vermindern infolge ihres +I-Effektes den Elektronenmangel der Carboxylgruppe und damit die Säurestärke. Der +I-Effekt der Alkylgruppen ist viel geringer als der −I-Effekt, den Halogenatome als Substituenten am α-C-Atom ausüben. Auch Hydroxylgruppen am α-C-Atom erhöhen die Säurestärke der Carbonsäuren.

Der induktive Effekt nimmt rasch ab wie immer, wenn sich zwischen der Carboxylgruppe und der Elektronen anziehenden oder Elektronen spendenden Gruppe mehrere σ-Bindungen befinden.

Die Wirkung des induktiven Effektes auf den pK_S-Wert einiger Carbonsäuren zeigt die Tab. 26.2.1.

Tab. 26.2.1 Einfluß einiger Substituenten auf den pK_S-Wert von Carbonsäuren

Formel	Name	pK_S-Wert
H−COOH	Ameisensäure	3,7
CH_3−COOH	Essigsäure	4,8
CH_3−CH_2−COOH	Propionsäure	4,9
Cl−CH_2−COOH	Chloressigsäure	2,8
Cl CH−COOH Cl	Dichloressigsäure	1,3
Cl Cl−C−COOH Cl	Trichloressigsäure	0,1
CH_3−CH−COOH OH	Milchsäure	3,9

Infolge der Polarität der Carboxylgruppe lösen sich Carbonsäuren mit bis zu vier Kohlenstoffatomen in Wasser, die höheren sind schwer oder nicht in Wasser löslich. Bei den freien höheren Carbonsäuren überwiegen deutlich die lipophilen Eigenschaften des Kohlenwasserstoffrestes.

26.3 Reaktionen an der Carboxylgruppe

Bei Reaktionen der Carboxylgruppe, die unter Substitution der Hydroxylgruppe verlaufen, liegt das Gleichgewicht meist auf der Seite der Ausgangssubstanz, da die Hydroxylgruppe, die verdrängt werden müßte, nukleophiler ist als die meisten Reaktanten.

Eine wichtige Reaktion, in deren Verlauf die Hydroxylgruppe der Carbonsäuren substituiert wird, ist die Esterbildung (Veresterung). In einer reversiblen Gleichgewichtsreaktion entstehen durch Erwärmen von Carbonsäuren mit Alkoholen Ester und Wasser. Beim Kochen mit Wasser lassen sich Ester wieder zu Carbonsäuren und Alkoholen umsetzen. Diese Reaktion hat die Bezeichnung Hydrolyse oder Verseifung. Die Gleichgewichtseinstellung sowohl der Veresterung als auch der Hydrolyse wird durch katalytische Mengen starker Säuren beschleunigt.

Die starke Säure überträgt ein Proton auf das Carbonyl-Sauerstoffatom der Carboxylgruppe. Das entstehende Kation ist mesomeriestabilisiert:

$$R-\overset{\delta+}{C}=\overset{\delta-}{O} + H_3O^{\cdot} \rightleftharpoons \left[R-C=\overset{\oplus}{O}-H \longleftrightarrow R-\overset{\oplus}{C}-\bar{O}-H \right]^{\oplus} + H_2O$$

(mit OH-Gruppen am C)

An das sehr reaktive Kation lagert sich das Alkoholmolekül an. Anschließend verschiebt sich das Proton auf eine benachbarte Hydroxylgruppe, und Wasser spaltet sich ab:

$$R-\overset{\oplus}{C}-OH + \bar{I}\bar{O}-R' \rightleftharpoons R-C-O-H \rightleftharpoons R-C-O_{I\oplus} \rightleftharpoons R-C\oplus + H_2O$$

Im letzten Schritt gibt das Carbeniumion an ein Wassermolekül ein Proton zurück. Wir erhalten den Ester und wieder den Katalysator:

$$R-\overset{\oplus}{C}-\bar{O}-H + H_2O \rightleftharpoons H_3O^{\cdot} + R-C-\bar{O}_{I}^{\ominus} \longleftrightarrow R-C=O$$

Carbonsäureester

Da die säurekatalysierte Veresterung vollständig reversibel verläuft, kann man Ester durch Kochen mit Wasser und Säure auch wieder spalten. Gewöhnlich bevorzugt man jedoch die alkalische Verseifung der Ester, da sich im Alkalischen das Carboxylation bildet, wodurch die Hydrolyse irreversibel wird.

Die basenkatalysierte Esterhydrolyse beginnt mit dem nukleophilen Angriff eines Hydroxidions auf den Ester:

$$R-C\overset{O}{\underset{\bar{O}-R}{}} + OH^- \rightleftharpoons R-\overset{\bar{I}\bar{O}I^{\ominus}}{\underset{O}{C}}-\bar{O}-H$$

Das Zwischenprodukt spaltet sehr rasch ein Alkoholation ab. Da das Alkoholation eine starke Base ist, entzieht es der entstehenden Carbonsäure ein Proton:

$$R-\overset{\underset{\displaystyle |\underset{\cdot\cdot}{O}|}{|}}{\underset{\underset{\displaystyle R}{|}}{C}}-\underset{\cdot\cdot}{\overset{\cdot\cdot}{O}}-H \;\rightleftharpoons\; R-\overset{\overset{\displaystyle |\overset{\ominus}{\underset{\cdot\cdot}{O}}|}{}}{\underset{\cdot\cdot}{O}}I \;+\; R-\overset{\overset{\displaystyle |\overset{\ominus}{\underset{\cdot\cdot}{O}}|}{}}{\underset{\oplus}{C}}-\underset{\cdot\cdot}{\overset{\cdot\cdot}{O}}-H \;\longleftarrow\; R-\overset{\overset{\displaystyle O}{\|}}{C}-\underset{\cdot\cdot}{\overset{\cdot\cdot}{O}}-H$$

$$R-\overset{\overset{\displaystyle \bar{O}I}{\|}}{\underset{\underset{\displaystyle \underset{\cdot\cdot}{O}-H}{|}}{C}} \;+\; {}^{\ominus}I\underset{\cdot\cdot}{\overset{\cdot\cdot}{O}}-R \;\longrightarrow\; R-\overset{\overset{\displaystyle \bar{O}I}{\|}}{\underset{\underset{\displaystyle \overset{\ominus}{\underset{\cdot\cdot}{O}}I}{|}}{C}} \;+\; H-\underset{\cdot\cdot}{\overset{\cdot\cdot}{O}}-R$$

Da das Gleichgewicht der Protonenübertragung von der Carbonsäure auf das Alkoholation vollständig auf der rechten Seite der Gleichung liegt, verläuft die alkalische Esterhydrolyse unter Verbrauch der Base irreversibel.

Die Ester sind nicht wasserlösliche, in Fettlösungsmitteln lösliche, meist angenehm riechende Verbindungen. Ester kommen als Naturprodukte vor. Die pflanzlichen und tierischen Fette und Öle sind Ester aus dem dreiwertigen Alkohol Glycerin und langkettigen gesättigten und ungesättigten Carbonsäuren, wobei Carbonsäuren mit 16 und 18 C-Atomen überwiegen (Palmitinsäure, Stearinsäure und Ölsäure).

26.4 Reaktionen von Carbonsäurederivaten mit Nukleophilen

Carbonsäurederivate sind viel reaktiver als Carbonsäuren selbst, wenn die Hydroxylgruppe durch einen Substituenten ersetzt ist, der weniger nukleophil ist als das Hydroxidion. Für nukleophile Substitutionen besonders geeignet sind Acylhalogenide, Säureanhydride und Ester. Säureamide reagieren noch langsamer als Carbonsäuren. Für die Reaktivität gegenüber Nukleophilen findet man folgende Reihung:

$$R-\overset{\overset{\displaystyle O}{\|}}{\underset{\underset{\displaystyle Cl}{|}}{C}} \;>\; R-\overset{\overset{\displaystyle O}{\|}}{\underset{\underset{\displaystyle \overset{\displaystyle O}{|}}{C}}} \;>\; R-\overset{\overset{\displaystyle O}{\|}}{\underset{\underset{\displaystyle OR}{|}}{C}} \;>\; R-\overset{\overset{\displaystyle O}{\|}}{\underset{\underset{\displaystyle OH}{|}}{C}} \;>\; R-\overset{\overset{\displaystyle O}{\|}}{\underset{\underset{\displaystyle NH_2}{|}}{C}}$$

$$R-\overset{\overset{\displaystyle O}{\|}}{C}$$

Säurechlorid   Säureanhydrid   Ester   Carbonsäure   Säureamid

inaktivste $R-\overset{\overset{\displaystyle \ominus}{}}{\underset{\underset{\displaystyle \bar{O}I^{\ominus}}{}}{C}}$

Die Carbonsäurederivate reagieren mit Nukleophilen unter Substitution der an das Carbonylkohlenstoffatom gebundenen reaktiven Gruppe. Gewöhnlich verläuft die Reaktion so, daß sich das Nukleophil mit einem freien Elektronenpaar an das stark positivierte C-Atom der Carbonylgruppe anlagert. Von dem sp^3-hybridisierten C-Atom des entstandenen Zwischenproduktes spaltet sich abschließend die am wenigsten nukleophile Gruppe ab.

Als Nukleophile können Amine ($R-NH_2$), Alkohole ($R-OH$) oder Wasser (H_2O) eingesetzt werden, wobei die Nukleophilie in der angegebenen Reihenfolge abnimmt.

So verläuft beispielsweise die Umsetzung eines Säurechlorids (Propionsäurechlorid) mit Ammoniak wie folgt:

Vom positiven Stickstoff wandert ein Proton zum negativen Sauerstoff:

Die am wenigsten nukleophile Gruppe spaltet sich ab:

Das Carbeniumion stabilisiert sich durch Abspaltung eines Protons zum Propionsäureamid:

Da das entstehende Proton mit der Base NH_3 zu NH_4^+ reagiert, müssen insgesamt 2 mol NH_3 eingesetzt werden.

Die Reaktion verläuft nach der Bruttogleichung:

$$CH_3-CH_2-\overset{\displaystyle O}{\underset{\displaystyle Cl}{C}} + 2\,NH_3 \longrightarrow CH_3-CH_2-\overset{\displaystyle O}{\underset{\displaystyle NH_2}{C}} + NH_4Cl$$

Verläuft die nukleophile Substitution von Carbonsäurederivaten oder Carbonsäuren im sauren pH-Bereich, so lagert sich vor der eigentlichen Substitution ein
Proton an den negativierten Carbonylsauerstoff an und spaltet sich erst nach
Abgang der zu substituierenden Gruppe wieder ab. Das Proton wirkt als Katalysator, indem es die Positivierung des C-Atoms der Carbonylgruppe verstärkt. Ein
Reaktionsbeispiel haben wir in der sauer katalysierten Veresterung bzw. Verseifung
bereits kennengelernt.

Carbonsäurehalogenide selbst (Acylhalogenide) können durch Reaktion von
Phosphorpentachlorid (PCl_5) oder von Thionylchlorid ($SOCl_2$) mit Carbonsäuren
erhalten werden, z.B.:

$$R-\overset{\displaystyle O}{\underset{\displaystyle OH}{C}} + SOCl_2 \longrightarrow R-\overset{\displaystyle O}{\underset{\displaystyle Cl}{C}} + SO_2 + HCl$$

Carbonsäureanhydride lassen sich durch Wasserabspaltung aus Carbonsäuren mit
wasserentziehenden Mitteln, z.B. H_2SO_4, gewinnen:

$$CH_3-\overset{\displaystyle O}{\underset{\displaystyle OH}{C}} + \overset{\displaystyle O}{\underset{\displaystyle HO}{C}}-CH_3 \underset{+H_2O}{\overset{-H_2O}{\rightleftharpoons}} CH_3-\overset{\displaystyle O}{C}-O-\overset{\displaystyle O}{C}-CH_3$$

Essigsäure   Essigsäureanhydrid

26.5 Einzelne Carbonsäuren

Ameisensäure (Methansäure) ist ein wichtiges technisches Zwischenprodukt.
Ameisensäure hat etwas andere Eigenschaften als ihre höheren Homologen. Sie
ist die stärkste unsubstituierte Carbonsäure, da ihr der +I-Effekt der Alkylgruppen fehlt.

Als einzige Carbonsäure wirkt sie reduzierend, da sie auch als Aldehyd angesehen
werden kann:

$$H-\overset{\displaystyle O}{C}-OH \qquad\qquad H-\overset{\displaystyle O}{C}-O-H$$

als Aldehyd   als Säure

Schwache Oxidationsmittel oxidieren Ameisensäure zu CO_2 und H_2O. Ameisensäure bildet beim Erwärmen mit Schwefelsäure kein Anhydrid, sondern zerfällt in CO und H_2O.

Essigsäure (Äthansäure) dient als Lösungsmittel, ist Ausgangssubstanz für zahlreiche chemische Umsetzungen und wird in großen Mengen als „Speiseessig" konsumiert.

Im Stoffwechsel nimmt die „aktivierte" Essigsäure eine Schlüsselstellung ein.

26.6 Ungesättigte Carbonsäuren

Die einfachsten ungesättigten Carbonsäuren, Acrylsäure und Methacrylsäure, bzw. ihre Ester haben große technische Bedeutung zur Herstellung glasartiger Polymerisate (Plexiglas).

Acrylsäure   Methacrylsäure

Höhere ungesättigte Fettsäuren finden sich in Form der Glycerinester (Triglyceride) in pflanzlichen und tierischen Fetten. Besonders in Ölen ist der Anteil der ungesättigten Fettsäuren sehr hoch. Die ungesättigten Fettsäuren können mit Ausnahme der Ölsäure von den Warmblütern nicht selbst synthetisiert werden. Da sie für den Organismus unentbehrlich sind, müssen sie mit der Nahrung aufgenommen werden. Sie führen deshalb die Bezeichnung „essentielle" Fettsäuren bzw. Vitamin F. Einige wichtige höhere ungesättigte Fettsäuren enthält Tab. 26.6.1.

Tab. 26.6.1 Einige höhere ungesättigte Fettsäuren

Formel	Name nach der Genfer Nomenklatur	Trivialname
$CH_3-(CH_2)_7-C-H$ $\parallel$ $HOOC - (CH_2)_7-C-H$	cis-9-Octadecen-säure	Ölsäure
$CH_3-(CH_2)_7-C-H$ $\parallel$ $H-C-(CH_2)_7-COOH$	trans-9-Octadecen-säure	Elaidinsäure
$CH_3-(CH_2)_4-CH=CH-CH_2-CH=CH-(CH_2)_7-COOH$	9,12-Octadecadien-säure	Linolsäure
$CH_3-CH_2-CH=CH-CH_2-CH=CH-CH_2-CH=CH-(CH_2)_7-COOH$	9,12,15-Octadecatrien-säure	Linolensäure

26.7 Mehrprotonige (mehrbasige) Carbonsäuren

Carbonsäuren mit mehreren Carboxylgruppen im Molekül reagieren ähnlich wie Monocarbonsäuren. Ihre Acidität ist etwas höher. Sie können mehrere Reihen von Salzen bilden, je nachdem ob ein oder mehrere Protonen ersetzt werden.

Die Namen und Formeln der einfachsten Dicarbonsäuren enthält die Tab. 26.7.1.

Zum Unterschied zu Monocarbonsäuren bilden sich beim Erhitzen einiger Dicarbonsäuren 5- und 6-gliedrige Ringe.

Bernsteinsäure und Glutarsäure reagieren mit Essigsäureanhydrid durch intramolekulare Wasserabspaltung zu cyclischen Anhydriden:

Bernsteinsäure   Bernsteinsäureanhydrid

Glutarsäure   Glutarsäureanhydrid

Beim Erhitzen von Adipinsäure, Pimelinsäure oder Korksäure mit Essigsäureanhydrid entstehen unter Abspaltung von Kohlendioxid und Wasser die cyclischen Ketone Cyclopentanon, Cyclohexanon und Cycloheptanon.

Z.B.:

Adipinsäure   Cyclopentanon

Tab. 26.7.1 Namen und Formeln einiger Dicarbonsäuren

Formel	systematischer Name	Trivialname	Name des Anions
$\underset{HO}{\overset{O}{\diagdown}}C-C\underset{OH}{\overset{O}{\diagup}}$	Äthan-disäure	Oxalsäure	Oxalat
$H_2C\overset{COOH}{\underset{COOH}{<}}$	Propan-disäure	Malonsäure	Malonat
$\begin{array}{l}H_2C-COOH\\ H_2C-COOH\end{array}$	Butan-disäure	Bernsteinsäure	Succinat
$(H_2C)_3\overset{COOH}{\underset{COOH}{<}}$	Pentan-disäure	Glutarsäure	Glutarat
$(H_2C)_4\overset{COOH}{\underset{COOH}{<}}$	Hexan-disäure	Adipinsäure	Adipat
$\begin{array}{l}HC\diagup^{COOH}\\ \parallel\\ HC\diagdown_{COOH}\end{array}$	cis-2-Buten-disäure	Maleinsäure	Maleinat
$\begin{array}{l}HOOC\diagdown\\ \quad CH\\ \quad \parallel\\ \quad CH\\ \qquad \diagdown COOH\end{array}$	trans-2-Buten-disäure	Fumarsäure	Fumarat
(Benzolring mit COOH / COOH)		Phthalsäure	Phthalat
(Benzolring mit COOH oben und COOH unten)		Terephthalsäure	Terephthalat

26.8 Hydroxycarbonsäuren und Ketocarbonsäuren

Die wichtigsten Hydroxycarbonsäuren und Ketocarbonsäuren enthält die Tab.
26.8.1. Nach der Stellung der Hydroxylgruppe zur Carboxylgruppe bezeichnet
man die Verbindungen als α-, β-, γ- und δ-Hydroxycarbonsäuren, je nachdem ob
die Hydroxylgruppe an einem α-, β-, γ- oder δ-C-Atom steht.

Tab. 26.8.1 Formeln und Namen der wichtigsten Hydroxysäuren und Ketosäuren

Formel	Systematischer Name	Trivialname	Name des Anions
CH_2-COOH | OH	2-Hydroxyäthansäure	Glykolsäure	Glykolat

$CH_3-CH-COOH$
    |
    OH
	2-Hydroxypropansäure	Milchsäure	Lactat

$COOH$ | $H-C-OH$ | $H-C-OH$ | $COOH$	2,3-Dihydroxybutan-disäure	Weinsäure	Tartrat
$COOH$ | $H-C-H$ | $HO-C-COOH$ | $H-C-H$ | $COOH$	3-Carboxy-3-hydroxy-pentan-disäure	Citronensäure	Citrat
o-Hydroxybenzoesäure	o-Hydroxybenzoesäure	Salicylsäure	Salicylat
$O\!\!=\!\!C-COOH$ H	2-Oxoäthansäure	Glyoxylsäure	Glyoxylat

$CH_3-C-COOH$
      $\|\|$
      O
	2-Oxopropansäure	Brenztrauben-säure	Pyruvat

CH_3-C-CH_2-COOH
      $\|\|$
      O
	3-Oxobutansäure	Acetessigsäure	Acetoacetat

Da Hydroxycarbonsäuren sowohl eine Hydroxylgruppe als auch eine Carboxylgruppe enthalten, geben sie die chemischen Reaktionen der beiden Gruppen.

Hydroxycarbonsäuren spalten beim Erwärmen Wasser ab. Bei den α-Hydroxy-
säuren entsteht durch intermolekulare Esterbildung zwischen zwei Molekülen
ein Sechsring mit zwei Sauerstoffatomen (ein Dioxanderivat). Dieser Verbin-
dungstyp wird als Lactid bezeichnet.

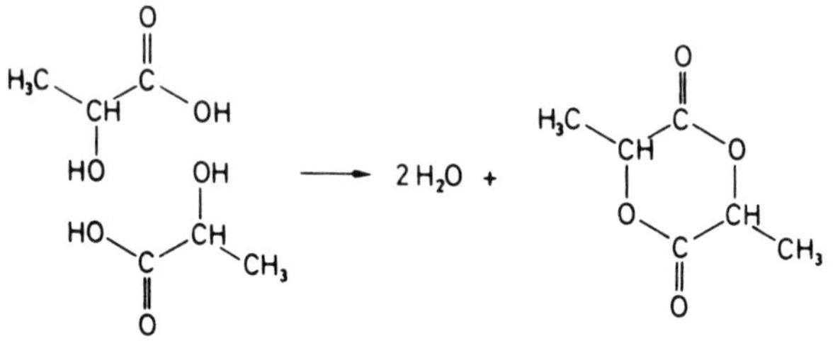

Milchsäure

3,6 – Dimethyl –
1,4 – dioxan – 2,5 – dion
(ein Lactid)

Die Wasserabspaltung aus β-Hydroxysäuren führt zu α-,β-ungesättigten Carbonsäuren:

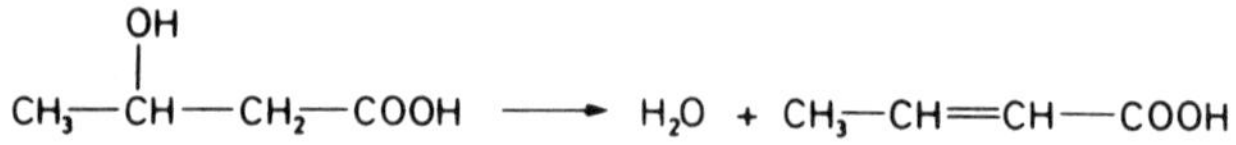

β – Hydroxybuttersäure   Crotonsäure

Die γ- und δ-Hydroxysäuren bilden intramolekulare Ester, die Lactone:

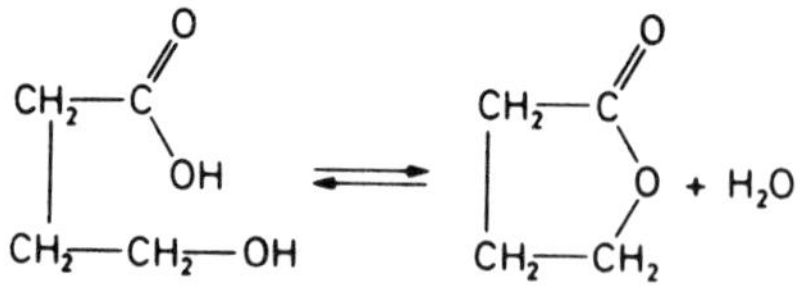

γ – Hydroxybutter-   γ – Butyrolacton
säure

Einige Hydroxysäuren sind wichtige Naturprodukte, die bei biologischen Redoxvorgängen Bedeutung haben. Milchsäure bildet sich bei nichtausreichender
Sauerstoffzufuhr im Muskel beim anaeroben Kohlenhydratstoffwechsel. Im
aeroben Stoffwechsel wird die Milchsäure zur Ketocarbonsäure, der Brenztraubensäure (2-Oxopropansäure), oxidiert:

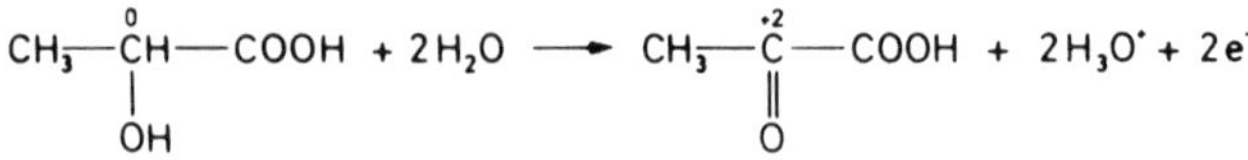

Milchsäure   Brenztraubensäure

Weinsäure, eine zweiprotonige Säure, bildet mit Cu^{2+}-Ionen Komplexe, die auch im alkalischen pH-Bereich stabil sind und zum Nachweis reduzierender Substanzen verwendet werden (Fehlingsche Lösung).

Citronensäure, eine dreiprotonige Hydroxysäure, ist Bestandteil vieler Früchte und ein wichtiges Stoffwechselprodukt des menschlichen und tierischen Organismus (Citronensäurecyclus).

Brenztraubensäure (2-Oxopropionsäure), entsteht beim Erhitzen der Weinsäure mit $KHSO_4$ als Wasser abspaltendem Reagens:

Weinsäure   Brenztraubensäure

Sie ist ein wichtiges Stoffwechselprodukt.

Das H-Atom am α-C-Atom ist in Derivaten (z.B. Estern) der Acetessigsäure (3-Oxobuttersäure) acid und kann durch starke Basen als Proton abgespalten werden, da dem α-C-Atom zwei Carbonylgruppen direkt benachbart sind. Infolge der Ausbildung einer intramolekularen Wasserstoffbrückenbindung, die einen Sechsring ermöglicht, ist die Enolform in dem Keto-Enol-Tautomeriegleichgewicht begünstigt:

Ketoform   Enolform

β-Hydroxy- und β-Ketosäuren entstehen beim Abbau der Fettsäuren im Organismus (β-Oxidation der Fettsäuren).

26.9 Aminosäuren

Aminosäuren enthalten in ihrem Molekül eine oder mehrere Aminogruppen und eine oder mehrere Carboxylgruppen.

Die große Bedeutung der Aminosäuren besteht darin, daß sie die Bausteine der Proteine sind. Proteine (Eiweiße) sind unentbehrlicher Bestandteil aller biologischen Zellen. Auch die Enzyme, die Biokatalysatoren, die alle chemischen Prozesse in den Zellen ermöglichen, sind zum großen Teil aus Aminosäuren aufgebaut. Fast alle natürlichen Aminosäuren gehören zum Typ der Lα-Aminosäuren:

$$
\begin{array}{c}
|\overline{O}\diagup^{C}\diagdown \overline{O}|^{\ominus} \\
| \\
H_3\overset{\oplus}{N}-\underset{|}{\overset{|}{C}}-H \\
R
\end{array}
$$

Mit Ausnahme des Glycins sind sie optisch aktiv. In ihrem Aufbau unterscheiden sich die Aminosäuren nur durch den Rest R. Das Rückgrat einer jeden Peptidkette bildet die Gruppierung

$$
\begin{array}{c}
R \\
| \\
\diagdown \underset{|}{\overset{|}{N}}-\underset{H}{\overset{|}{C}}-\overset{C}{\underset{\parallel}{C}}\diagup \\
H \quad\quad O
\end{array}
$$

die jede Aminosäure mit Ausnahme des Prolins in die Peptidkette einbringt.

Etwa 20 verschiedene Aminosäuren bauen das menschliche und tierische Eiweiß auf.

Enthält eine Aminosäure im Rest R nur weitgehend neutrale Gruppen, bezeichnet man sie als neutrale Aminosäure.

Saure Aminosäuren tragen im Rest R noch eine weitere Carboxylgruppe, die basischen noch weitere basische Gruppen. Die Formeln, Namen und isoelektrischen Punkte der wichtigsten Aminosäuren finden wir in Tab. 26.9.1.

Die chemischen Eigenschaften der Aminosäuren sind weitgehend von ihren beiden funktionellen Gruppen, der Amino- und der Carboxylgruppe, bestimmt. Aminosäuren enthalten sowohl eine saure als auch eine basische Gruppe und reagieren als amphotere Verbindungen. Da innerhalb eines Moleküls eine Protonenübertragung stattfindet, liegen Aminosäuren überwiegend als Zwitterionen vor:

$$
\begin{array}{c}
|\overline{O}\diagup^{C}\diagdown \overline{O}-H \\
| \\
H_2N-\underset{|}{\overset{|}{C}}-H \\
R
\end{array}
\quad\rightleftharpoons\quad
\begin{array}{c}
|\overline{O}\diagup^{C}\diagdown \overline{O}|^{\ominus} \\
| \\
H_3\overset{\oplus}{N}-\underset{|}{\overset{|}{C}}-H \\
R
\end{array}
$$

Bei Zugabe von Säure zur Aminosäure reagiert das Carboxylation als Base:

$$
\begin{array}{c}
|\overline{O}\diagup^{C}\diagdown \overline{O}|^{\ominus} \\
| \\
H_3\overset{\oplus}{N}-\underset{|}{\overset{|}{C}}-H \\
R
\end{array}
+ H_3O^{\cdot}
\rightleftharpoons
\left[
\begin{array}{c}
|\overline{O}\diagup^{C}\diagdown \overline{O}-H \\
| \\
H_3\overset{\oplus}{N}-\underset{|}{\overset{|}{C}}-H \\
R
\end{array}
\right]^{\oplus}
+ H_2O
$$

Tab. 26.9.1 Formeln, Namen, isoelektrische Punkte und Kurzbezeichnung der wichtigsten Aminosäuren

Formel	Name	Kurzbezeichnung	Isoelektrischer Punkt

1. Neutrale Aminosäuren

Formel	Name	Kurzbezeichnung	Isoelektrischer Punkt
$$\begin{array}{c} O \diagdown \quad O^{\ominus} \\ \diagup \\ C \\ | \\ H_3\overset{\oplus}{N}-C-H \\ | \\ H \end{array}$$	Glycin	Gly	5,97
$$\begin{array}{c} O \diagdown \quad O^{\ominus} \\ C \\ | \\ H_3\overset{\oplus}{N}-C-H \\ | \\ CH_3 \end{array}$$	Alanin	Ala	6,00
$$\begin{array}{c} O \diagdown \quad O^{\ominus} \\ C \\ | \\ H_3\overset{\oplus}{N}-C-H \\ | \\ CH \\ H_3C \quad CH_3 \end{array}$$	Valin	Val	5,96
$$\begin{array}{c} O \diagdown \quad O^{\ominus} \\ C \\ | \\ H_3\overset{\oplus}{N}-C-H \\ | \\ CH_2 \\ | \\ CH \\ H_3C \quad CH_3 \end{array}$$	Leucin	Leu	6,02
$$\begin{array}{c} O \diagdown \quad O^{\ominus} \\ C \\ | \\ H_3\overset{\oplus}{N}-C-H \\ | \\ CH \\ H_2C \quad CH_3 \\ | \\ H_3C \end{array}$$	Isoleucin	Ile	5,98

Tab. 26.9.1   (Fortsetzung)

Formel	Name	Kurzbezeichnung	Isoelektrischer Punkt
	Phenylalanin	Phe	5,48
	Prolin	Pro	6,30
	Hydroxyprolin	Hyp	5,83
	Serin	Ser	5,68
	Threonin	Thr	6,0
	Cystein	Cys	5,05

Tab. 26.9.1 (Fortsetzung)

Formel	Name	Kurzbezeichnung	Isoelektrischer Punkt
	Cystin	Cys Cys	4,8
	Methionin	Met	5,74
	Tryptophan	Trp	5,89
	Tyrosin	Tyr	5,66

Tab. 26.9.1   (Fortsetzung)

Formel	Name	Kurzbezeichnung	Isoelektrischer Punkt

2. *Saure Aminosäuren*

| | Asparaginsäure | Asp | 2,77 |

| | Glutaminsäure | Glu | 3,22 |

3. *Basische Aminosäuren*

| | Lysin | Lys | 9,74 |

| | Arginin | Arg | 10,76 |

Tab. 26.9.1   (Fortsetzung)

Formel	Name	Kurzbezeichnung	Isoelektrischer Punkt
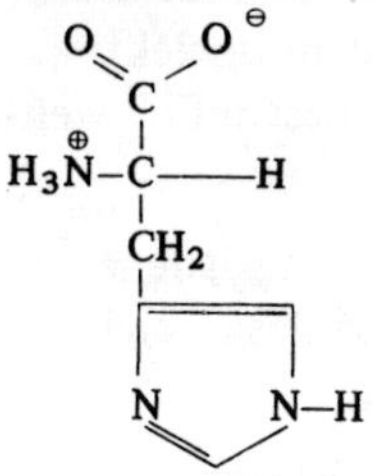	Histidin	His	7,59

Gibt man zur Aminosäure eine Base, so wirkt die Ammoniumgruppierung als Säure, indem sie ein Proton an die Base abgibt:

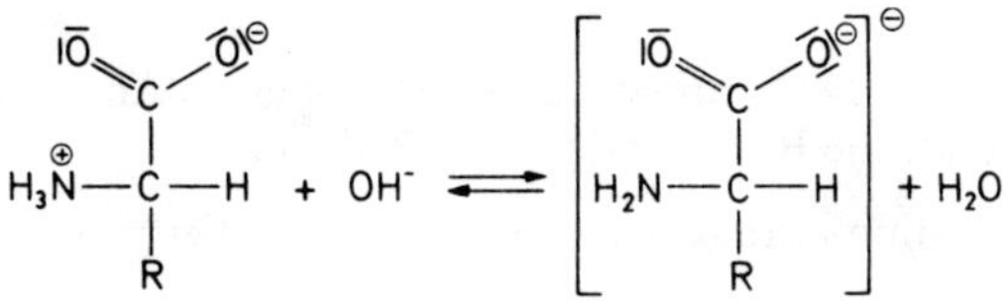

Insgesamt bestehen je nach dem pH-Wert in wäßriger Lösung folgende Gleichgewichte:

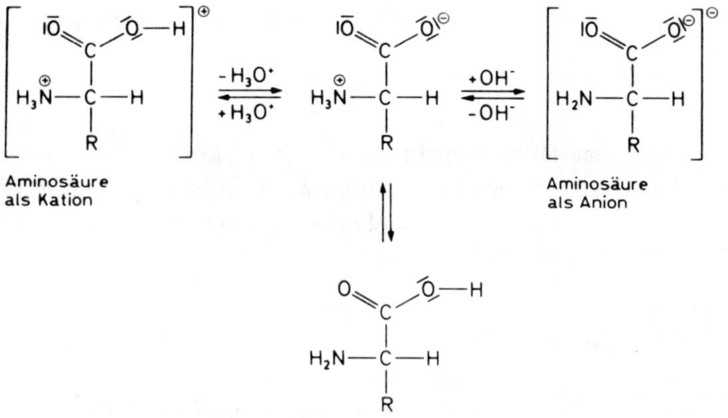

Der pH-Wert, bei dem eine Aminosäure in wäßriger Lösung gleich viele positive wie negative Ladungen trägt, d.h. überwiegend als Zwitterion vorliegt, und daneben sehr geringe, aber gleiche Konzentrationen an Kationen und Anionen bestehen, heißt der isoelektrische Punkt.

Beim pH-Wert des isoelektrischen Punktes erfolgt beim Anlegen eines Gleich-
stromfeldes (Elektrophorese) keine Ionenwanderung.

Bei niedrigerem pH-Wert sind die Aminosäuren zu einem größeren Teil positiv
geladen (Kationen) und wandern daher im elektrischen Feld zur Kathode. Führt
man die Elektrophorese bei einem höheren pH-Wert durch, als dem isoelektrischen Punkt entspricht, so wandern die Aminosäuren, da sie in diesem Fall weitgehend als Anionen vorliegen, zur Anode.

Da Ionen (Kationen und Anionen) leichter wasserlöslich sind als ungeladene
Partikel, ist die Wasserlöslichkeit der Aminosäuren beim pH-Wert des isoelektrischen Punktes am kleinsten.

Den pH-Wert des isoelektrischen Punktes erhält man aus der Beziehung:

$$pH = \frac{pK_S + pK_B}{2}$$

Der pK_S-Wert bezieht sich auf die Säurestärke der protonierten Aminogruppe
$-NH_3^+$ und der pK_B-Wert auf die Basizität der $-COO^-$-Gruppe.

Die Carboxylgruppe der Aminosäure reagiert mit Alkoholen bei saurer Katalyse
unter Esterbildung:

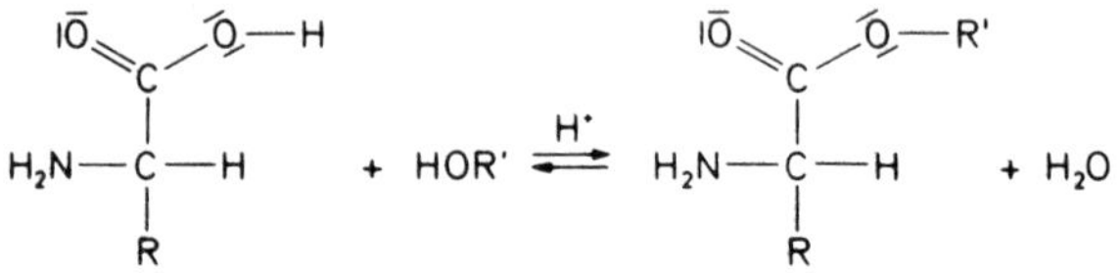

Da die Aminosäureester nicht mehr amphoter sind, können sie wie gewöhnliche
schwache Basen mit starken Säuren titriert werden. Bildet man mit Formaldehyd
Kondensationsprodukte, sog. Formaldimine, so blockiert man die basische
Gruppe (Sörensen-Reaktion):

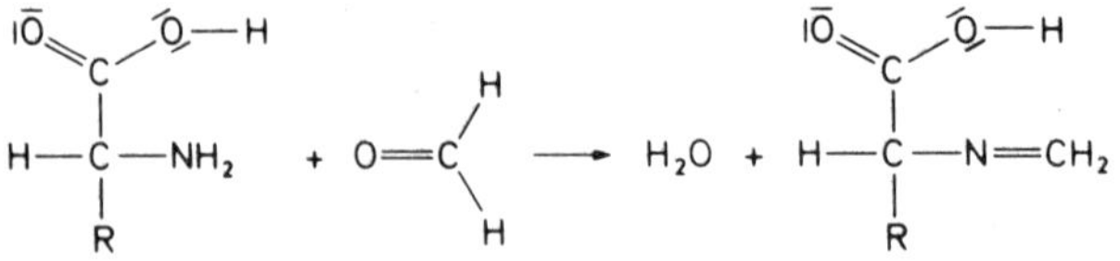

Das Kondensationsprodukt ist so mit starken Laugen gegen Phenolphthalein als
Indikator titrierbar.

In den Proteinen sind viele Aminosäuren säureamidartig verknüpft, d.h. die Carboxylgruppe einer Aminosäure ist mit der Aminogruppe einer anderen unter Wasseraustritt zusammengeschlossen:

Dipeptid

Die C—N-Bindung der Säureamidgruppierng —CO—NH— hat die Bezeichnung Peptid-Bindung.

Jede nicht endständige Aminosäure ist in einer Peptidkette an zwei Peptidbindungen beteiligt.

Die beiden endständigen Aminosäuren bilden nur eine Peptidbindung aus. Eine der endständigen Aminosäuren trägt eine freie Aminogruppe, die andere eine freie Carboxylgruppe, weshalb man sie als N-terminale bzw. C-terminale Aminosäure bezeichnet.

Für die Angabe der Sequenz (Primärstruktur), das ist die Reihenfolge der Aminosäuren in einem Peptid, haben sich Kurzbezeichnungen eingebürgert, in der meist die ersten drei Buchstaben des Trivialnamens die Aminosäure symbolisieren.

An den Kettenenden bezeichnet H die N-terminale und OH die C-terminale Aminosäure.

Die Kurzschreibweise für Glycyl-seryl-alanin ist H—Gly—Ser—Ala—OH.

Peptidketten, an deren Aufbau bis zu 10 Aminosäuren beteiligt sind, bezeichnet man als Oligopeptide, solche mit etwa 10—100 Aminosäuren als Polypeptide. Bauen mehr als 100 Aminosäuren ein Molekül auf, so liegt ein Makropeptid bzw. Protein (Eiweiß) vor.

Zum Nachweis von Aminosäuren und Peptiden auf Papier- und Dünnschichtchromatogrammen und zur kolorimetrischen, quantitativen Bestimmung von Aminosäuren dient ihre Reaktion mit Ninhydrin. Ninhydrin (2,2-Dihydroxyindan-1,3-dion) reagiert mit Aminosäuren unter Bildung eines blauvioletten Farbstoffes.

Im ersten Reaktionsschritt kondensiert die Aminosäure mit Ninhydrin:

Das Kondensationsprodukt spaltet CO_2 ab, anschließend bildet sich ein Tautomeriegleichgewicht aus:

Die letztere Verbindung stellt ein Iminoderivat eines Aldehyds dar, der aus ihr bei Hydrolyse entsteht:

2 – Amino –
indan –1,3 – dion   Aldehyd

Im Verlauf der Reaktion wurde die Aminosäure zum Aldehyd oxidiert.

Abschließend kondensiert das 2-Amino-indan-1,3-dion mit Ninhydrin zum Farbstoff:

Tautomerie

27. Amine

27.1 Struktur und Benennung

Amine sind formal Substitutionsprodukte des Ammoniaks. Je nach der Anzahl der im NH_3 substituierten Wasserstoffatome ordnet man Amine in primäre, sekundäre und tertiäre. In den quartären Ammoniumionen sind alle vier Wasserstoffatome des Ammoniumions durch organische Reste ersetzt.

Beispiele:

Methylamin	Dimethylamin	Trimethylamin	Tetramethylammoniumion
primär	sekundär	tertiär	quartär

Die Benennung der Amine erfolgt nach der Genfer Nomenklatur durch Anhängen der Bezeichnung -amin an die Namen der Kohlenwasserstoffreste, die an den

Stickstoff gebunden sind. Vor gleiche Reste stellt man die Zahlworte di-, tri-, oder tetra-.

Bei ungleichen Resten wird der größte zusammen mit der Aminogruppe zur Stammverbindung. Die anderen werden als am N sitzende Substituenten benannt. Z.B.:

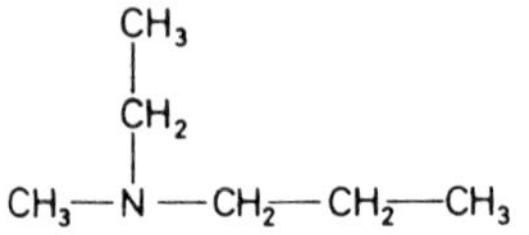

$$CH_3-\underset{\underset{CH_3}{|}}{\overset{\overset{CH_3}{|}}{\underset{}{N}}}-CH_2-CH_2-CH_3$$

N-Äthyl-N-methyl-propylamin

Muß man die Aminogruppe als Substituent bezeichnen, stellt man den Namen Amino- bei primären, N-Alkylamino- (z.B. Methylamino) bei sekundären und N,N-Dialkylamino- (z.B. Dimethylamino) bei tertiären Aminen voraus.

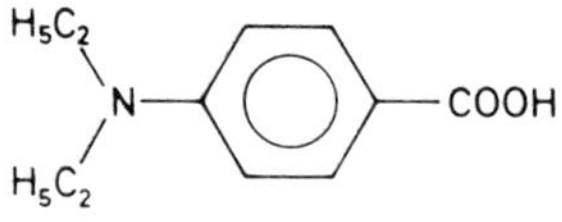

$$\underset{H_5C_2}{\overset{H_5C_2}{>}}N-\langle\bigcirc\rangle-COOH$$

p-Diäthylaminobenzoesäure

Einige aromatische Amine haben gewöhnlich Trivialnamen: Phenylamin

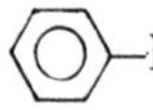

$\langle\bigcirc\rangle-NH_2$ bezeichnet man als Anilin.

27.2 Chemische Reaktionen der aliphatischen Amine

Infolge des +I-Effektes der Alkylgruppen sind die aliphatischen Amine stärker basisch als Ammoniak. Die Salze der Amine mit Säuren sind wasserlöslich, z.B.:

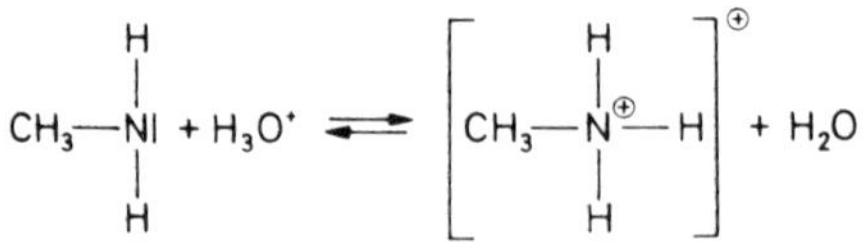

$$CH_3-\underset{\underset{H}{|}}{\overset{\overset{H}{|}}{N}}I + H_3O^+ \rightleftharpoons \left[CH_3-\underset{\underset{H}{|}}{\overset{\overset{H}{|}}{N^{\oplus}}}-H\right]^{\oplus} + H_2O$$

Methylammoniumion

Primäre, sekundäre und tertiäre aliphatische Amine unterscheiden sich in ihren Reaktionen mit salpetriger Säure. Primäre Amine geben mit HNO_2 N_2, als organische Produkte werden Gemische von Alkoholen, Olefinen und Alkylhalogeniden erhalten.

$$R-CH_2-NH_2 + HNO_2 \rightarrow R-CH_2-OH + H_2O + N_2$$

Die Reaktion dient zur quantitativen Bestimmung primärer Amine (und auch Aminosäuren) nach van Slyke, indem man das Volumen des entstandenen Stickstoffs mißt.

Sekundäre Amine ergeben mit HNO_2 die nicht wasserlöslichen, gefärbten Nitrosamine:

$$HNO_2 + H_3O^+ \rightleftarrows NO^+ + 2 H_2O$$

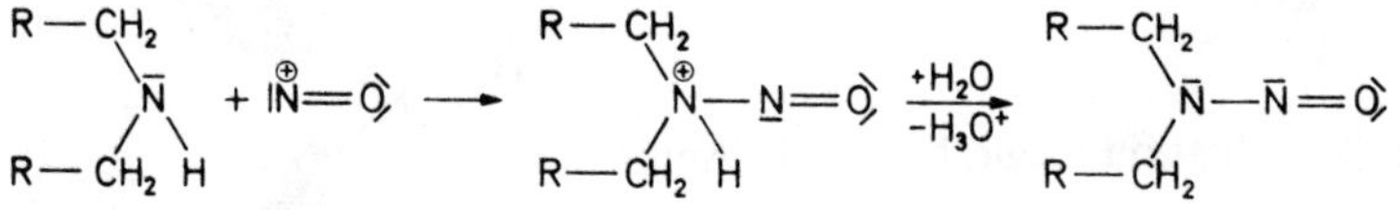

Tertiäre Amine reagieren mit HNO_2 zu Salzen (Nitriten).

Die quartären Ammoniumsalze Cholin und Acetylcholin sowie der Aminoalkohol Colamin haben biologische Bedeutung:

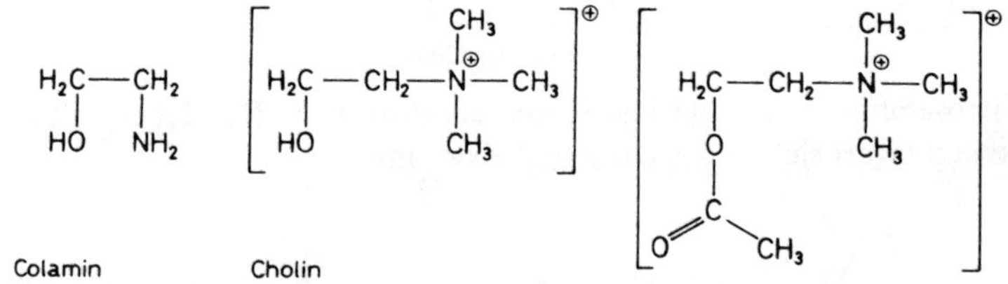

Colamin
2-Aminoäthanol

Cholin
Trimethyl-(2-hydroxyäthyl)-
ammoniumchlorid

Acetylcholin

27.3 Chemische Reaktionen aromatischer Amine

Da das freie Elektronenpaar einer direkt an einen aromatischen Kern gebundenen Aminogruppe mit den polyzentrischen Molekülorbitalen des aromatischen Systems größere Molekülorbitale bildet, steht das Elektronenpaar weniger zur Bindung eines Protons zur Verfügung. In der Schreibweise der Resonanzstrukturen erhält man:

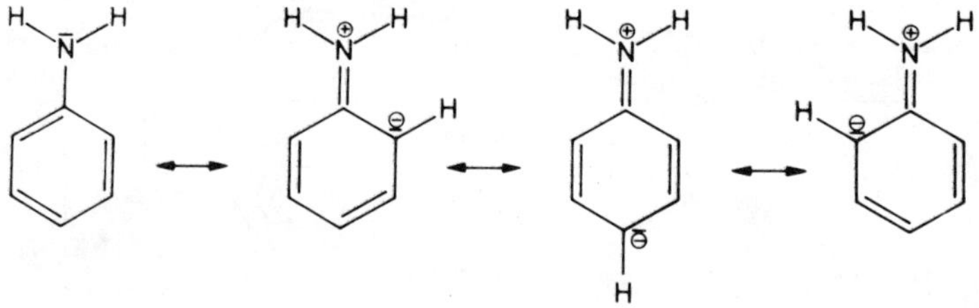

Die aromatischen Amine sind deshalb schwächere Basen als Ammoniak (pK_B Anilin = 9,42).

Auch die aromatischen Amine reagieren mit salpetriger Säure unterschiedlich. Primäre Amine liefern bei 0 °C mit HNO_2 die wasserlöslichen Diazoniumsalze. Unter der Einwirkung von starken Säuren bildet sich aus salpetriger Säure das Nitrosylkation:

$$H_3O^+ + H-\overline{\underline{O}}-\underline{N}=\overline{\underline{O}} \rightleftarrows H_2O + H-\overset{\oplus}{\underset{H}{O}}-\overline{N}=\overline{\underline{O}} \rightleftarrows H_2O + \overline{N}=\overline{\underline{O}}$$

Das Nitrosylkation reagiert mit dem Anilin:

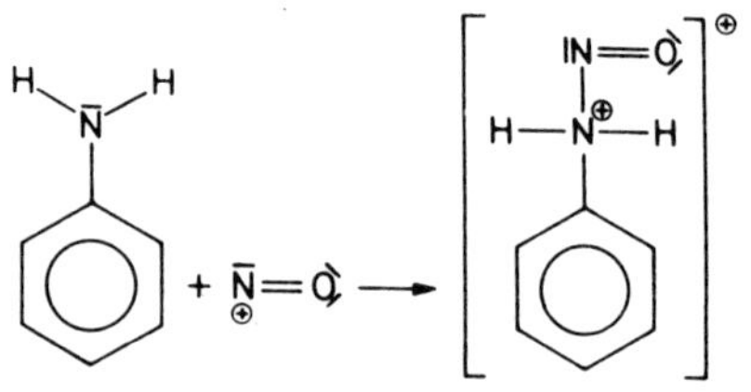

Nitrosammoniumion

Das Nitrosammoniumion gibt an Wasser ein Proton ab. Das dabei erhaltene Nitrosamin lagert sich in das Diazohydroxid um:

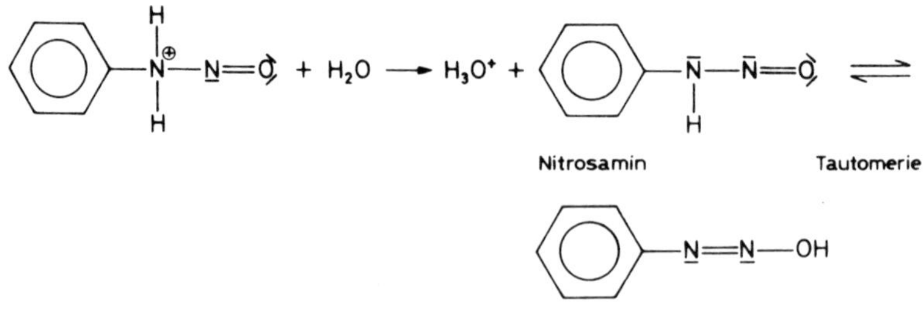

Nitrosamin   Tautomerie

Diazohydroxid

Im sauren pH-Bereich entsteht aus dem Diazohydroxid das Diazoniumion:

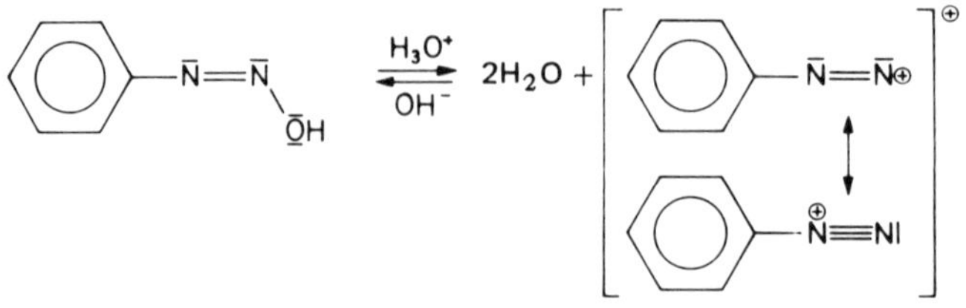

Diazoniumion

Die Reaktion primärer aromatischer Amine mit salpetriger Säure heißt Diazotie-
rung.

Sekundäre aromatische Amine reagieren mit HNO_2 ebenso wie die aliphatischen
zu N-Nitrosoverbindungen:

z.B.

Diphenylamin   N–Nitrosodiphenylamin

Tertiäre aromatische Amine lassen sich durch HNO_2 (durch das Nitrosylkation)
elektrophil zu p-Nitrosoverbindungen substituieren,

z.B.

N,N-Dimethylanilin   p-Nitroso-N,N-Dimethylanilin

Aromatische Diazoniumsalze, die im Gegensatz zur aliphatischen Reihe infolge
der Mesomerie mit dem aromatischen π-Elektronensystem immerhin bei 0 °C
beständig sind, dienen zur Herstellung von Arzneistoffen und Farbstoffen.

Diazoniumsalze substituieren Phenole und tertiäre aromatische Amine in
p-Stellung. Diese als Kupplungsreaktion bezeichnete elektrophile Substitution
verläuft nur bei besonders reaktionsfähigen Aromaten, da das Diazoniumion
ein relativ schwaches Elektrophil ist. Geeignet zur Kupplungsreaktion sind nur
Aromaten, die eine stark aktivierende Amino- oder Hydroxylgruppe enthalten.

Beispielsweise reagiert Diazoniumion mit Na-Phenolat (aus Phenol + NaOH) zu
p-Hydroxy-azobenzol:

Einige aromatische Amine, die Bedeutung als Grundkörper von Medikamenten besitzen, enthält die Tab. 27.3.1.

Tab. 27.3.1 Einige aromatische Amine bzw. ihre Derivate

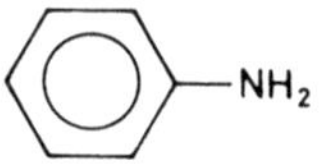

Anilin

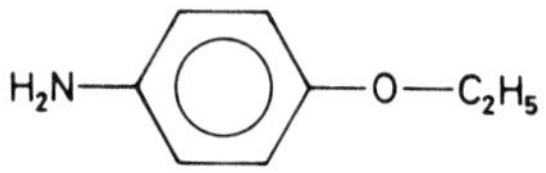

p-Phenetidin

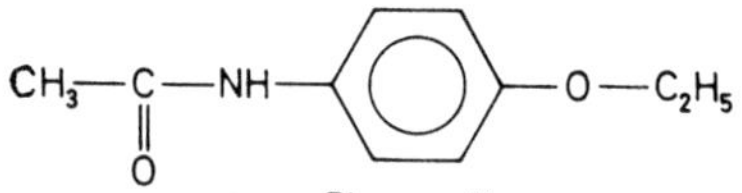

Phenacetin

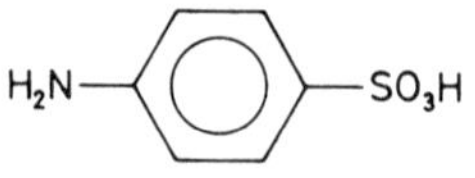

Sulfanilsäure

27.4 Diamine

Äthylendiamintetraessigsäure bildet Chelatkomplexe mit Erdalkali und Schwermetallionen (vgl. Abschn. 14).

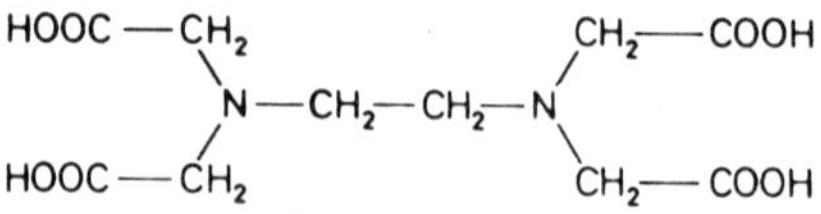

Äthylendiamintetraessigsäure

Diamine entstehen auch bei der bakteriellen Zersetzung von Proteinen. So gibt Ornithin durch Decarboxylierung Putrescin (1,4-Diaminobutan) und Lysin Cadaverin (1,5-Diaminopentan).

28. Kohlensäurederivate

28.1 Kohlensäureamide

Kohlensäure kann als zweiprotonige Säure ein Monoamid und ein Diamid bilden, die Carbamidsäure und den Harnstoff:

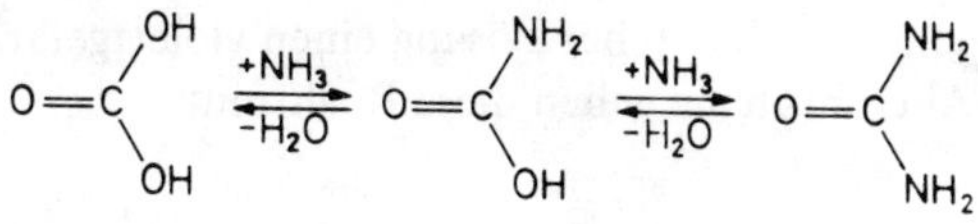

Kohlensäure   Carbamidsäure   Harnstoff

Die Carbamidsäure selbst ist nicht beständig, nur ihre Salze (die Carbamate) und ihre Ester, die Urethane heißen, sind stabil.

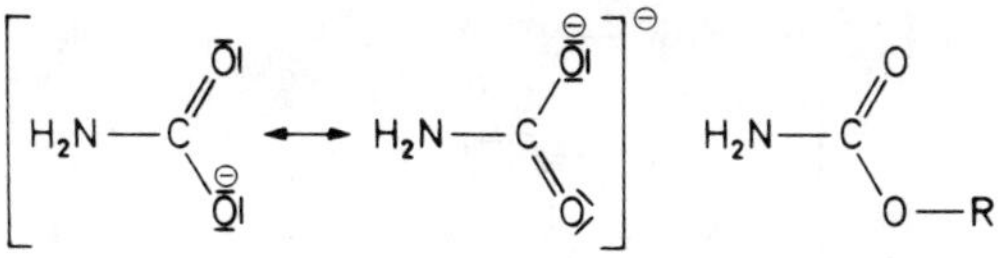

Carbamat   Urethan

Harnstoff ist das in größter Menge anfallende Endprodukt des Proteinstoffwechsels der Säugetiere und des Menschen.

Harnstoff ist leicht wasserlöslich und als Säureamid nur schwach basisch. Die Hydrolyse durch Säuren ergibt CO_2 und Ammoniumsalz, durch Alkalien Ammoniak und Karbonate.

Das Enzym Urease spaltet Harnstoff zu CO_2 und NH_3:

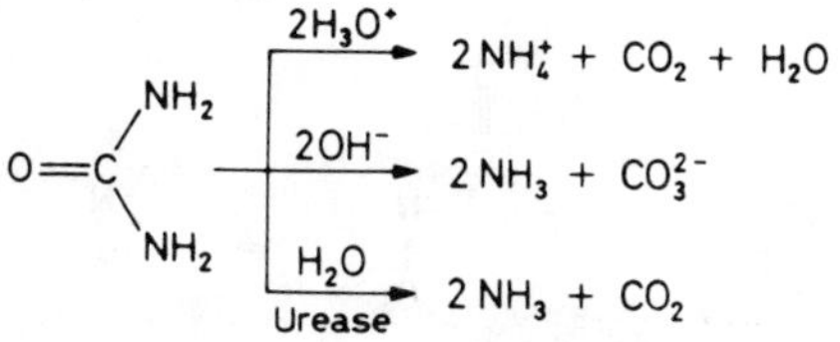

Die Reaktion des Harnstoffs mit salpetriger Säure oder Hypobromitlösung führt zur Bildung von molekularem Stickstoff, was zur quantitativen Harnstoffbestimmung auf gasvolumetrischem Wege dienen kann:

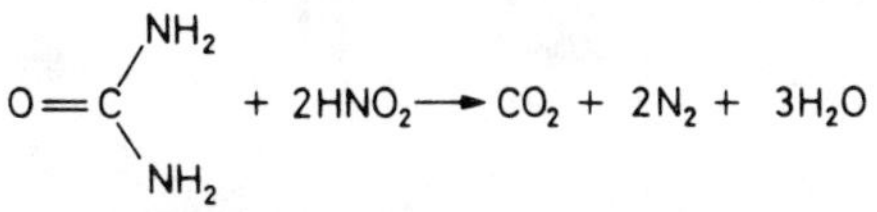

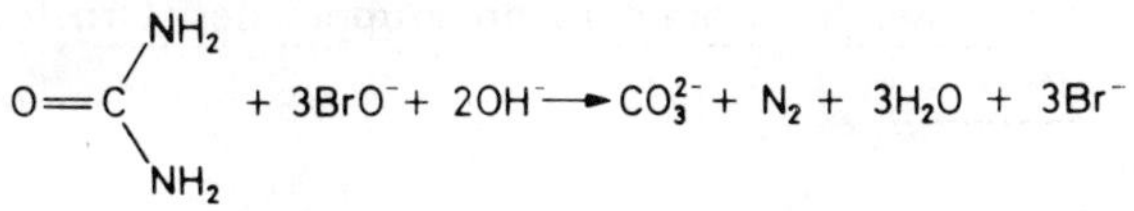

Beim Erhitzen kondensiert Harnstoff unter NH_3-Abspaltung zu Biuret:

Biuret

Biuret gibt mit Kupfer(II)-ionen in alkalischer Lösung einen violettgefärbten, wasserlöslichen Komplex. Auch Proteine geben diese Reaktion:

Biuret-Kupfer-Komplex   Protein-Kupfer-Komplex

Bei starkem Erhitzen trimerisiert Harnstoff zur Isocyanursäure, die zu Cyanursäure tautomer ist.

Isocyanursäure   Cyanursäure

28.2 Ureide

In den Ureiden ist je ein Wasserstoffatom der Amidgruppen des Harnstoffs durch den Acylrest $R-\overset{\text{O}}{\underset{\|}{C}}-$ ersetzt.

Von Bedeutung sind die cyclischen Ureide der zweiprotonigen Säuren Malonsäure und Mesoxalsäure.

Malonsäure   Barbitursäure

Die beiden an den Stickstoff gebundenen Wasserstoffatome sind infolge des
—I-Effektes der benachbarten Carbonylgruppen sauer. Die Barbitursäure ist der
Keto-Enol-Tautomerie fähig:

Ketoform   Enolform

Barbitursäurederivate, in denen H-Atome der Ausgangssubstanz Malonsäure durch
Alkylreste substituiert sind, haben Bedeutung als Hypnotica.

Alloxan leitet sich von der Mesoxalsäure ab:

Mesoxalsäure   Alloxan
2 - Oxopropandisäure

Die Kondensation von Hydroxymalonsäure mit zwei Molekülen Harnstoff führt formal zu Harnsäure, einem Purinderivat:

Hydroxymalonsäure

Harnsäure

Ketoform   Enolform

Die Harnsäure ist das Endprodukt des Purinstoffwechsels. Purin siehe Kap. 30.

28.3 Guanidin

Ersetzt man formal im Harnstoff das Carbonylsauerstoffatom durch die Iminogruppierung $=N-H$, erhält man das Guanidin:

Guanidin ist die stärkste organische Base ($pK_B = 0,35$). Das durch die Anlagerung eines Protons entstehende Kation bildet sehr symmetrische polyzentrische Molekülorbitale aus. Wir erhalten drei identische Grenzstrukturen:

Biologisch wichtig ist das Kreatin, ein Guanidinderivat, das in Form des Kreatinphosphats im Muskel zur Energiespeicherung dient.

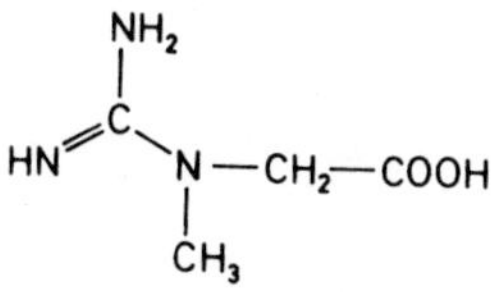

Kreatin
(N-Methylguanidinoessigsäure)

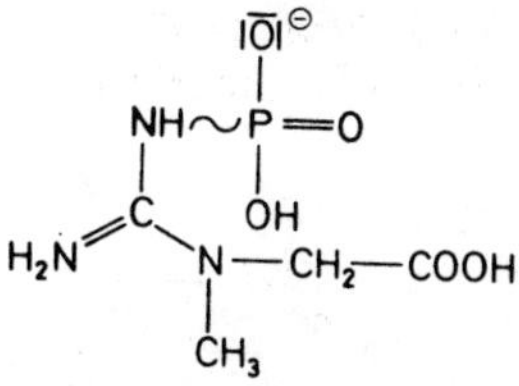

Kreatinphosphat

Die Energiespeicherung in Organismen erfolgt über energiereiche Bindungen, deren hydrolytische Spaltung rasch Energie freisetzen kann. Zur Unterscheidung von anderen Bindungen verwendet man für die energiereichen Bindungen das Symbol $\sim$ an Stelle des Bindungsstriches —.

Die biologisch wichtigen energiereichen Bindungen sind Bindungen zwischen Phosphorsäure und Säuren, Enolen, Amiden oder zwischen Carbonsäuren und Thiolen.

2 mol Phosphorsäure:

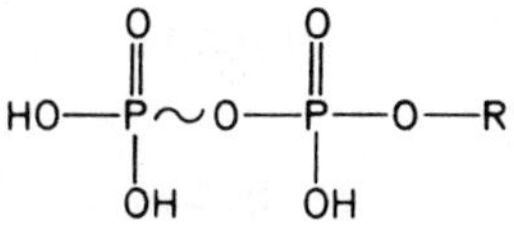

Anhydridtyp

Phosphorsäure und Carbamidsäure:

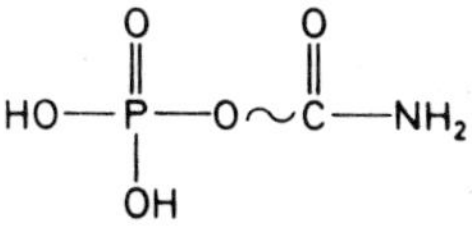

gemischtes Anhydrid

Phosphorsäure und Enol:

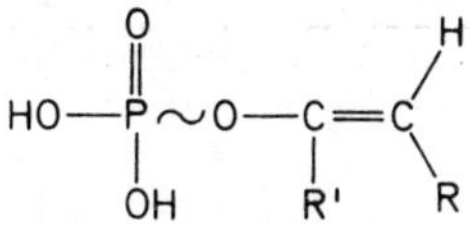

Phosphorsäureenolester

Phosphorsäure und Amin:

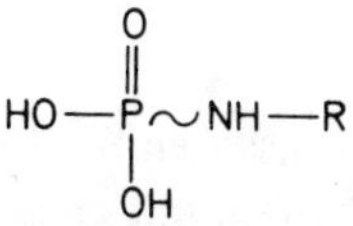

Phosphorsäureamid

Carbonsäure und Thioalkohol:

$$R-\overset{\overset{\displaystyle O}{\|}}{C}\sim S-R'$$

Thioester

Die Ausscheidung des Kreatins aus dem Organismus erfolgt im Harn als Kreatinin, das aus dem Kreatin durch Wasserabspaltung entsteht:

Kreatin   Kreatinin

29. Organische Schwefelverbindungen

Die den Alkoholen entsprechenden Schwefelverbindungen heißen Alkanthiole oder Mercaptane. Ihre Benennung erfolgt durch Anhängen der Endung -thiol an den Namen des Kohlenwasserstoffes.

Z.B.:

H_3C-S-H Methanthiol

H_3C-CH_2-S-H Äthanthiol

Mercaptane sieden viel tiefer als die analogen Alkohole, da sich das Schwefelatom nicht zur Ausbildung von Wasserstoffbrückenbindungen eignet. Ebenso wie H_2S eine etwas stärkere Säure als Wasser ist, sind Mercaptane saurer als Alkohole. Salze von Mercaptanen mit Alkali- oder Schwermetallionen (Mercaptide) sind in wäßriger Lösung beständig.

Mercaptane sind leicht am Schwefel oxidierbar. Oxidation mit ganz schwachen Oxidationsmitteln führt zu Disulfiden.

$$2\,R-S-H + 2\,H_2O \rightleftarrows R-S-S-R + 2\,H_3O^+ + 2\,e^-$$

Mercaptan   Disulfid

Starke Oxidation, z.B. mit MnO_4^- oder HNO_3 ergibt Sulfonsäuren $R-SO_3H$. Sulfonsäuren sind starke Säuren. Alkalisalze von Sulfonsäuren mit großen aliphatischen oder aromatischen Resten dienen als Waschmittel.

Eine aromatische Sulfonsäure, die Sulfanilsäure, ist der Grundkörper der pharmakologisch wichtigen Sulfonamide:

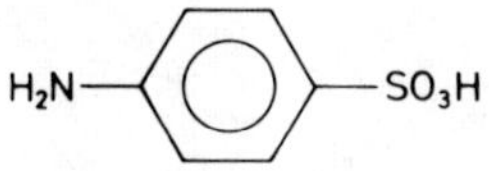

Sulfanilsäure

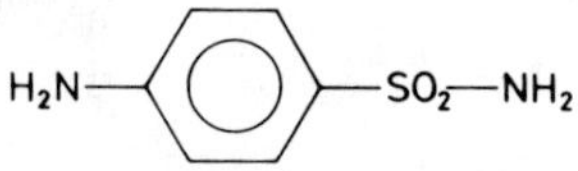

Sulfanilamid
Amid der Sulfanilsäure

In den Sulfonamiden ist gewöhnlich ein H-Atom der Sulfonamidgruppe $-SO_2-NH_2$ durch organische Reste ersetzt; als Beispiel nennen wir das Sulfadiazin:

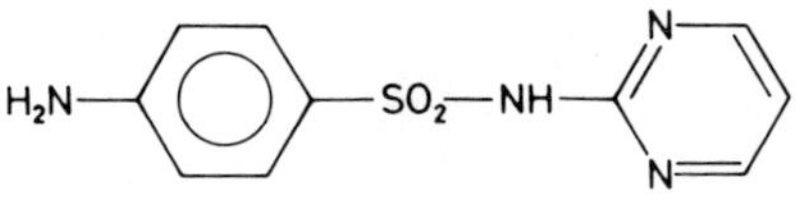

30. Heterocyclen

Ringförmige Verbindungen, die außer Kohlenstoff noch andere Atome (besonders N, O und S) als Ringglieder enthalten, nennt man Heterocyclen.

Da heterocyclische Ringe in vielen Naturstoffen und Pharmaka enthalten und deshalb schon lange bekannt sind, sind für die Benennung vieler Heterocyclen Trivialnamen gebräuchlich. Die Formeln und Trivialnamen einiger wichtiger Heterocyclen enthält die Tab. 30.1.

Bei Benzol haben wir gesehen, daß das besondere Reaktionsverhalten, die „aromatischen" Reaktionen, auf dem π-Elektronensextett beruht.

Einige fünfgliedrige Heterocyclen erreichen ein solches π-Elektronensextett mit 4 π-Elektronen und dem freien Elektronenpaar eines Heteroatoms.

Im Gegensatz zu Cyclopentadien  haben deshalb die heterocyclischen Fünfringe mit zwei Doppelbindungen wie Thiophen, 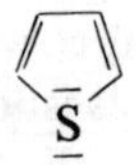 , Pyrrol

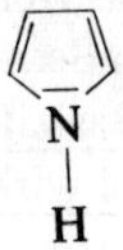

und Furan 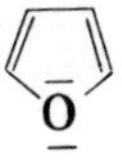 ebenfalls aromatischen Charakter. Die Elektronegativität des Heteroatoms nimmt von Thiophen über Pyrrol zu Furan zu, deshalb steht das freie Elektronenpaar bei Thiophen am meisten, bei Furan am wenigsten zur Bildung des aromatischen π-Elektronensextetts zur Verfügung. Aus diesem Grund nimmt der aromatische Charakter in der Reihenfolge Thiophen-Pyrrol-Furan ab.

Tab. 30.1 Formeln und Trivialnamen einiger wichtiger Heterocyclen

Da das freie Elektronenpaar des Stickstoffatoms in Pyrrol ein Teil des aromatischen Sextetts ist, steht es weniger zur Bindung eines Protons zur Verfügung. Die Basizität des Pyrrols ist deshalb viel geringer als die aliphatischer Amine. Pyrrol wirkt gegenüber Alkalimetallen sogar als Säure, beispielsweise entwickelt es Wasserstoff mit Kalium:

Beim Pyridin dagegen ist das freie Elektronenpaar des Stickstoffs nicht

an der Ausbildung des aromatischen Sextetts beteiligt, da es senkrecht zu den polyzentrischen Molekülorbitalen des aromatischen Sextetts steht. Pyridin ist daher, wenn auch vergleichsweise schwach, basisch (pK$_B$ ~10).

Auch Pyrazol und Imidazol reagieren deutlich basisch. Im Vergleich mit Pyrazol ist Imidazol die stärkere Base, aber auch die stärkere Säure. Der Grund besteht darin, daß bei Imidazol sowohl das durch Protonenanlagerung entstehende Kation als auch das durch Entfernung eines Protons erhaltene Anion durch die Möglichkeit symmetrischer Grenzstrukturen stärker mesomeriestabilisiert ist als bei Pyrazol:

Imidazol

Die Hydrierung von Pyrrol führt zu Dihydro- und zu Tetrahydropyrrol:

2,5-Dihydropyrrol
3-Pyrrolin

Tetrahydropyrrol
Pyrrolidin

Biologisch wichtige Pyrrolderivate sind die Porphyrine (roter Blutfarbstoff Hämoglobin, grüner Blattfarbstoff Chlorophyll) und Vitamin B$_{12}$.

Pyrazol hat als Grundkörper pharmakologisch wirksamer Substanzen Bedeutung.

Das Imidazolderivat Histamin, das bei der enzymatischen Decarboxylierung der Aminosäure Histidin entsteht, wirkt blutdrucksenkend und ist auch am Zustandekommen allergischer Reaktionen beteiligt.

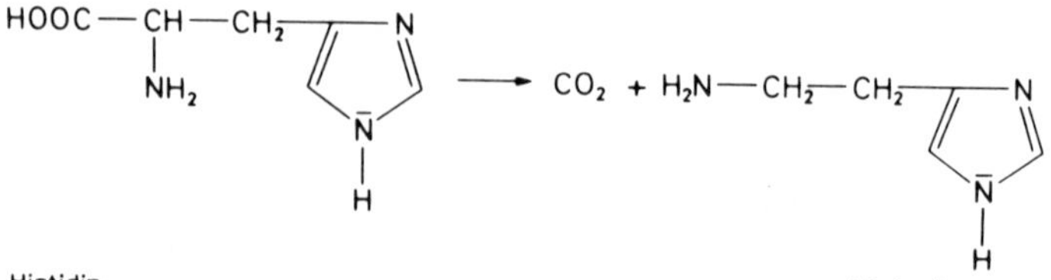

Histidin

Histamin

Das Thiazolringsystem findet sich im Vitamin B$_1$ und in den Penicillinen.

Biologisch wichtige Pyridinderivate sind das Nicotinsäureamid und das Pyridoxal (Vitamin B$_6$):

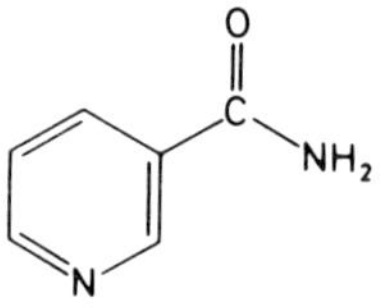

Nicotinsäureamid 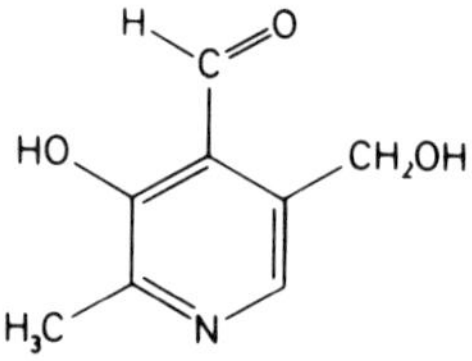   Pyridoxal

Die Pyrimidinderivate Uracil, Thymin und Cytosin sind ebenso wie die Purinderivate Adenin, Guanin und Hypoxanthin (Tab. 30.2) die heterocyclischen Bestandteile der Nucleinsäuren. Sie werden fälschlich als „Basen der Nucleinsäuren" bezeichnet, obwohl zumindest einige Vertreter (Uracil, Thymin, Hypoxanthin) nicht basisch sind.

Tab. 30.2 Heterocyclische Bestandteile der Nucleinsäuren

Pyrimidinderivate :

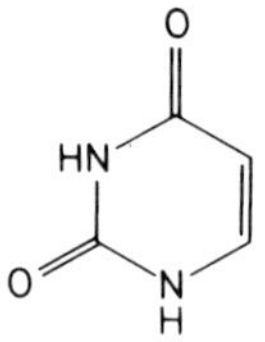

Uracil 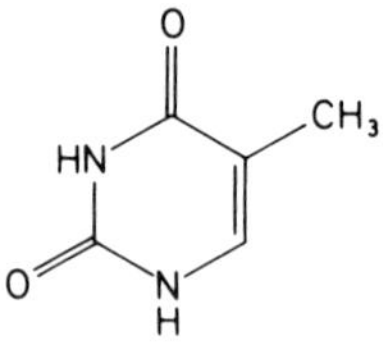   Thymin 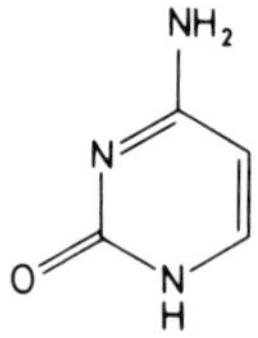   Cytosin

Purinderivate :

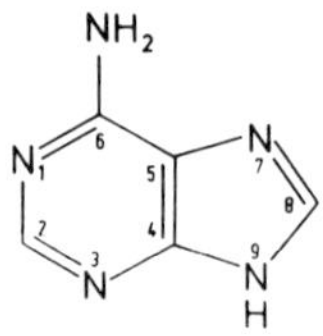

Adenin 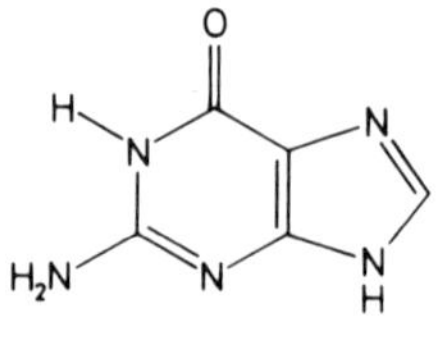   Guanin 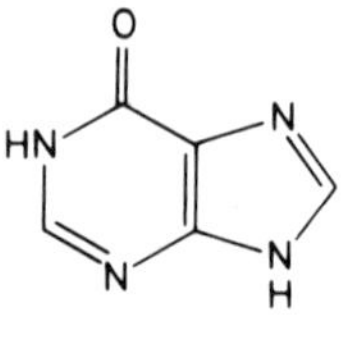   Hypoxanthin

31. Kohlenhydrate

31.1 Struktur und Benennung

Die Kohlenhydrate umfassen eine große Zahl von Verbindungen. Sie sind Gerüstsubstanzen von Pflanzen und dienen als Nahrung für Tier und Mensch. Bei ihrer Oxidation liefern sie Energie; sie sind mengenmäßig die wichtigsten Energielieferanten.

Kohlenhydrate sind Verbindungen, die mehrere Hydroxylgruppen und eine Carbonylgruppe (Aldehyd- oder Ketogruppe) im Molekül enthalten.

Man ordnet sie nach der Anzahl der Kohlenhydratbausteine in Monosaccharide (einfache Zucker), Oligosaccharide (bis zu etwa 8 Kohlenhydratreste) und Polysaccharide, die man auch als Glykane bezeichnet (über acht Einzelbausteine).

Die einzelnen Kohlenhydrate haben gewöhnlich Trivialnamen, die auf -ose enden (Glucose, Maltose usw.).

Nach der Zahl der Kohlenstoffatome des Moleküls teilt man die Monosaccharide in Triosen, Tetrosen, Pentosen, Hexosen und Heptosen ein. Monosaccharide mit einer Aldehydgruppe bezeichnet man als Aldosen, solche mit einer Ketogruppe als Ketosen.

Die häufigsten Monosaccharide sind Aldohexosen, Aldopentosen und die Ketohexose Fructose.

Die Aldohexosen haben alle die Strukturformel:

$$
\begin{array}{c}
H \diagdown \\
\quad\ \ C\!\!=\!\!O \\
\mid \\
(\,H\!-\!C\!-\!OH\,)_4 \\
\mid \\
CH_2OH
\end{array}
$$

Die Aldohexosen enthalten vier asymmetrische Kohlenstoffatome, es existieren also $2^4 = 16$ Stereoisomere = 8 Enantiomerenpaare.

Als Naturprodukte kommen neben selteneren Zuckern vor allem D-Glucose, D-Galaktose, D-Mannose, L-Galaktose, die Ketose D-Fructose und die Aldopentosen D-Ribose und D-2-Desoxyribose vor. Die Konfiguration der genannten Monosaccharide in der Fischerschen Projektionsformel finden wir in der Tab. 31.1.1.

Wir verwenden auch eine gekürzte Schreibweise, in der die H- und C-Atome der CHOH-Gruppen nicht geschrieben und die –OH-Gruppe durch waagrechte Striche symbolisiert werden. In den Fischerschen Projektionsformeln steht die OH-Gruppe

Tab. 31.1.1 Projektionsformeln einiger Monosaccharide nach E. Fischer

```
     H    O              H    O              H    O
      \ //                \ //                \ //
       C                   C                   C
 H—C—OH              H—C—OH             HO—C—H
HO—C—H              HO—C—H             HO—C—H
 H—C—OH             HO—C—H              H—C—OH
 H—C—OH              H—C—OH             H—C—OH
   CH₂—OH              CH₂—OH              CH₂—OH

 D-Glucose           D-Galaktose          D-Mannose


   CH₂—OH             H    O              H    O
   C=O                 \ //                \ //
                        C                   C
HO—C—H             HO—C—H              H—C—OH
 H—C—OH              H—C—OH              H—C—OH
 H—C—OH              H—C—OH              H—C—OH
   CH₂—OH           HO—C—H                CH₂—OH
                      CH₂—OH

 D-Fructose          L-Galaktose          D-Ribose


     H    O
      \ //
       C
      CH₂
 H—C—OH
 H—C—OH
   CH₂—OH

 D-2-Dsoxyribose
```

am vorletzten C-Atom in der D-Reihe auf der rechten Seite, in der L-Reihe auf der linken.

Tatsächlich liegen die Monosaccharide nur in Lösung zu einem kleinen Teil in der beschriebenen offenkettigen Form als Aldehyde bzw. Ketone vor. Carbonylverbindungen können Alkohole unter Bildung von Halbacetalen oder Acetalen anlagern. Da die Aldosen und Ketosen Carbonylgruppen und Hydroxylgruppen im gleichen Molekül haben, sind sie einer intramolekularen Reaktion fähig. Intramolekulare Addition der alkoholischen Hydroxylgruppe, gewöhnlich der Hydroxylgruppe des C-Atoms 5, an die Aldehyd- oder Ketogruppe führt zu cyclohalbacetalischen Strukturen. Durch die Halbacetalbildung entsteht ein weiteres asymmetrisches Kohlenstoffatom (am C-Atom 1), wodurch sich zwei Diastereomere bilden können, die als α- und β-Form bezeichnet werden und die Schwingungsebene polarisierten Lichtes verschieden drehen.

Diastereomere Monosaccharide, die sich nur in der Konfiguration am C-Atom 1 unterscheiden, bezeichnet man als anomere Zucker oder Anomeren.

Die Zucker liegen in fester Form nur in der Cyclohalbacetalform vor. In Lösung besteht ein Gleichgewicht der α- und der β-Form, die sich über die offene Form ineinander umwandeln. Da die Konzentration der offenen Form niedrig ist, verläuft die Gleichgewichtseinstellung langsam. Zugabe von Säure oder Base beschleunigt die Reaktion.

Löst man eine reine α- oder β-Form, beispielsweise α-D-Glucose oder β-D-Glucose, in Wasser auf, so ändert sich der spezifische Drehwert der Lösung, bis der Gleichgewichtszustand beider Formen erreicht ist. Bei der D-Glucose beträgt er +52,7°.

Da die spezifische Drehung der α-D-Glucose +19° und die der β-D-Glucose +112° beträgt, liegen im Gleichgewichtszustand in wäßriger Lösung 36 % in α-Form und 64 % in β-Form vor. Diese Gleichgewichtseinstellung bezeichnet man als Mutarotation.

In der Fischerschen Schreibweise verläuft die Mutarotation der β-D-Glucose nach der Gleichung:

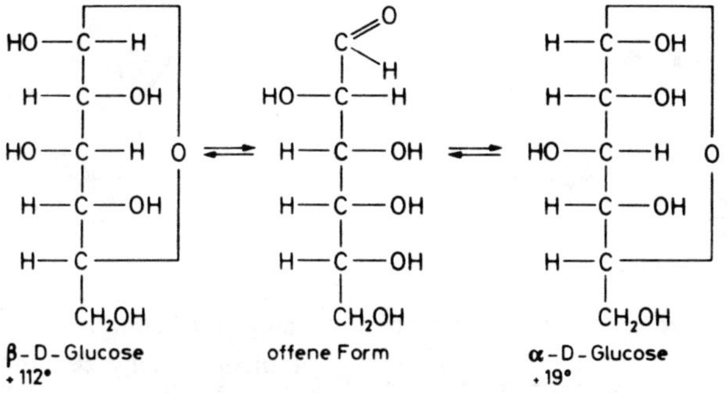

Zucker, die in der cyclischen Halbacetalform als Sechsringe vorliegen, heißen Pyranosen, solche, die Fünfringe bilden, Furanosen (nach den Heterocyclen Pyran und Furan). Gewöhnlich sind Aldohexosen Pyranosen, Pentosen und Ketohexosen Furanosen.

Die Fischersche Projektionsformel gibt schon bei den offenen Formen den räumlichen Bau der Zuckermoleküle nicht richtig wieder, da sie die Valenzwinkel nicht berücksichtigt.

Für den Bau der cyclischen Formen kann sie noch weniger eine richtige Vorstellung liefern. Besser hierfür sind die Projektionsformeln von Haworth geeignet. Um beispielsweise die offene Fischersche Projektionsformel der α-D-Glucose in

die Haworthsche zu überführen, schreibt man sie zuerst ringförmig, wobei die
C-Atome 2 und 3 unten, 5 und 6 oben stehen. Die Bindungen zwischen den
C-Atomen 1 und 2, 2 und 3, 3 und 4 zeichnet man stärker, um anzudeuten, daß
sie als vor der Papierebene stehend vorzustellen sind. Anschließend muß man das
C-Atom 5 um die Bindung der C-Atome 4 und 5 um 90° drehen. Dadurch ändert
man nicht die Konfiguration, bringt jedoch die OH-Gruppe am C-Atom 5 in die
Nähe des Carbonyl-C-Atoms, wodurch der Ringschluß zur α- bzw. β-D-Glucose
möglich ist.

Die Projektionsformeln von Haworth geben, genau genommen, noch kein richtiges
Bild der Zuckermoleküle, da die Furan- bzw. Pyranringe eben gezeichnet sind. Den
wirklichen räumlichen Bau der Moleküle erkennt man am besten in den Konformationsformeln der Sesselform, die bei den Zuckern die stabilste ist. Diese Konformationsformeln sind ebenso wie die Haworth-Formeln als Projektionen aufzufassen,
in denen eine kürzere Entfernung zum Betrachter durch einen dickeren Binde-
strich der C−C-Bindung symbolisiert ist.

Konformationsformel der α-D-Glucose:

In den Fischer-Formeln steht in der halbacetalischen Form der D-Reihe die Hydroxylgruppe am C-Atom 1 rechts, bei der β-Form links.

In der Haworth-Schreibweise und in den Konformationsformeln steht die acetalische Hydroxylgruppe in der α-Form nach unten (axial), bei den β-Anomeren nach oben (äquatorial).

In der L-Reihe gilt das Gesagte umgekehrt: Die acetalische Hydroxylgruppe steht bei der α-Form links usw.

Das bedeutet, daß man auch die Zugehörigkeit zur D- oder L-Reihe angeben muß, wenn man die Konfiguration am anomeren C-Atom angibt.

31.2 Physikalische und chemische Eigenschaften der Monosaccharide

Infolge der vielen Hydroxylgruppen sind die Mono- und Oligosaccharide sehr gut wasserlöslich, dagegen praktisch unlöslich in Fettlösungsmitteln.

Zucker geben die Reaktionen der Hydroxylgruppen, nicht aber alle Reaktionen, die für die Carbonylgruppen charakteristisch sind, da in ihnen eine freie Carbonylverbindung nur in ganz geringem Maß neben der Cyclohalbacetalform vorhanden ist.

Starke Säuren überführen Pentosen und Hexosen in Furanderivate:

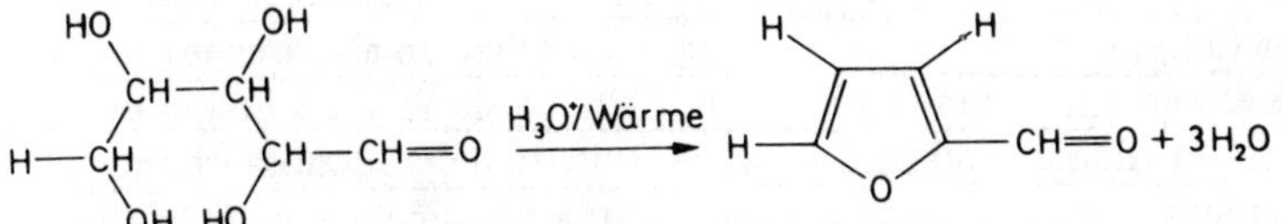

Furfural

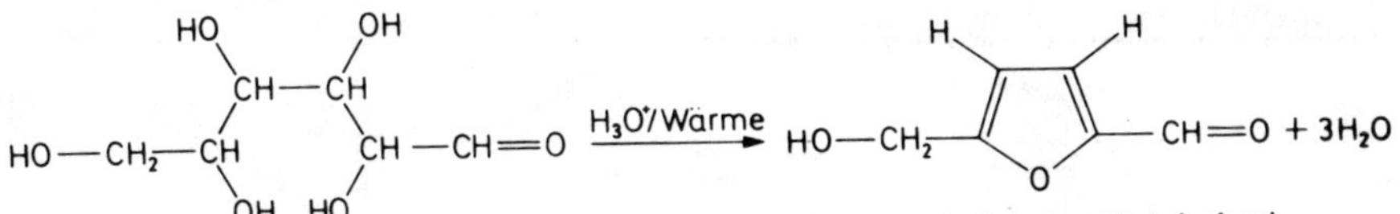

5-Hydroxymethyl-furfural

Aldosen isomerisieren unter der Einwirkung von verdünnten Alkalien. Als Zwischenprodukt findet man ein Endiol, eine Verbindung, die je eine Hydroxylgruppe an zwei durch eine Doppelbindung verbundenen C-Atomen trägt:

$$
\begin{array}{ccccc}
\text{CH=O} & & \overset{H}{\underset{C}{\overset{OH}{\diagup}}} & & \text{CH=O} \\
\text{H---C---OH} & & \text{C---OH} & & \text{HO---C---H} \\
\text{HO---C---H} & & \text{HO---C---H} & & \text{HO---C---H} \\
\text{H---C---OH} & \rightleftharpoons & \text{H---C---OH} & \rightleftharpoons & \text{H---C---OH} \\
\text{H---C---OH} & & \text{H---C---OH} & & \text{H---C---OH} \\
\text{CH}_2\text{OH} & & \text{CH}_2\text{OH} & & \text{CH}_2\text{OH} \\
\text{D-Glucose} & & \text{Endiol} & & \text{D-Mannose}
\end{array}
$$

$$
\begin{array}{c}
\text{CH}_2\text{-OH} \\
\text{C=O} \\
\text{HO---C---H} \\
\text{H---C---OH} \\
\text{H---C---OH} \\
\text{CH}_2\text{OH} \\
\text{D-Fructose}
\end{array}
$$

Neben der D-Fructose entsteht bei dieser Reaktion aus D-Glucose D-Mannose.
Glucose und Mannose unterscheiden sich nur durch die Anordnung der Substituenten eines asymmetrischen C-Atoms. Solche Diastereomere bezeichnet man als
Epimere. Ein weiteres Epimerenpaar sind beispielsweise D-Glucose und D-Galaktose, die sich hinsichtlich des C-Atoms 4 unterscheiden.

Infolge der Aldehydgruppierung sind Aldosen schon durch schwache Oxidationsmittel wie Fehlingsche Lösung (Cu^{2+}-Komplex mit Weinsäure) und Tollenssche
Lösung (ammoniakalische Ag^+-Lösung) oxidierbar. In alkalischer Lösung reagieren
auch Ketosen mit diesen Oxidationsmitteln, da sie über das Endiol im Gleichgewicht mit Aldosen stehen. Die milde Oxidation der Monosaccharide führt zu
den -onsäuren, die am C-Atom 1 eine Carboxylgruppe tragen. Oxidation mit
stärkeren Oxidationsmitteln ergibt die -arsäuren (Dicarbonsäuren mit Carboxylgruppen an den C-Atomen 1 und 6):

$$
\begin{array}{ccccc}
\overset{H}{\underset{C}{\diagdown}}\!\!{}^{O} & & \text{COOH} & & \text{COOH} \\
\text{H---C---OH} & & \text{H---C---OH} & & \text{H---C---OH} \\
\text{HO---C---H} & \xrightarrow{\text{Ox.}} & \text{HO---C---H} & \xrightarrow{\text{Ox.}} & \text{HO---C---H} \\
\text{H---C---OH} & & \text{H---C---OH} & & \text{H---C---OH} \\
\text{H---C---OH} & & \text{H---C---OH} & & \text{H---C---OH} \\
\text{CH}_2\text{OH} & & \text{CH}_2\text{OH} & & \text{COOH} \\
\text{D-Glucose} & & \text{D-Gluconsäure} & & \text{D-Glucarsäure}
\end{array}
$$

Biologische Bedeutung haben auch Carbonsäuren, die sich formal von Monosacchariden durch Oxidation des letzten C-Atoms ableiten, die -uronsäuren.
Die Glucuronsäure bindet im Organismus Stoffwechselendprodukte und körperfremde Stoffe, die dadurch im Harn ausgeschieden werden können.

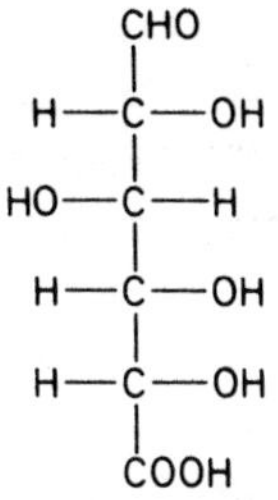

$$
\begin{array}{c}
\text{CHO} \\
\text{H}-\text{C}-\text{OH} \\
\text{HO}-\text{C}-\text{H} \\
\text{H}-\text{C}-\text{OH} \\
\text{H}-\text{C}-\text{OH} \\
\text{COOH}
\end{array}
$$

D- Glucuronsäure

Eine besonders wichtige Reaktion der Zucker ist die Acetalbildung mit Alkoholen oder Phenolen und die Entstehung von sog. Esterglykosiden mit Carbonsäuren.
Da die Zucker überwiegend in der Cyclohalbacetalform vorliegen, kann nur eine Hydroxylgruppe des anomeren C-Atoms mit dem Alkohol reagieren. Aus D-Glucose und Methanol entstehen in saurer Lösung die beiden Anomeren α-Methyl-D-glucopyranosid und β-Methyl-D-glucopyranosid:

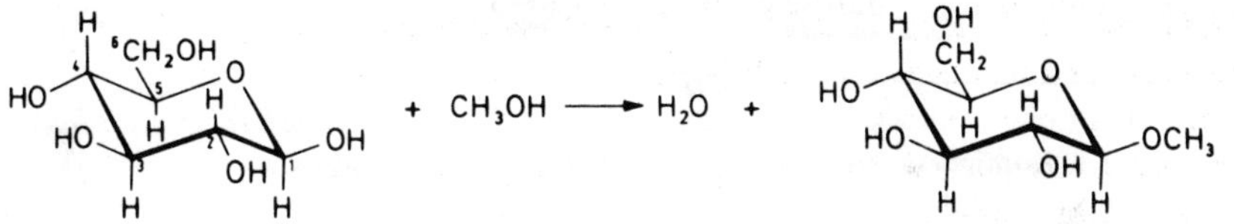

β - Methyl - D - glucopyranosid

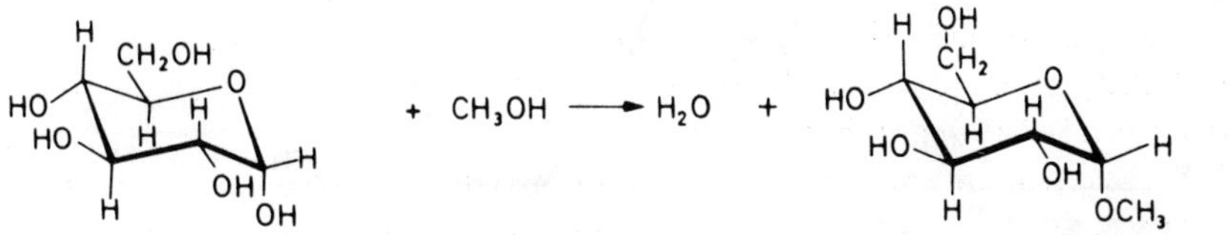

α - Methyl - D - glucopyranosid

Die α- und β-Glykoside stehen nicht mehr über eine offene Form im Gleichgewicht. Deshalb wirken Glykoside nicht reduzierend.

In Naturstoffen bezeichnet man den mit dem Zucker glykosidisch (d.h. über das anomere C-Atom) verbundenen Rest als Aglykon. Glykoside, die durch Reaktion der acetalischen Hydroxylgruppe und einer anderen Hydroxylgruppe entstanden sind, bezeichnet man als O-Glykoside. Die Kondensation kann auch zwischen der acetalischen Hydroxylgruppe und einer $R-NH_2$- oder einer $-COOH$-Gruppe erfolgen. Solche Verbindungen heißen N-Glykoside bzw. Esterglykoside.

Die Kohlenhydratkomponente ist in der Benennung der Glykoside durch die
Bezeichnung Glucosid, Mannosid oder Galaktosid berücksichtigt, je nachdem ob
Glucose, Mannose oder Galaktose beteiligt ist.

31.3 Disaccharide

In den Disacchariden ist eine Hydroxylgruppe des anomeren C-Atoms eines
Monosaccharids mit einer Hydroxylgruppe eines zweiten Zuckermoleküls
glykosidisch verbunden.

Da beim zweiten Zuckermolekül entweder ebenfalls eine acetalische Hydroxylgruppe oder eine alkoholische Hydroxylgruppe (z. B. am C-Atom 4) reagieren
kann, existieren zwei Arten von Disacchariden, die als Trehalosetyp und als
Maltosetyp bezeichnet werden.

Beim Trehalosetyp sind beide anomeren C-Atome miteinander verbunden.
Disaccharide des Trehalosetyps besitzen ebenso wie die Glykoside keine acetalische Hydroxylgruppe mehr. Die Reaktionen der Monosaccharide wie Mutarotation und Reduktionsvermögen gegenüber schwachen Oxidationsmitteln (Fehlingsche und Tollenssche Lösung) fehlen. Ein wichtiges Beispiel des Trehalosetyps ist
der Rohrzucker (Saccharose). Die Konformationsformel und die systematische
Bezeichnung der Saccharose enthält die Tab. 31.3.1.

Tab. 31.3.1 Konfigurationsformeln der Saccharose und der Maltose

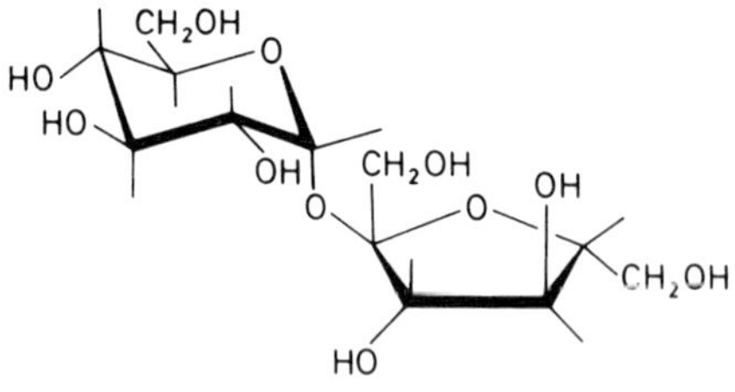

Saccharose

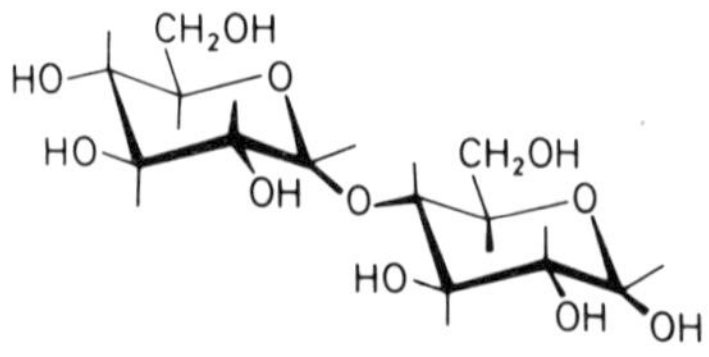

Maltose

Die Verbindung der beiden Monosaccharide erfolgt beim Maltosetyp über das anomere C-Atom des einen Zuckers und über die Hydroxylgruppe des C-Atoms 4 des anderen Zuckers. Da bei diesem Typ ein Monosaccharidbaustein noch in der Halbacetalform bestehen bleibt, haben solche Disaccharide die typischen Eigenschaften der Monosaccharide, wie Reduktionsvermögen und Mutarotation. Als Beispiel eines Disaccharids des Maltosetyps finden wir in der Tab. 31.3.1 die Konformationsformel der Maltose.

Die systematische Benennung der Disaccharide erfolgt so, daß der Zucker, der über die acetalische Hydroxylgruppe verbunden ist, die Endung -ido erhält, wenn er als erster genannt wird, die Endung -id, wenn man ihn als zweiten anführt. Die über die alkoholische Hydroxylgruppe gebundenen Monosaccharide nennt man stets als zweite und bezeichnet sie mit der Endung -ose.

31.4 Polysaccharide

Polysaccharide (Glykane) enthalten mehr als 8 Monosaccharidbausteine, die glykosidisch miteinander verbunden sind. Die wichtigsten Polysaccharide (Cellulose, Stärke und Glykogen) liefern bei vollständiger hydrolytischer Spaltung ausschließlich D-Glucose.

Cellulose ist als Gerüstsubstanz am Bau der pflanzlichen Zellwand beteiligt und als Bestandteil von Holz, das etwa 50 % Cellulose enthält, Baumwolle und Flachs das technisch wichtigste Polysaccharid.

Cellulose besteht aus 1500 – 5000 unverzweigten 1,4-glykosidisch verbundenen β-D-Glucoseeinheiten.

Cellulose

Stärke ist die pflanzliche Reservesubstanz und deshalb ein wichtiger Nahrungsbestandteil, der in Pflanzenzellen gespeichert wird (Getreidekörner, Kartoffelknollen). Stärke besteht aus zwei Komponenten, etwa 80 % Amylopektin und etwa 20 % Amylose. In der Amylose sind ungefähr 200 α-D-Glucoseeinheiten 1,4-glykosidisch verbunden. Die Amyloseketten sind ferner schraubenförmig gerollt; auf eine Windung entfallen etwa 6 Glucosereste.

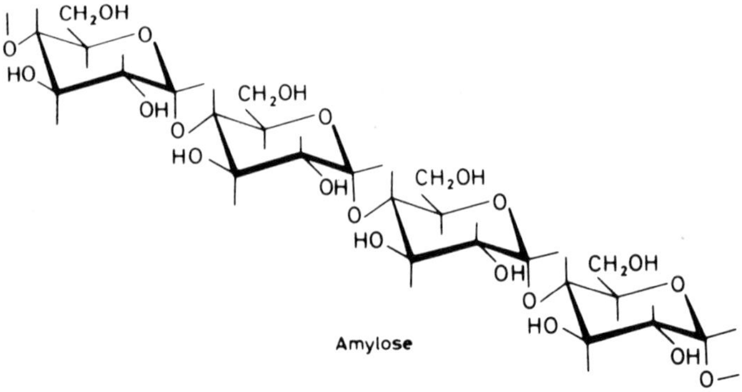

Amylose

Im Amylopektin sind die α-D-Glucosereste ebenfalls 1,4-glykosidisch verbunden. Daneben kommt auf etwa 25 1,4-glykosidisch verbundene α-D-Glucosemoleküle eine Verzweigungsstelle, die durch eine zusätzliche 1,6-Bindung entsteht. Amylopektin hat eine größere Molekülmasse als Amylose.

Da Amylose wasserlöslich ist, Amylopektin hingegen nicht, lassen sich die beiden Komponenten der Stärke trennen. Amylose gibt mit Jod eine blaue Additionsverbindung, die durch Einlagerung des Jods in die Hohlräume der Windungen zustande kommt. Amylopektin ergibt mit Jod eine Rotbraunfärbung.

Glykogen ist das Reservekohlenhydrat des tierischen und menschlichen Organismus und findet sich vor allem in Leber- und Muskelzellen. Es ist in seinem Aufbau dem Amylopektin sehr ähnlich. Die Unterschiede bestehen in der noch stärker ausgebildeten Verzweigung und der größeren Molekülmasse des Glykogens.

32. Lipide

32.1 Fette

Natürliche Fette und Öle sind Ester geradzahliger gesättigter oder ungesättigter Fettsäuren höherer Molekülmasse (meistens 12 – 20 C-Atome) mit Glycerin (Triglyceride, Triacylglycerine).

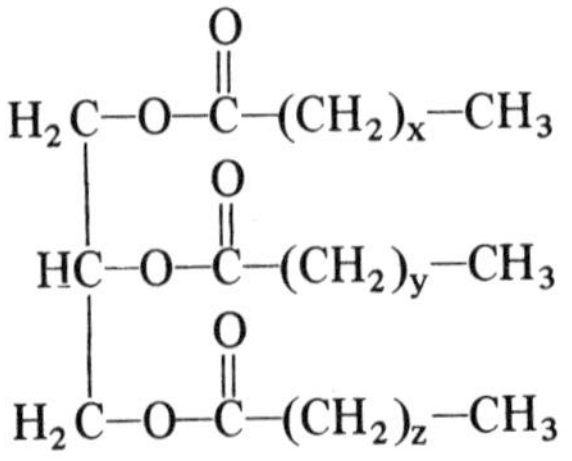

$$H_2C-O-\overset{\overset{\displaystyle O}{\|}}{C}-(CH_2)_x-CH_3$$
$$HC-O-\overset{\overset{\displaystyle O}{\|}}{C}-(CH_2)_y-CH_3$$
$$H_2C-O-\overset{\overset{\displaystyle O}{\|}}{C}-(CH_2)_z-CH_3$$

Triacylglycerin

Die Hydrolyse der Fette und Öle ergibt Glycerin und Fettsäuren (vorwiegend Palmitin-, Stearin-, Öl-, Linol- und Linolensäure) und ermöglicht so die Bestimmung der Zusammensetzung der Triacylglycerine. Die festen Fette enthalten hauptsächlich gesättigte Fettsäuren. Der Schmelzpunkt sinkt, je höher der Anteil der ungesättigten Fettsäuren ist. Bei den Ölen ist er am größten.

Die natürlich vorkommenden Fette sind immer ein Gemisch zahlreicher Triacylglycerine.

Die Anordnung der Fettsäuren in den Glyceriden folgt keinen bestimmten Gesetzmäßigkeiten. Bei der alkalischen Hydrolyse von Fetten entstehen Alkalisalze höherer Carbonsäuren. Da diese als Seifen verwendet werden, bezeichnet man ganz allgemein eine hydrolytische Spaltung als „Verseifung".

Fette werden in Pflanzen, im tierischen und menschlichen Organismus in Form von Triacylglycerinen als Depotfett gespeichert und dienen hauptsächlich als Energiereservesubstanz.

Wir finden die Fette jedoch auch als Strukturbestandteile mancher Gewebe und in den Lipoproteiden des Blutes.

32.2 Phosphatide, Sphingolipide und Glykolipide

In den Zellen finden wir vor allem Phosphatide (Phospholipide, Phospholipoide) und Glykolipide, die am Aufbau von Membranen beteiligt sind.

In den Phosphatiden sind zwei Hydroxylgruppen des Glycerins mit zwei Molekülen Fettsäuren und die dritte mit einem Molekül Phosphorsäure verestert (Phosphatidsäure):

$$
\begin{array}{c}
\qquad\qquad\quad\ \overset{O}{\overset{\|}{C}} \\
\ \ \overset{O}{\overset{\|}{}}\ \ \ H_2C{-}O{-}\overset{\|}{C}{-}R \\
R{-}\overset{\|}{C}{-}O{-}\overset{|}{C}{-}H \quad \overset{O}{\overset{\|}{}} \\
\qquad\quad H_2C{-}O{-}\overset{\|}{P}{-}OH \\
\qquad\qquad\qquad\ \ \overset{\|}{O}
\end{array}
$$

Phosphatidsäure

Die Phosphorsäure ist zusätzlich noch mit einem weiteren Alkohol, z.B. Cholin, Colamin, Serin oder Inosit, verestert.

In den Sphingolipiden ist der dreiwertige Alkohol Glycerin durch den zweiwertigen ungesättigten Aminoalkohol Sphingosin ersetzt. Die höhere Fettsäure ist säureamidartig mit der Aminogruppe des Sphingosins verknüpft (Ceramid).

Die primäre Alkoholgruppe ist mit Phosphorylcholin verestert (Sphingomyelin).

$$H_3C-(CH_2)_{12}-CH=CH-\underset{\underset{OH}{|}}{CH}-\underset{\underset{NH_2}{|}}{CH}-CH_2OH$$

Sphingosin

$$HO-H_2C-\underset{\underset{OH}{|}}{CH}-\overset{\overset{\displaystyle HN-\overset{\overset{O}{\|}}{C}-(CH_2)_{16}-CH_3}{|}}{CH}-CH=CH-(CH_2)_{12}-CH_3$$

Ceramid

Ist die primäre Alkoholgruppe des Ceramids glykosidisch mit einem Mono- oder Oligosaccharid verknüpft, so liegt ein Glykosphingolipid vor; ist der Zuckeranteil an die primäre Alkoholgruppe eins 1,2-Diacylglycerins gebunden, so haben wir ein Glyceringlykolipid.

Als Beispiele eines Phosphatids, eines Sphingolipids und eines Glykolipids enthält die Tab. 32.3.1 die Formel des Lecithins, des Sphingomyelins und des Cerebrosids.

Tab. 32.3.1 Beispiele eines Phosphatids, eines Sphingolipids und eines Glykolipids

$$CH_2-O-\overset{\overset{O}{\|}}{C}-(CH_2)_{16}-CH_3$$

$$CH-O-\overset{\overset{O}{\|}}{C}-(CH_2)_7-CH=CH-(CH_2)_7-CH_3$$

$$CH_2-O-\underset{\underset{\underset{\ominus}{|O|}}{|}}{\overset{\overset{O}{\|}}{P}}-O-CH_2-CH_2-\underset{\underset{CH_3}{|}}{\overset{\overset{CH_3}{|}}{N}}{}^{\oplus}-CH_3$$

Lecithin

$$CH_3-(CH_2)_{12}-CH=CH-\underset{\underset{|}{|}}{\overset{\overset{OH}{|}}{CH}}$$

$$CH_3-(CH_2)_{22}-\underset{\underset{O}{\|}}{C}-NH-\underset{\underset{CH_2-O-\underset{\underset{\ominus}{|O|}}{\overset{\overset{O}{\|}}{P}}-O-CH_2-CH_2-\underset{\underset{CH_3}{|}}{\overset{\overset{CH_3}{|}}{N}}{}^{\oplus}-CH_3'}{|}}{CH}$$

Sphingomyelin

$$NH-\overset{\overset{O}{\|}}{C}-(CH_2)_{22}-CH_3$$

$$-O-CH_2-\underset{\underset{OH}{|}}{CH}-CH-CH=CH-(CH_2)_{12}-CH_3$$

Cerebrosid

32.3 Wachse

Natürliche Wachse wie Bienenwachs, Walrat und pflanzliche Wachse sind Gemische verschiedener Stoffe. Die Hauptbestandteile sind Ester langkettiger einwertiger Alkohole (Bienenwachs: Myricylalkohol $C_{30}H_{61}OH$, Walrat: Cetylalkohol $C_{16}H_{33}OH$) mit höheren Fettsäuren.

Als Nebenbestandteile enthalten Wachse gewöhnlich unverzweigte höhere Kohlenwasserstoffe, freie Fettsäuren, Hydroxyfettsäuren und Sterinester.

32.4 Steroide

Steroide sind Derivate des Kohlenwasserstoffes Cyclopentanoperhydrophenanthren (Steran, Gonan).

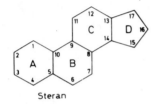

Steran

Die Kohlenstoffringe können wie beim Dekalin entweder trans- oder cis-verknüpft sein.

Diese Isomerie des Dekalins sehen wir in den Konformationsformeln:

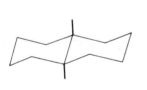

trans - Dekalin   cis - Dekalin

In allen natürlichen Steroiden sind die Ringe B und C sowie C und D trans-verknüpft.

Bezüglich der Ringe A und B sind sowohl cis-verknüpfte (Koprostan-Reihe) wie trans-verknüpfte (Cholestan-Reihe) Vertreter bekannt.

Im Grundkörper der männlichen Sexualhormone, dem Androstan, sind die Ringe A und B cis-verknüpft.

Die Zuordnung der Substituenten erfolgt übereinkunftsmäßig bezogen auf die Methylgruppe am C-Atom 10.

Tab. 32.4.1 Einige Grundsubstanzen von Steroiden

C-Anzahl	Name	abgeleiteter Name	Formel
18	Estran	13-Methylgonan	
19	Androstan	10,13-Dimethylgonan	
21	Pregnan	17-Äthylandrostan	
24	Cholan	17-(1-Methylbutyl)-androstan	
27	Cholestan	17-(1,5-Dimethylhexyl)-androstan	

Die Substituenten, die in trans-Position zu dieser Methylgruppe stehen, bezeichnet man als α-ständig. Die zu dieser Methylgruppe cis-ständigen Substituenten bekommen den Index β.

Tab. 32.4.1 enthält die Kohlenstoffgerüste einiger wichtiger Steroidgrundsubstanzen.

Zu den Steroiden gehören Sterine (z.B. Cholesterin, Provitamin D), Gallensäuren (z.B. Cholsäure, Desoxycholsäure), Keimdrüsenhormone (Androgene, Östrogene und Gestagene), Nebennierenrindenhormone (z.B. Cortisol, Corticosteron und Aldosteron) und herzaktive Wirkstoffe (z.B. Digitoxin und Strophantin).

Weiterführende Literatur

Barrow, G.M.: Physikalische Chemie, Teil I, II und III, Heidelberg und Wien: Bohmann (1971, 1972).

Beyer, H.: Lehrbuch der organischen Chemie. Stuttgart: S. Hirzel (1973).

Buddecke, E.: Grundriß der Biochemie. Berlin – New York: Walter de Gruyter & Co (1973).

Christen, H.R.: Grundlagen der allgemeinen und anorganischen Chemie. Aarau und Frankfurt: Sauerländer-Salle (1969).

Christen, H.R.: Grundlagen der organischen Chemie. Aarau und Frankfurt: Sauerländer-Diesterweg-Salle (1972).

Cotton, F.A., G. Wilkinson: Anorganische Chemie. Weinheim: Chemie (1968).

Jander, G., H. Spandau (neu bearbeitet von J. Fenner, J. Jander, H. Siegers): Kurzes Lehrbuch der anorganischen und allgemeinen Chemie. Berlin-Heidelberg-New York: Springer (1973).

Karlson, P.: Kurzes Lehrbuch der Biochemie. Stuttgart: G. Thieme (1974).

Moore, W.J., D.O. Hummel: Physikalische Chemie. Berlin-New York: Walter de Gruyter & Co. (1973).

Mortimer, Ch.E.: Chemie. Stuttgart: G. Thieme (1974).

Noller, K.R.: Lehrbuch der organischen Chemie. Berlin-Göttingen-Heidelberg: Springer (1960).

Ruske, W.: Einführung in die organische Chemie. Weinheim: Chemie (1970).

Steudel, R.: Chemie der Nichtmetalle. Berlin-New York: Walter de Gruyter & Co (1974).

Sachregister

Extinktionskoeffizient, molarer 36
Extraktion 148, 154

Fadenmoleküle 19
Faktor, sterischer 159
Fällungen 106f.
Faradaysche Konstante 134, 138
Farbwahrnehmung 127
Fehlingsche Lösung 237, 255, 288
f-Elemente 50, 178f.
Festkörper 4, 18
– kristalline 5
Festpunkt 20
Fette 247, 290f.
Fetthydrolyse 291
Fettsäuren 250
– essentielle 250
– gesättigte 291
– ungesättigte 250, 291
Fischersche Projektionsformeln 77f.
– – Glycerinaldehyd 77
– – Monosaccharide 282, 286
– – Mutarotation 283
– – Weinsäure 79
Flachs 289
Fließgleichgewicht 105
Fluor 176
– Elektronenkonfiguration 48
Fluoride 167
Fluorverbindungen 167
Fluorwasserstoff 72, 177
Flußsäure 177
Flüssigchromatographie 154
Flüssigkeiten 5, 17ff.
Formaldehyd 199, 236, 239
Formalin 242
Formaldimin 262
Formeln 83ff.
Fragmentierung 195
Francium 165
freie Elektronenpaare 58, 181
freie Enthalpie 100f., 134
freie Radikale 80f., 187, 193
Frequenz 29f.
Friedel-Crafts-Acylierung 213
Friedel-Crafts-Alkylierung 212
Fructose 281, 286
Fumarat 252
Fumarsäure 252
funktionelle Gruppen 189, 244
Furan 277f., 282
Furanderivate 285f.
Furanose 283
Furfural 285
Fusion 26

Galaktose 281f.
Galaktosid 288
Gallensäuren 151, 208, 295
gallertartige Stoffe 151
Gallium 167
– Elektronenkonfiguration 50
– Oxidationsstufen 71
γ-Strahlung 27
Gase 4, 9
– ideale 13
– Löslichkeit in Flüssigkeiten 147
– reale 13
Gaschromatographie 154
Gasexpansion 91
Gasgesetze 10ff.
Gaskompression 91f.
Gaskonstante 13
Gasmengenmessung 9
Gasmischung 14
Gasvolumen, Temperaturabhängigkeit 11ff.
Gastheorie, kinetische 16f.
gauche 191
Gay-Lussac 11f.
Gefrierpunkt 20, 147
Gefrierpunktserniedrigung 147
Gefriertrocknung 154
Geiger-Müller-Zählrohr 28
gekoppelte Reaktionen 104
Gel 151
gemeinsame Elektronenpaare 54
geneigte Knotenflächen 42
Genfer-Nomenklatur-System 190
geometrische Isomere 74f.
Germanium 168
– Oxidationsstufen 71, 169
Germaniumverbindungen 170
Gerüstisomere 74, 189
gesättigte Lösungen 106
– Kohlenwasserstoffe 189ff. (s. a. Alkane)
geschlossenes System 88, 90, 97
Geschwindigkeitskonstante 156
gestaffelt 191, 208
Gestagene 295
Getreidekörner 289
Gewichtsprozent 87
Gibbsche Funktion 100
Gips 167
Gittergerade 5
Gitterposition 5
Gitterpunkt 5
Gitter (Spektralphotometer) 36
Glaselektrode 140
Glaubersalz 166
Gleichgewicht, chemisches 88f., 101ff.
– dynamisches 20, 106
– gekoppeltes 105